JN050665

推薦システム実践入門

仕事で使える導入ガイド

風間 正弘、飯塚 洸二郎、松村 優也 著

まえがき

「Amazonのこの商品をチェックした人はこんな商品もチェックしています」「YouTubeのあなたへのおすすめ」「Twitterのおすすめユーザー」などの推薦機能は多くのサービスに組み込まれています。その推薦によって、ついつい商品をたくさん買ってしまったり、夜遅くまで動画を見てしまった経験があるのではないでしょうか。

このような推薦システムは、情報化が進んだ現代において幅広く活用されています。日々、YouTubeには新しい動画が大量にアップロードされ、Amazonでは新規の商品が大量に追加されています。膨大にあるアイテムの中から、ユーザーが自ら1つ1つアイテムを吟味していたら時間がかかりすぎてしまいます。そのため、大量のアイテムがあるサービスでは、推薦システムは必須の技術として活用されています。

そんな推薦システムですが、実は昔から私たちの身の回りに存在しています。たとえば、レストランでのおすすめメニュー、本屋さんでの人気書籍ランキングなども一種の推薦システムに当たります。昔から私たちは、日常の中で「何を食べようか」「どの番組を見ようか」などたくさんの意思決定をしています。そのような意思決定をしなければならない状況のため、意思決定を支援してくれるおすすめ情報を常に求めてきました。そして、情報化時代が到来したことで、日常で意思決定をする回数と選択肢の数が急増したことで、推薦システムの需要がますます高くなりました。

それに伴い、推薦アルゴリズムも飛躍的に発展してきました。今までの人気度ランキングなどの画一的なおすすめではなく、1人1人の興味関心にパーソナライズしたおすすめが可能になりました。最近の推薦システムは、自分以上に自分のことを理解してくれて、斬新で価値のあるものをおすすめしてくれます。推薦システムがあることで、たくさんある商品や動画の中から自分の好みに合ったものを素早く知ることができます。

このようにユーザーが好みのアイテムに素早く出会えることによって、ユーザーの満足度が上がり、サービスの売上や会員数増加に繋がります。Netflixでは視聴の80％が推薦システム経由で、Amazonでは売上の35％が推薦システム経由と言われています。推薦システムは、「あったら良い機能」ではなく、サービスに「なくてはならない機能」として活用されています。推薦システムの国際会議であるThe ACM Conference on Recommender Systems（RecSys）においても、年々会議の規模が拡大しており、産業界からの参加者も増え、注目を集めています。

これからの情報化が加速する時代において、ますます重要になってくる推薦システムですが、実際にサービスに組み込もうとすると、さまざまな問題に直面します。たとえば、どのようなメンバーでプロジェクトを立ち上げれば良いのか、どの推薦システムを組み込めば良いのか、どのデータを使えば良いのか、リリースする前にオフラインで推薦システムの評価をするにはどうすれば良いのかなどです。

本書は、推薦システムを自社のサービスに組み込むことになったときに、まず手に取っていただける入門書籍を目指しています。本書の執筆陣は、推薦システムの国際会議RecSysにおいても登壇経験があり、企業で実サービスの推薦システム開発を本業にしている機械学習エンジニアで構成されています。また本書は、著者らが実際に経験した推薦システムの成功事例や失敗事例を交えながら、実サービスに推薦システムを組み込むという観点を重視した入門的な内容になっています。そのため、各推薦アルゴリズムの詳細には踏み込まず、アルゴリズムの概要とそれを実務で使うときの活用方法を中心に解説しています。さらにアルゴリズムの詳細が気になる方は、本書内で紹介している専門書や論文を参照いただければと思います。

本書が、推薦システムに興味がある方々にとって、推薦システムの概要を把握し、適切な推薦システムを開発する一助となれば幸いです。

本書の構成

「1章　推薦システム」では、推薦システムの概要と歴史について、いくつかの事例を紹介しながら解説します。また、推薦システムの大まかな種類や検索との違いについても解説します。

「2章　推薦システムのプロジェクト」では、推薦システムの開発をスタートすることになったときに、どのようなメンバーが必要でどのようなプロセスで開発していくかを解説します。

「3章　推薦システムのUI/UX」では、おすすめアイテムの提示の仕方について紹介します。推薦システムでは、アルゴリズムと同様に、おすすめアイテムの提示方法も重要になります。たとえば、アイテムをただ推薦するのではなく、なぜそのアイテムを推薦するのかといった推薦理由を添えることで、クリック数や購入数が増えることがあります。そのため、推薦システムのユーザー体験設計が重要になります。

「4章　推薦アルゴリズムの概要」では、推薦アルゴリズムとして代表的な協調フィルタリングと内容ベース推薦について解説します。また、推薦アルゴリズムの入力となる評価値データについても、暗黙的なものと明示的なものの2種類の特徴を紹介します。

「5章　推薦アルゴリズムの詳細」では、人気度推薦や行列分解といった各推薦アルゴリズムについて解説します。アルゴリズムの説明だけでなく、実際のサービスに組み込むときの注意点についても触れています。また、MovieLensという映画のデータセットを使って、各アルゴリズムを適用するコードも紹介します。

「6章　実システムへの組み込み」は、推薦アルゴリズムを実サービスに組み込むときのシステム構成についてニュース配信の推薦システムを例に解説しています。サーバー構成やバッチ処理の仕組み、ログの設計など推薦システム全体のアーキテクチャについて説明します。

「7章　推薦システムの評価」では、推薦システムを評価するさまざまな指標について解説します。単純な予測誤差のような指標だけでなく、推薦したアイテムの多様性を測る指標や推薦したアイテムの意外性を測る指標についても触れています。

「8章　発展的なトピック」では、ほかの章で扱いきれなかった発展的な話題を紹介します。推薦システムの国際会議や、バイアス除去、因果推論などについて紹介します。

対象読者

本書は以下のような推薦システムの開発や推薦アルゴリズムに興味のある方々を想定しています。

エンジニアやデータサイエンティスト

1、2、3章で推薦システムの概要を把握して、自社のサービスに適した推薦システムのユーザー体験を考えてみてください。「4章　推薦アルゴリズムの概要」で、推薦システムの背景にある仕組みについて全体像を把握し、「5章　推薦アルゴリズムの詳細」では、コードも公開しているので、自社のサービスのデータにぜひ適用してみてください。実際に自分の興味のあるデータで、推薦システムを作ってみることで、各推薦システムの手法の違いについても理解が深まります。

「6章　実システムへの組み込み」は、自社サービスに推薦システムを組み込む際のデータベースやAPI設計の参考にしてください。「7章　推薦システムの評価」では、オフラインでいくつかの評価指標を使って推薦アルゴリズムを検証して、自社のデータに適切な評価指標と推薦アルゴリズムを見つけてみてください。そして、推薦システムを実際にリリースし、ユーザーの声を聞いたり、行動ログを分析することで、さらに推薦システムや評価指標についての理解が深まります。最終的には、自社サービスの中核となるオリジナルな推薦システムの開発に繋がれば幸いです。

プロダクトマネージャーやUX/UIデザイナー

まずは1、2、3章を読んで推薦システムの概要を把握してください。1、2、3章には数式が出てきませんので、数式が苦手な方でも読めます。「2章　推薦システムのプロジェクト」では、実際に推薦システムを開発するときに、どのようなメンバーが必要になりどのようなプロセスで開発していくかについて説明しています。自社サービスの推薦システム開発を想像しながら読んでいただければと思います。「3章　推薦システムのUI/UX」では、自社サービスの推薦システムのユーザー体験を設計するのに参考になります。4章、5章は数式やシステムの話が出てきますが、各手法の概要だけでも理解していただければ、一緒に推薦システムを作っていくエンジニアやデータサイエンティストとのコミュニケーションが円滑になります。

研究者や学生

1、2、3章で推薦システムの概要を把握して、4、5章の推薦システムのアルゴリズムを中心に読み進めていただければと思います。本書では、アルゴリズムの詳細には踏み込まないものの、5章で紹介したアルゴリズムに関しては、ライブラリを使用したコードも公開しています。アルゴリズムを動かしながら、各アルゴリズムの特徴を確認してください。さらに、アルゴリズムの詳細が気になる場合は、論文や書籍を引用していますので、そちらをご参照ください。新しい研究に繋がるきっかけになりましたら幸いです。

表記上のルール

本書では、次に示す表記上のルールに従う。

太字

新しい用語、強調やキーワードフレーズを表す。

等幅（`Constant width`）

プログラムのコード、コマンド、変数や関数名、環境変数などのプログラム要素、ファイルの内容、コマンドからの出力を表す。その断片（変数、関数、キーワードなど）を本文中から参照する場合にも使われる。

ヒントや助言を表す。

コード例の利用について

本書で紹介しているコードは、オンラインで参照できます（https://github.com/oreilly-japan/RecommenderSystems）。本書の目的は、読者の仕事を助けることであり、一般に本書に掲載しているコードは読者のプログラムやドキュメントに使用してかまいません。コードの大部分を転載する場合を除き、我々に許可を求める必要はありません。たとえば、本書のコードの一部を使用するプログラムを作成するために許可は必要ありません。本書のコード例を販売、配布する場合には、許可が必要です。

本書や本書のコード例を引用して質問などに答える場合、許可は必要ありません。本書のコード例のかなりの部分を製品マニュアルに転載するような場合には、許可が必要です。

出典を明記することを求めたりはしませんが、していただけるとありがたいです。出典には、通常、タイトル、著者、出版社、ISBNを入れてください。たとえば、「風間 正弘、飯塚 洸二郎、松村 優也著『推薦システム実践入門』（オライリー・ジャパン、ISBN978-4-87311-966-3）」のようになります。

意見と質問

本書の内容については、最大限の努力をもって検証、確認していますが、誤りや不正確な点、誤解や混乱を招くような表現、単純な誤植などに気づかれることもあるかもしれません。そうした場合、今後の版で改善できるようお知らせいただければ幸いです。将来の改訂に関する提案なども歓迎いたします。連絡先は次の通りです。

株式会社オライリー・ジャパン
電子メール　japan@oreilly.co.jp

本書のウェブページには次のアドレスでアクセスできます。

https://www.oreilly.co.jp/books/9784873119663/

オライリーに関するそのほかの情報については、次のオライリーのウェブサイトを参照してください。

https://www.oreilly.co.jp/
https://www.oreilly.com/（英語）

目 次

1章 推薦システム

本章では、推薦システムの役割についてYouTubeやAmazonなどの実際のサービスの事例を紹介しながら概要を説明します。なぜ推薦システムを導入するサービスが多いのか、ユーザーにどのような価値を届けるのかといった推薦システムの役割について俯瞰したいと思います。

1.1 推薦システム

推薦システムは、私たちが次に何をしたら良いかをサポートしてくれる仕組みとして、身の回りのさまざまなサービスに組み込まれています。「Amazonのこの商品をチェックした人はこんな商品もチェックしています（**図1-1**）」「YouTubeのあなたへのおすすめ」「Twitterのおすすめユーザー」「Spotifyのおすすめ」などの推薦システムは、ほとんどの方が使ったことがあるのではないでしょうか。

図1-1 「Amazonのこの商品をチェックした人はこんな商品もチェックしています」の推薦例（出典：https://www.amazon.co.jp/）

ユーザーにとっては膨大な量の商品や動画の中から、自らキーワードを入力して、好みのものを探し出すのは困難です。推薦システムがあることで、ユーザーは特にキーワードの入力をしなくても、お目当てのアイテムに出会うことができます。

一方で、企業にとってはどのアイテムを購入するかといった意思決定を支援するとともに、より多くの商品が買われたり、長い時間ウェブサービス内に滞在してくれたりするようにしています。Netflixでは推薦システムを中心に設計されており、ユーザーが検索キーワードを入れて検索しなくても、好みの作品を視聴できるユーザー体験になっています（**図1-2**）。アイテムの提示の仕方にもいろいろな工夫がされており、そのアイテムをおすすめする推薦理由を提示したり、時間帯や使用しているデバイスなども考慮して推薦を行っています。

図1-2 Netflixの推薦例（出典：https://www.netflix.com/）

本書では、推薦システムを「**複数の候補から価値のあるものを選び出し、意思決定を支援するシステム**」と定義して解説します。この定義は、推薦システム研究の第一人者であるジョセフ・コンスタン[†1]による「どれに価値があるかを特定するのを助ける道具」という定義と『情報推薦システム入門：理論と実践』（共立出版、2012年）の一節にある「推薦システムの分野の大きな目標は、ユーザーに（オンライン）意思決

†1 Joseph A. Konstan, "The GroupLens Research Project", https://files.grouplens.org/papers/Konstan-Summer-01.pdf

定支援を行うシステムを構築することである」をつなぎ合わせたものです。

前半の「複数の候補から価値のあるものを選び出す」に関しては、価値の定義の仕方によって、さまざまな推薦アルゴリズムが提案されています。単純に閲覧の多い上位10個の人気アイテムを選ぶ方法やユーザーが過去に購入したものと似ているものを選ぶ方法などがあります。アルゴリズムによっては、計算は速いが予測精度は良くなかったり、データが大量にある場合にのみ予測精度が良かったりするものがあり、長所短所がさまざまです。そのため、ビジネスの目的に応じて、アルゴリズムを適切に選んで使うことが重要になります。**2章**では、ビジネスの目的に応じた推薦システムの開発の進め方について解説します。**4章**、**5章**では、各推薦アルゴリズムの概要と特徴を解説していきます。

後半の「意思決定を支援する」に関しては、選び出したアイテムをユーザーが実際に閲覧や購入してくれるように提示することが重要です。ユーザーにとって価値のあるアイテムを抽出できたとしても、それが適切にユーザーに提示されないと、そのアイテムに対してアクションをとってくれません。どのタイミングで、どの手段で、どのようにアイテムをユーザーに届けるかの設計が、ユーザーの意思決定を支援する上で大切です。ウェブサイト上でおすすめアイテムを表示するのか、メールで送るのか、スマートフォンのプッシュ通知でお知らせするのかなどを考慮する必要があります。また、商品を購入したタイミングで別のアイテムを送るのか、閲覧中に送るのかなどのタイミングも重要です。ウェブサービスでのユーザー体験を考慮して、ユーザーの意思決定を支援するような推薦アイテムの提示方法を検討しましょう。こちらは**3章**で詳しく解説します。

1.2 推薦システムの歴史

そもそも推薦システムはどのように誕生したのでしょうか。1990年代のインターネットの発展とともに、あらゆるものが情報化されて、アクセス可能になったことで、複数の候補から価値のあるものを選び出す技術が重要になりました。代表的な推薦アルゴリズムの1つである協調フィルタリングをはじめて組み込んだ推薦システムは、ゼロックスのパロアルト研究所の研究者Goldbergによって提案されました。パロアルト研究所は、マウス、イーサネット、レーザープリンターなどの発明でも有名です。提案された推薦システムはTapestry[†2]と呼ばれ、増大する電子メールの中から有益なメールを選び出すものでした。単純なフィルターの処理だけでは、有益なメールを取り出すのが難しくなってきたため、協調フィルタリングを利用したメールのスコアリングを提案しています。

その後、AmazonなどのECサイトが登場し、膨大な商品の中からユーザーのお目当ての商品を提供する仕組みとして、推薦システムは活用されました。2006年には、Netflixが賞金1億円をかけた推薦アルゴリズムを競うコンペティションを開催し、世界186ヵ国から4万チーム以上が参加登録しました。このコンペティションでは、1億件もの映画の評価データが公開されました。そのような大規模のデータセットが公開されるのははじめてで、大規模なデータでも効率的に予測精度を高く処理できる推薦システムの研究がアカデミックや産業界で加速していきました（詳細は「付録A　Netflix Prize」を参照）。2007年には、The ACM Conference on Recommender Systems（RecSys）という推薦システムの国際会議がはじめて開催されました。2007年の参加者は120人ほどでしたが、2019年には参加者が1000人を超え、アカデミックと産業界の両方からの参加者が年々増えています。その背景には、あらゆる産業でデジタル化が進み、推薦システムを導入して、ユーザーの満足度を高め、売上を増加させたいという企業が増えたためです。推薦システムは、「あったら良い機能」ではなく、「なくてはならない機能」として、推薦システムを中心にサービス設計がされるケースも増えています。

TwitterやNetflix、Amazon、Appleなどの企業では、推薦システムエンジニアという推薦システムに特化したエンジニアの採用を行っています。日本でも、推薦システムエンジニアの求人が増えています。このように、年々推薦システムに対する注目は高まってきています。

1.3　推薦システムの種類

次に推薦システムの種類について見ていきましょう。推薦システムと一口に言ってもいくつもの種類があります。推薦システムは、インプット（データの入力）、プロセス（推薦の計算）、アウトプット（推薦の提示）の3つの要素で整理することができ

†2　David Goldberg, et al. "Using collaborative filtering to weave an information tapestry," Communications of the ACM 35.12 (1992): 61-70.

ます（図1-3）[†3]。

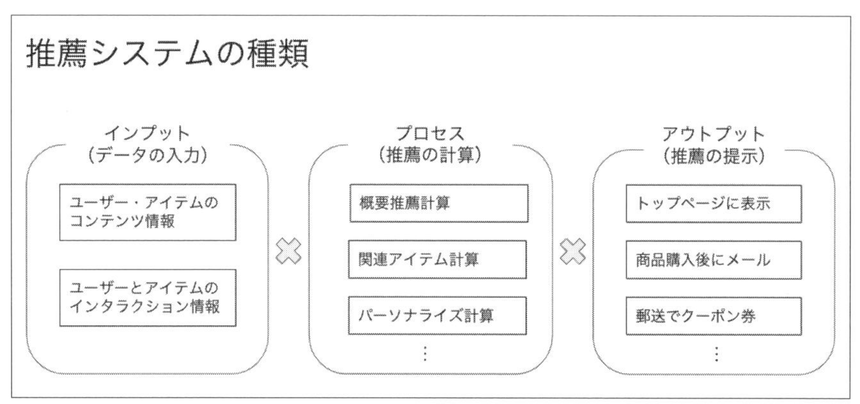

図1-3 推薦システムの3つの要素

1.3.1 インプット（データの入力）

推薦システムに用いるデータには、主にコンテンツとインタラクションの2種類があります。

ユーザー・アイテムのコンテンツ情報

ユーザーのコンテンツ情報は、年齢や性別、住所などのプロフィール情報です。サービスによっては、会員登録時に好みのカテゴリや価格帯をアンケートで取っていることもあり、それらのアンケート情報も含みます。アイテムのコンテンツ情報は、カテゴリや商品説明文、発売日、価格、作者などの情報です。これらの情報は基本的に、ユーザーやアイテムが追加されたときに紐づいているコンテンツ情報となります。コンテンツ情報を利用した推薦は、内容ベースフィルタリング（content-based filtering）と呼ばれます。

ユーザーとアイテムのインタラクション情報

ユーザーがそのサービス内で行動した行動履歴のデータです。閲覧や購入、ブックマーク、評価などのアイテムに対するインタラクションのデータです。こちらは、

†3 Joseph A. Konstan, "Recommender systems: Collaborating in commerce and communities," Tutorial at ACM CHI2003 (2003).

ユーザーがサービス内で行動すればするほど蓄積されるデータになります。インタラクション情報を用いた推薦は、協調フィルタリング（collaborative filtering）と呼ばれます。

コンテンツ情報に比べてインタラクションデータのほうが、リアルタイムにアップデートされていくため、後者のデータを使った協調フィルタリングのほうが、よりユーザーの嗜好を反映したクリックや購入がされやすい推薦になる傾向があります。一方で、新規ユーザーや新規アイテムに対しては、行動履歴のデータがないため、前者のコンテンツ情報を用いた内容ベースフィルタリングで推薦することが多いです。この新規ユーザーや新規アイテムのデータが少なく推薦が難しい問題は、コールドスタート問題と呼ばれ、実務においても直面することが多い問題です。

1.3.2　プロセス（推薦の計算）

インプットデータの活用の仕方には、主に次の3種類の計算方法があります。

概要推薦（パーソナライズなし）

図1-4のAmazonの売れ筋ランキングのように、新着順、価格が安い順、人気度順などの全ユーザーに対して同じ内容を提示するものです。パーソナライズありの推薦

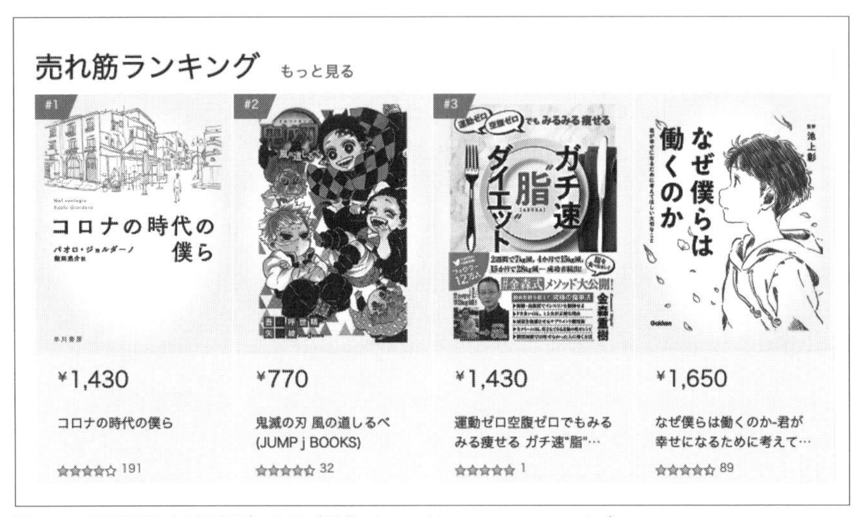

図1-4　概要推薦（人気度順）の例（出典：https://www.amazon.co.jp/）

に比べて、技術はすごくシンプルですが、業界によってはパーソナライズありのものより、クリック率や購入率が高い場合もあります。たとえば、メディア業界では情報の新規性が重要であり、新着順による価値が高く、また、みんなが見ている情報を見たいというニーズも高く、人気度順の価値が高いです。ニュースサイトのようにアイテムの入れ替わりが激しい場合に有効的ですが、アイテムに流動性がない場合は、常に同じようなアイテムが人気度や新着に表示されるので、あまり効果的ではありません。

関連アイテム推薦

関連アイテム推薦は**図1-5**のように、アイテムのページの下方に表示されていることが多い「このアイテムをチェックしている人はこちらのアイテムもチェックしています」というものです。サイト内でのユーザーの回遊を増加し、欲しいアイテムに出会いやすくなります。

関連アイテムの計算には、各アイテム間の類似度を利用します。各アイテム同士の類似度の計算には、アイテムの説明文やカテゴリ情報などのコンテンツ情報をもとに計算する内容ベースフィルタリングのものと、ユーザーの行動履歴をもとに、一緒にチェックされやすいアイテムは似ているものとして計算する協調フィルタリングの方法があります。一般的に、内容ベースフィルタリングのものに比べて、協調フィルタリングのほうが、カテゴリやキーワードで表現しきれない、アイテムの雰囲気やコンセプトを捉えた類似度になることが多いです。

図1-5　関連アイテム推薦の例（出典：https://www.amazon.co.jp/）

アイテムの類似度に関しても、似たようなアイテムを類似性が高いと捉えるのか、一緒に購入されやすいアイテムを類似性が高いと捉えるのかという観点があります。

たとえば、プリンターの購入を検討しているときは、ユーザーは性能や価格が類似したプリンターを提示してほしいと思いますが、プリンター購入後は対応するカートリッジなどの付属品を提示してほしいと思うでしょう。場面に応じて、そのアイテムに関連して提示するべきアイテムの種類が異なるため、それらを考慮した関連アイテム推薦の仕組みの設計が大切です。

また、ハリーポッター問題と呼ばれる問題もあります。とある時期に多くの人がハリーポッターの書籍を他のアイテムと一緒に購入していたので、関連アイテム推薦でどのアイテムに対してもハリーポッターが似たアイテムとして常に推薦されてしまいました。このように人気アイテムの影響を取り除く必要がある場合があります。

パーソナライズ推薦

最後に、パーソナライズ推薦になります。こちらは、**図1-6**のようにユーザーのプロフィールや行動履歴をもとに1人1人のユーザーにパーソナライズしておすすめするものです。パーソナライズ推薦は、コンテンツベースのものとインタラクションデータを活用するもの、またはそれら両方を使うものがあります。

コンテンツベースでおすすめする場合は、ユーザーの年齢や住所などのプロフィール情報をもとに、それに合うアイテム群を計算します。たとえば、求人の推薦では、ユーザーの住んでいる場所に近い求人をフィルタリングしておすすめします。

ユーザーとアイテムのインタラクションデータをもとにおすすめする場合は、協調フィルタリングなどの手法を使い、ユーザーの過去の行動履歴からおすすめのアイテムを計算します。

図1-6　パーソナライズ推薦の例（出典：https://www.amazon.co.jp/）

ユーザーの行動履歴をもとに推薦する方法の中でも、閲覧履歴をそのまま表示する推薦は実装コストが低い方法になります。AmazonやYouTubeでも過去に閲覧したアイテムが提示されることがあるかと思います。こちらは実装コストが低いわりに効果が高いです。特に、動画や音楽サイトなど、一度閲覧したものを再度閲覧することが多いサイトで効果的です。また、ECサイトなどでアイテムを閲覧したあとにしばらくしてから購入するようなサービスにおいても、思い出し機能として効果的です。

図1-7 閲覧したアイテムの表示（出典：https://www.amazon.co.jp/）

他にも、閲覧履歴と関連アイテム推薦の仕組みを組み合わせて使われることもあります。たとえば、ユーザーが最後に閲覧したアイテムに似ているアイテム群を関連アイテム推薦の仕組みで抽出して、それらをメールで送信するなどです。この方法では、関連アイテム推薦の仕組みを1つ持っておくだけで良いので、運用しやすく、簡単にパーソナライズすることができます。

一般的に、ユーザーとアイテムのインタラクションを使ったパーソナライズの推薦システムは、ユーザーの興味や嗜好をリアルタイムに反映しており、クリックや購入の予測性能が高いです。そのため、各企業のサービスにおいても、このデータを使った推薦システムの開発に力が注がれています。5章のアルゴリズムの解説でも、この推薦システムがメインとなります。

1.3.3 アウトプット（推薦の提示）

最後は、ユーザーに推薦アイテムを提示する方法についてです。ビジネスにおいて、提示の仕方は非常に重要で、良い推薦アイテムを計算できても、提示の仕方が悪いとユーザーはアクションしてくれません。ウェブサイト上で表示したり、メールで配信したり、郵送で推薦アイテムのクーポン券を送ったりと色々なやり方でアイテムをユーザーに届けることができます。また、推薦理由を添えたり、適切なタイミングを見計らったりと提示の仕方もさまざまです。詳しい提示の仕方については**3章**で説明します。

インプット（データの入力）、プロセス（推薦の計算）、アウトプット（推薦の提示）の3つの要素の枠組みで、いくつか代表的な推薦の仕組みを説明しました。ぜひ自社の推薦システムについても、この枠組みで考えてみてください。現在どんなデータがあるのか、どんなアルゴリズムを使うとビジネスにインパクトがあるのか、どんな提示の仕方だとユーザーがアクションをしてくれるのかをこの枠組みで整理してみると、新しい発見があるかもしれません。

1.4　検索システムと推薦システム

推薦システムの種類について説明しましたが、推薦システムに似ているものに検索システムがあります。多くのウェブサービスでは、推薦システムと検索システムの両方が組み込まれていることが多く、推薦システムを開発する上でも、検索システムとの役割の違いを理解しておくことは重要です。

1.4.1　検索システム

あらゆる文章が情報化され、目的の文章を探し出すために、キーワードを入力して探し出す技術として、検索システムが発展してきました。初期の検索システムでは、検索キーワードに対して、その単語を完全一致で含む文章を探すものでした。その後、類義語を含むものも検索対象にしたり、キーワードからユーザーの意図を汲み取って、検索結果を関連度順に並び替えたりすることで、ユーザーにとって効率的な情報検索が実現されてきました。

また、ウェブサイトの検索に用いられる手法として、Googleの創業者らが発明したPage Rank[†4]と呼ばれるアルゴリズムがよく知られています。文章の単語情報だけでなく、ウェブサイトのページ間でのリンク情報を使用し、重要なリンクがより集まっているウェブサイトほど重要度が高いとするものです。

今日では、検索システムは、Googleのウェブページ検索やAmazonでの商品検索、

†4　Lawrence Page, et al. "The PageRank citation ranking: Bringing order to the web," Stanford InfoLab (1999).

Twitterのつぶやき検索など多くのサービスに組み込まれています。

図1-8　検索システムの例（Google）

1.4.2　検索システムと推薦システムの比較

検索と推薦は、どちらも「たくさんあるアイテムから価値あるアイテムを選ぶ」というものですが、ユーザーの利用目的が異なり、「Pull型」か「Push型」かで説明されることがあります。

表1-1　検索システムと推薦システムの比較

	検索システム	推薦システム
ユーザーがあらかじめお目当てのアイテムを把握しているか	把握していることが多い	把握していないことも多い
キーワード（クエリ）入力	入力あり	入力なし
関連アイテムの推測の仕方	入力された検索キーワードからユーザーの意図を推測	ユーザーのプロフィールやユーザーの過去の行動から推測
ユーザーの姿勢	能動的	受動的
パーソナライズ	しないことが多いが、近年ではパーソナライズするサービスも増えている	することが多い

検索では、ユーザーが欲しい物をあらかじめ把握しており、検索キーワード（クエリ）を入力して、能動的に知りたい情報や商品をたくさんある候補の中から引き出します（Pull型）。検索では、クエリの意図を読み取って関連度の高いアイテムを表示することが重要です。また、典型的には、同じクエリで検索した場合には、どのユーザーにも同じ結果が返ってきます。ただ、近年では、検索結果をパーソナライズするケースも増えています。

一方で、推薦では、ユーザーがあらかじめ欲しい物を明確に把握していなかったとしても、ユーザーは検索キーワードなどを入力することなく、システムがユーザーの好みの商品を提示します（Push型）。AmazonやYouTubeでは、ユーザーが明確な意図を持ってウェブサイトを訪れていなかったとしても、これまでの行動履歴をもとにしたアイテムを推薦してくれます。そのため、ユーザーが知らなかったアイテムと出会うことも可能です。

また、音楽やファッションのアイテムを探すときには、そのアイテムの雰囲気を上手く言語化が出来ないことがあります。そのようなときは、テキスト形式の検索では、なかなかユーザーの好きなアイテムを探し出すことが難しいです。推薦では、言語化はしづらくても似たようなテイストのアイテムが好きな人の嗜好は似ていることも多いので、ユーザーが過去に閲覧や購入したアイテムと雰囲気が似ているアイテムを推薦することが可能で、好みのアイテムに出会いやすくなります。

検索と推薦は、片方を組み込めば十分というものではなく、お互いを支え合うものとして両方が必要になります。たとえば、AmazonやYouTube、Netflixなどのサービスでも、検索と推薦システムの両方が組み込まれています。ユーザーが特定の検索ワードで検索して、アイテムの詳細ページを閲覧していると、「このアイテムもおすすめです」という表示がされます。これによって、ユーザーがサイト内を回遊することで、ユーザーはより好みに合ったアイテムに出会うことが可能になります。また、YouTubeやAmazonではホーム画面におすすめアイテムが提示されているので、サイトに訪問したときにわざわざ検索ワードを入力しなくても、気になるアイテムを知ることができます。

検索と推薦の使用の比重は、サービスごとに異なります。Netflixでは、推薦システム経由の視聴が80％[†5]、Amazonでは35％[†6]が推薦システム経由の売上と言われ

†5 Carlos A. Gomez-Uribe, and Neil Hunt. "The netflix recommender system: Algorithms, business value, and innovation," ACM Transactions on Management Information Systems (TMIS) 6.4 (2015): 1-19.

†6 Blake Morgan, "How Amazon Has Reorganized Around Artificial Intelligence And Machine Learning", Forbes, July 16 (2018).

図1-9　Amazonの洋服の推薦例：雰囲気の似ている服が推薦されている（出典：https://www.amazon.co.jp/）

ています。検索と推薦システムをどのように組み込んでいくかは、ビジネスモデルやユーザー体験の設計によります。

また、最近では検索結果をパーソナライズするサービスや研究が増えています。たとえば、Googleで同じキーワードを検索しても、検索したユーザーが違うと結果が異なります。これは、ユーザーのプロフィール情報や過去の行動履歴から検索結果をパーソナライズしているためです。

推薦システムでは、ユーザーの過去の行動履歴からユーザーの嗜好を推測する技術を発展させてきました。その技術を使って、検索キーワードだけでは分からないユーザーの意図をより正確に推測しようとする研究が増えています。そのため、検索システムに携わっている方も推薦システムの仕組みを理解しておくことは、検索システムの改善にも役立つことになるでしょう。

1.5 まとめ

推薦システムは、「複数の候補から価値のあるものを選び出し、意思決定を支援する仕組み」として情報化の時代において、ますます重要になってきています。膨大な量のアイテムから価値のあるアイテムを選び出すアルゴリズムには、人気度順や協調フィルタリングなどいくつものやり方があります。推薦システムを組み込む際には、ユーザー体験とビジネス的な価値を明確化して、そのビジネスの目的に合わせて、適切な推薦システムを導入することが大切です。次の章では、ビジネスにおける推薦システムプロジェクトの進め方について解説します。

2章 推薦システムのプロジェクト

本章では、推薦システムのプロジェクトをどのようなチームやプロセスで進めていくかについて解説します。

2.1 推薦システム開発に必要な3つのスキル

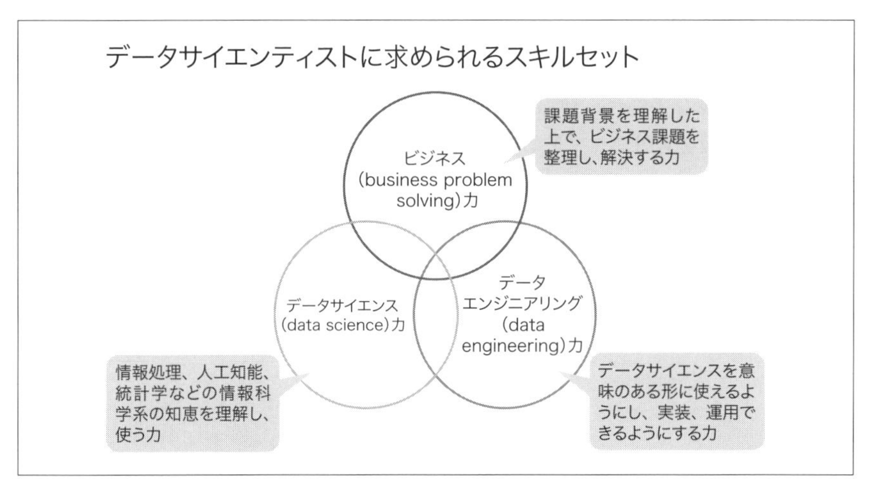

図2-1 データサイエンティスト協会が公開しているデータサイエンティストに求められるスキルセット（参考：2021年度スキル定義委員会活動報告 2021年度版スキルチェック＆タスクリスト公開、https://www.datascientist.or.jp/symp/2021/pdf/20211116_1400-1600_skill.pdf)

一般社団法人データサイエンティスト協会（https://www.datascientist.or.jp/）では、データサイエンティストに求められるスキルセットとして、「ビジネス力」「データサイエンス力」「データエンジニアリング力」の3つのスキルが必要であると定義しています。推薦システム開発においてもこれら3つのスキルが重要で、どれか1つも欠かすことができません。以下では、具体的になぜこのような3つのスキルが必要なのかを見ていきます。

ビジネス力

まずは、ビジネス観点から推薦システムを導入することで何を期待したいのかを定義することが大切です。場合によっては、推薦システムがいらなかったり、人気度順の推薦だけで事足りたりします。具体的には、推薦システムを導入することで、ユーザーのどの行動の変容を期待するのかといったKey Goal Indicator（KGI）やKey Performance Indicator（KPI）の策定が大切です。クリック率なのか、購入率なのか、回遊率なのか、Twitterへの投稿数なのか、どのユーザーのどの行動を最大化したいのかによって、作成する推薦システムも異なります。KPIの策定には、対象のサービスについて熟知し、サービス上でのユーザーの行動について深く理解している必要があります。

たとえば、YouTubeでは、ユーザーのトータル視聴時間をKPIとして、それが最大化するようにサービス設計がされています[†1]。視聴時間がKPIなので、ユーザーが最後まで視聴してくれる動画を推薦することが重要になります。当初、YouTubeでは視聴動画数をKPIとして進めていましたが、サムネイル画像が目を引く動画ばかりが推薦されるという問題がおきました。そのため、視聴時間をKPIにするように変更しました。その際には、各動画に対して視聴時間のログが細かい粒度で取れていなかったため、視聴時間の正確なログが取れるようにログ取得の整備もしています。KPIを策定する際には、現在取れているデータから考えるのではなく、ユーザーの行動の本質を捉えた指標から検討し、もしそのデータが無い場合は、エンジニアと協力しながら、ログの整備をしていきます。

データサイエンス力

ビジネス目標を達成するための理想的な推薦システムを実際に実現可能な推薦システムに落とし込みます。その過程で、データサイエンス力が重要となります。求められるデータサイエンス力は、扱うデータの量や種類、ビジネスにおいての推薦システテ

†1 Eric Meyerson, “YouTube Now: Why We Focus on Watch Time,” YouTube Creator Blog (2012).

ムの実装の複雑度に応じて異なります。

いきなり理想とする推薦システムを作ろうとせずに、まずは、王道の手法を使って、どのくらいの精度が出るかを確認して、理想と現実のギャップが大きすぎないかを検討し、適宜ビジネスサイドとコミュニケーションすることが大切です。その試行錯誤の過程では、データの性質や各推薦アルゴリズムの長所・短所を把握しておくことが重要です。このような俯瞰的なデータサイエンスの知見があることで、試行錯誤の時間を短縮することができます。

また、具体的なスキルとしては、PythonやSQLなどを利用してデータを加工し、アルゴリズムを構築することが求められます。人気商品や新着商品を推薦する単純な推薦システムの場合は、SQLだけでも構築可能です。協調フィルタリングやコンテンツベースの推薦アルゴリズムは、一般に利用できる形のオープンソースソフトウェアとして公開されていることも多く、それらを利用して作ることも可能です。汎用的な推薦アルゴリズムでは十分にアイテムやユーザー情報を考慮できない場合は、独自に定式化した推薦アルゴリズムを検討し、それをコードに落とし込んでいくことが求められます。その際には、推薦アルゴリズムに関する論文を調査したり、それらを自社のデータに適用できるように数式やコードを改良したりと高度なデータサイエンス力が必要になります。

データエンジニアリング力

実際に推薦システムを実サービスに組み込む際には、さまざまなビジネス要件を考慮した上で実装を行い、システムを安定的に稼働させる必要があります。たとえば、1日1回メールでユーザーにおすすめの商品を推薦したいという場合を考えると、全ユーザーに対する推薦リスト作成の演算が24時間以内に終了している必要があります。素晴らしい推薦モデルが定式化されても、計算に100時間かかるとしたら、実ビジネスで使うことはできません。そのため、計算が早く終わるように処理を並列化したり、データベースの設計やチューニングを工夫したりする必要があります。また、毎日推薦システムに使うデータを加工し、推薦リスト作成演算を行い、推薦リストをデータベースに格納するといった一連の処理のパイプラインを整備する必要があります。これらを安定して稼働させるためには、高度なデータエンジニアリング力が求められます。

推薦システム構築において必要となる3つのスキルは上記の通りです。これらの

3つのスキルをすべて兼ね備えた人は稀であり、多くの企業では、それぞれのスキルを持った人々が密にコミュニケーションしながら推薦システムを構築しています。大企業では、ビジネス部門、データサイエンスチーム、データ基盤チームといった3つのスキルごとにチームや部署が分かれていることがあります。スタートアップ企業のような社員が少ないところでは、ソフトウェアエンジニアがすべてを担当して、まずは単純な推薦システムを作ることもあります。

2.2　推薦システムのプロジェクトの進め方

次に、先ほどの3つのスキルを持った人やチームがどのように連携しながらプロジェクトを進めるかを次の7つのプロセスに分解し、ECサイト改善の具体例を交えて説明します。

1. 課題定義
2. 仮説立案
3. データ設計・収集・加工
4. アルゴリズム選定
5. 学習・パラメータチューニング
6. システム実装
7. 評価、改善

主に1、2、7をビジネス側が、3、4、5、6、7をデータサイエンティストやデータエンジニアが担当してプロジェクトを進めます。スタートアップ企業など人員が少ない場合は、1人のエンジニアがすべてを担当して開発をする場合もあります。

2.2.1　課題定義

自サイトに推薦システムを導入したい場合は、まずは「売上を2倍にしたい」や「会員登録を2倍にしたい」といったビジネス上のそもそもの目的を明確化することが重要です。たとえば、1ヶ月の売上を2倍にしたい場合には、さらにそれをブレイクダウンして、1ユーザーあたりの売上を2倍にするのか、ユーザー数を2倍にするのかなどのビジネス上の指標（KPI）を定めていきます。そして、KPIの目標と現状の差を確認した上で、現状の自サイトの課題を整理して、適切な打ち手を検討します。

たとえば、AmazonのようなECサイトにおいて1ヶ月の売上を2倍にするために、

1人あたりの売上をKPIとしてそれを2倍にするという目標を定めたとします。1人あたりの売上を2倍にするにはどこに伸びしろがあるかを分析していきます。分析には、データを用いて分析する定量的な方法とユーザーにヒアリングする定性的な方法とがあります。

定量的な分析では、ウェブサイトのユーザーの行動ログのデータを分析することで、「そもそも検索をするユーザーが少ない」や「検索するユーザーは多いが最初の検索結果ページで離脱してしまう」などの現状の課題を知ることができます。一方で、「なぜそもそも検索をするユーザーが少ないのか」や「なぜ最初の検索結果ページで離脱してしまうか」といった理由については、データから調査するより、直接ユーザーにヒアリングすることで示唆を得られることが多いです。

ユーザーのヒアリングでは、「どのような単語で検索すれば良いか分からず途中でやめてしまった」や「検索結果の画面で各アイテムのタイトルしか表示されておらず、1つ1つアイテムをクリックして詳細を知るのが大変だった」などの行動ログから読み解くことのできない潜在的なユーザーの心理状態に関するインサイトを得ることができます。

データとユーザーからのヒアリングの両方のアプローチで、現状の課題の解像度を高めて、今回のビジネスゴールを達成する上での、各課題の重要度を決めていきます。ここでは、重要度が**表2-1**のように決まったとします。

表2-1　課題と重要度

課題	重要度
どのような単語で検索したらよいか分からない	2
検索結果画面の各アイテムの情報が不十分	3
検索結果画面でアイテムが大量にありすぎるためお目当てのアイテムにたどり着けない	4
各アイテムの詳細画面で、そのアイテムに類似したアイテムを知ることができない	4

データによる分析やユーザーのヒアリング結果として、

- アイテムが大量にありすぎるために、現状の単純な検索エンジンではお目当てのアイテムにたどり着けず離脱率が高い
- 各アイテムの詳細画面で、そのアイテムに類似したアイテムを現状知ることができず、そこでの離脱率も高い

という2つの課題が重要であると判明したとします。

2.2.2 仮説立案

次に各課題を解決する方法とそれを実現するためのコストを検討して、費用対効果(ROI：Return On Investment)が高い施策から取り組みます。

表2-2 各対応策の優先度

課題	対応策	重要度	コスト	優先度
どのような単語で検索したらよいか分からない	単語のサジェスト機能を実装する	2	中	低
どのような単語で検索したらよいか分からない	検索単語の例をいくつか表示しておく	2	小	中
検索結果画面の各アイテムの情報が不十分	検索結果画面の各アイテムの情報を充実させる	3	小	中
検索結果画面でアイテムが大量にありすぎるためお目当てのアイテムにたどり着けない	検索結果をお気に入り順などでソートできるようにする	4	小	高
各アイテムの詳細画面で、そのアイテムに類似したアイテムを知ることができない	各アイテムの詳細画面に、類似したアイテムを推薦する機能をつける	4	中〜大	中

今回の例では、検索結果にアイテムが大量にありお目当てのアイテムにたどり着けないという課題に対しては、そこに人気度順や価格順でソートできる機能を追加するだけで、ユーザーがお目当てのアイテムを探しやすくなり、離脱率を下げることができます。

このケースでは、まずは検索周りの実装コストが低く重要度が高い課題を解決してから、推薦システムに取り掛かるのが効果的です。このように、わざわざ推薦システムを導入するより、他にビジネスゴールを解決できるコストが低い方法がある場合はそちらをまず検討するのが大切です。特に、検索システムの機能改善をしたほうが費用対効果が高い場合も多いため、わざわざ推薦システムを導入せずに、検索機能を拡張する方向性も検討します。

実際のビジネス場面では、上からの号令で、「推薦システムを導入するぞ」と推薦システムの導入が決定事項で下りてくることもあるかもしれません。そのときには、一度立ち止まって、本当に、現状の課題に対して推薦システムの導入が一番費用対効果が高いのかを再検討することが大切です。著者自身も、推薦システムを導入したいという相談を何度も受けたことがありますが、話をよくよく聞いてみると、検索システムを改善したほうが良かったり、デザインを変えたほうが良かったりするケースも多くあり、実際にそちらを改善することで、クリック率やコンバージョン率も増加しました。

そして検索周りの改修が完了し、それらの課題が解決されたとします。次に重要な課題である各アイテムの詳細画面での類似アイテムの推薦機能に着手します。

コストのところで、中〜大としているのは、ひとくくりに類似度推薦と言ってもいくつものやり方があるためです。今回のビジネスフェーズにおいて適切な推薦アルゴリズムを選ぶ必要があります。どのような類似度推薦を実装するかは、ユーザーのニーズをヒアリングして整理していきます。

たとえば、手芸品の販売サイトでは、とある作品に対して、同じ作者の作品を類似作品として並べるだけでも効果があるかもしれないですし、作品のジャンルが同じものを並べるほうが効果があるかもしれません。音楽のストリーミングサイトでは、音楽の曲調が似ている曲より、その曲が流行った時期の別の曲を推薦することが効果的かもしれません。また、Amazonのように「この商品を買った人はこんな商品を買っています」という類似度推薦が効果的かもしれません。このようにアイテムの類似度と言っても、いくつもの観点があるので、ユーザーが一番求めている類似度は何なのかを把握した上で実装していくことが大切です。

2.2.3 データ設計・収集・加工

現状どのようなデータが蓄積されているかを整理します。推薦システムの開発に必要なデータは主に次の2種類があります。

- ユーザー・アイテムのコンテンツ情報
- ユーザーとアイテムのインタラクション情報

ユーザーの情報は、年齢や性別などのプロフィール情報や、どのジャンルのアイテムを好むかといった嗜好情報です。アイテムの情報は、アイテムの説明文やタグ、カテゴリ、登録日などの情報です。ユーザーとアイテムのインタラクションは、閲覧やブックマーク、購入、視聴、評価の情報です。

まず、自社サービスがどのデータを保有しているかを整理して、そのデータで推薦システムが構築できるかを検討します。特に、サービスの初期段階では、ユーザーとアイテムのインタラクションのデータがないことも多く、まずは、アイテムの情報を利用した推薦システム構築から検討することが多いです。

たとえば、アイテムに「食品」や「電子機器」といったカテゴリを表すタグが付与されている場合は、アイテムのタグデータを使って、タグが一致したものを推薦するという推薦システムを実装していくことを考えましょう。まずは、そもそも各アイテムにちゃんとタグが付いているかの確認が必要です。もし、一部のアイテムにタグが付いていなかったり、間違って付いていたりするものが多くある場合は、人手でタグの整備をする必要があります。それが大量にある場合は、クラウドソーシングなども利用して推薦システムに使える形に整えます。

また、ユーザーの閲覧ログを使って、「このアイテムを閲覧している人はこのアイテムを閲覧しています」という推薦システムを実装する場合には、閲覧ログからボットなどによる不適切なログを取り除いたデータを準備します。

このように、必要なデータが適切に存在するかを確かめた上で、推薦システムに使えるように前処理をする必要があります。

2.2.4 アルゴリズム選定

どの推薦アルゴリズムを使用するかを決めていきます。アルゴリズムの計算時間、必要なデータ、求められる予測精度などのさまざまな観点から、今回のビジネスゴールに適するものを選びます。

図2-2のように、一般の機械学習モデルと同様に、一定のコストをかけると最初はある程度の精度が出ます。しかし、精度が95％のものを96％にするには多大なコストがかかる場合があります。サービスの初期においては、まずは簡単なアルゴリズムから実装していくことが大切です。

2.2.5 学習・パラメータチューニング

推薦システムの学習とチューニングを行って、実際のサービスにリリースする前に、過去のデータを利用してオフラインで推薦システムの良さを検証していきます。

オフラインで推薦システムの精度を検証する場合は、RecallやPrecisionといった機械学習の指標も重要ですが、具体的にこのアイテムを入れるとどのようなアイテムが出てくるのかを確認して、それに納得度があるかを確認することも重要です。

特にエンジニアがビジネスサイドと議論するときには、推薦結果の具体例を提示しながら話すとイメージが湧きコミュニケーションが円滑になります。古いアルゴリズムでおすすめされるアイテム群はこれで、新しいほうだとこのように変わりますと具体例を交えながら話すと、アルゴリズムの差分が分かりやすいです。

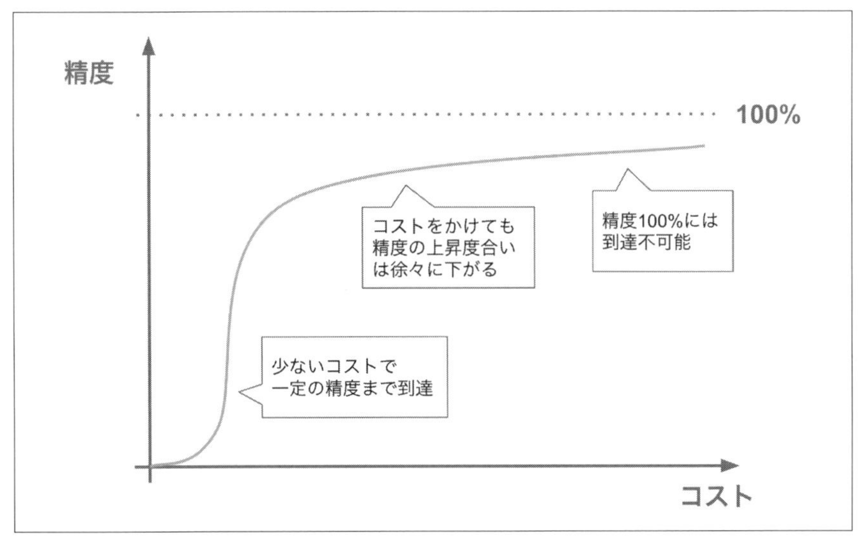

図2-2 費用対効果の関係

オフラインで検証する際には、データのバイアスに注意する必要があります。

たとえば、Amazonの5つ星の評価のデータには、各星の評価値が均等に存在するのではなく、5つ星が多いというバイアスがあります。それは、商品に対して特別な思いがある人が評価をつけやすいという傾向があるためです。

他にも、検索エンジンの影響を受けるバイアスもあります。検索の上位に現れるものは、クリックされやすく、下位にくるものはクリックされづらいです。このデータをもとに、なんの処理もせずに行動履歴ベースの推薦システムを作ると、検索エンジンの影響を受け、検索上位のものがより推薦されやすくなったりします。

そのため、これらのバイアスを取り除いて、推薦システムを作り、評価することが大切です。

2.2.6 システム実装

オフラインで良い推薦アルゴリズムが完成したら、いよいよ実システムに組み込んでいきます。推薦アルゴリズムの学習や予測の更新頻度、新規のアイテムやユーザーに対しての推薦をどうするか、推薦に関連するデータのパイプラインの設計などを考慮する必要があります。

実ビジネスでよく利用されているバッチ推薦とリアルタイム推薦の2種類について

概要を説明します（詳しくは6章で解説します）。

バッチ推薦

バッチ推薦は、1日1回や1週間に1回など決まったタイミングでその時点の情報をもとに推薦リストを更新し、ユーザーに対して提供するものです。推薦リスト作成に必要な処理としては、推薦モデルの学習、推薦モデルによる予測の2ステップがあります。

推薦モデルの学習は、毎回学習し直したほうが、新規アイテムに対しても推薦が可能になるので良いのですが、学習に時間がかかる場合は、妥協して1週間に1度の学習にすることもあります。

推薦のモデルによる予測は、ユーザーが何人いるかによって計算の仕方が変わります。ユーザーが10万人いて、1人1人に推薦リストを作る場合、1人あたりの推薦リスト作成時間を1秒とすると、愚直にやると10万秒 = 27.8時間かかってしまいます。これを高速化するためには、並列処理をしたり、1人あたりの推薦リスト作成時間を減少させる必要があります。

リアルタイム推薦

リアルタイム推薦は、ユーザーの直近の行動履歴を即時に反映した推薦リストを作るものになります。ユーザーの行動履歴を即時に反映させるには、データの同期やリアルタイム演算などの幅広いエンジニアリングの技術が必要になります。

このように実システムに組み込む際には、ユーザー数やアイテム数の量によってシステム構成が変わります。また、推薦のリアルタイム性によっても変わってきます。

2.2.7　評価、改善

最後に、推薦機能をリリースして、それが実際に効果があったかを検証していきます。可能なら、A/Bテストのような仕組みで、一部のユーザーのみに推薦機能を提供して、推薦ありの場合となしの場合におけるユーザーの購入金額や滞在時間を検証します。A/Bテストが難しい場合は、リリース前後での比較になりますが、時系列のトレンドなどを考慮した上で評価することが必要です。

また、推薦システムを導入したことで推薦経由の売上が発生したとしても、それを成功とみなすのは尚早です。推薦経由での売上が上がっても、検索経由の売上が下がり、トータルで1ユーザーあたりの売上が下がっていることもあります。推薦システム単体を見るのではなく、全体を見て悪影響がないかを確認するのも大切です。

著者自身も、推薦システムを導入した直後に、ログを確認して、推薦システム経由のコンバージョンが増加して、嬉しく思っていたところに、隣の検索チームから、検索の利用が激減しているという一報を受けました。調べてみると、推薦システムによる回遊が増え、検索の利用が減っており、全体的にはコンバージョンは増加しているという結果でした。推薦システムを開発するときは、関係するチームに事前に機能の内容、影響範囲、リリース日などを相談しておくことが大切です。

リリース後のユーザー行動を分析することで、当初の仮説を検証することができます。想定よりクリックや売上が伸びない場合には、ユーザーの行動ログ分析やユーザーインタビューで原因を調査します。原因の候補に当たりがついたら、それを改善して、再度リリースするプロセスを繰り返します。

2.3 まとめ

本章では、推薦システムのプロジェクトを進めるのに必要な3つのスキル（ビジネス力、データサイエンス力、データエンジニアリング力）と、プロジェクトの進め方を7つのプロセスで解説しました。プロジェクトを進める上で、ビジネスゴールを定めて、現状の課題の解像度をデータとユーザー調査から高め、費用対効果が高い施策を行うことが特に大切です。その際には、推薦システムを使わない施策も検討することが重要です。

3章
推薦システムのUI/UX

本章では、**1章**で紹介した推薦システムの定義である「複数の候補から価値のあるものを選び出し、意思決定を支援するシステム」の後半部分、「意思決定を支援するシステム」として推薦システムが機能するために提供すべきUI/UXについて紹介します。つまり、推薦システムがユーザーに推薦結果を届ける際に、どのような画面（UI）によってどのような体験（UX）を提供するべきかという点に注目します。この部分は**1章**で説明した推薦システムの3つの構成要素の中では「**アウトプット（推薦の提示）**」に該当します。

3.1 UI/UXの重要性

推薦システムについて扱う既存の書籍やブログ記事あるいは論文などにおいては、推薦システムの定義の前半部分「複数の候補から価値のあるものを選び出す」に該当する推薦システムのアルゴリズムについての内容のものが多いように思います。これはさまざまなオープンデータが誰でも簡単に利用できるようになったことや、さまざまな推薦アルゴリズムを実現するためのライブラリなどが充実してきていること、それらを利用した検証を行うための計算資源を準備することが容易になったことなどに依るところが大きいでしょう。また、技術を扱うソフトウェアエンジニアやデータサイエンティスト、あるいは研究者などにとってはこのアルゴリズム部分が単純に最も面白く感じることが多いというのも理由の1つでしょう。最近は機械学習や深層学習の推薦システムへの応用も広く進み、技術的にホットな領域となっています。もちろん推薦システムにとってこのアルゴリズムの部分は大変重要な部分なので、本書でも次章からこの部分について詳しく説明します。

一方で、本章で扱う推薦システムのUI/UXについて扱う書籍やブログ記事あるいは論文などは比較的少ないように思います。UI/UXについては、実際のユーザーが利用するサービスにおいて推薦システムを開発し運用してみないと分からないことが多いのですが、そのようなケースがまだまだ少ないことが大きな要因でしょう。また、実際のサービスの開発や運用の経験を通してでなければ、推薦システムにおけるUI/UXの重要性に気づくことが難しいという点も関係しているように思います。

実際のサービスに推薦システムを導入する際には、どれほど高度な推薦アルゴリズムを用いてユーザーにとって価値のあるアイテムを選び出すことができたとしても、適切な形でアイテムをユーザーに届けることができなければその価値も届くことはありません。つまり、ユーザーの意思決定を支援することができないのです。これは「複数の候補から価値のあるものを選び出し、意思決定を支援するシステム」である推薦システムとしては不十分な状態と言えます。

一般的なウェブサービスやモバイルアプリにおけるUI/UXについての話は他の書籍に預け、本章では推薦システムを活用するサービスに特徴的なUI/UXについて紹介します。具体的には、まずサービスを利用するユーザー側の目的及びサービスを提供する側の目的を分類した上で、それぞれを達成するためにはどのようなUI/UXを提供するべきか・提供するべきでないかについて実在するサービスを例に挙げながら紹介します。続いて、推薦システムのUI/UXに関連の深いトピックについての説明を行います。こちらも実在するサービスを例に挙げながら紹介していきます。

3.2　サービスを利用するユーザーの目的に応じたUI/UX事例

まず、推薦システムを活用したサービスの利用者側であるユーザーの目的ごとのUI/UXの具体事例を紹介します。ユーザーの目的は利用するサービスの性質やそのドメインなどによって多岐にわたりますが、ここでは、J. Herlocker[†1]を参考に次の4つの分類に従って説明します。

- 適合アイテム発見
- 適合アイテム列挙
- アイテム系列消費

†1　J. L. Herlocker, J. A. Konstan, L. G. Terveen, and J. T. Riedl, "Evaluating collaborative filtering recommender systems," ACM Transactions on Information Systems, Vol. 22, No. 1, pp. 5-53 (2004).

● サービス内回遊

3.2.1 適合アイテム発見

適合アイテム発見（find good items）とは、ユーザーが自身の目的を達成するのに適したアイテムを1つでもいいのでサービス上で発見しようとしている場合を指します。たとえば「東京駅付近で食事をするための飲食店を探している」というような状況が考えられます。このときユーザーは、東京駅付近に位置する飲食店の中で自身の好みに一致するものを探していることになります。このような目的を持って飲食店を探せるサービスを利用するユーザーは、目的を達成しうる膨大な数の飲食店（東京駅付近に位置し、ユーザーの好みに一定以上合っている飲食店）をすべて網羅的に閲覧したいとは思っていないでしょうし、現実的にも難しいでしょう。また、数ある目的を達成しうる飲食店の中で必ずしも最もユーザーの好みに一致する飲食店が見つからなくとも、ある程度好みに合う飲食店を見つけることができればユーザーの目的は十分に達成されるでしょう。ユーザーの目的が達成されるのに十分な程度のユーザーの好みに適合したアイテムを1つでもいいので確実に発見するというのが、適合アイテム発見において目指すべきことです。

適合アイテム発見においては、**図3-1**の食べログの例のように、ユーザーの好みに合う可能性の高いアイテムから順に整列したリストをユーザーに提示するのが効果的です。このときユーザーはこのリストを上位から順に閲覧することで、自分の好みに適合したアイテムを素早く見つけることができるでしょう。

このようなリスト形式でアイテムを表示する場合、1つの画面内で複数のアイテムを表示することになるのでアイテム1つあたりの表示できる情報量は限られます。そのため、ユーザーがアイテムに興味を持って詳細を見るためにクリックするに至るよう十分な情報を適切に取捨選択してリストに表示する必要があります。情報量が少な過ぎたり、適切な情報を表示できていなければ、そのアイテムの良さがユーザーに伝わらず、本当はユーザーの好みに一致しているのにもかかわらず興味を持ってもらえなくなってしまいます。一方で必要以上にたくさんの情報をリストに表示してしまうと、他の情報に埋もれて本当にユーザーに届くべき情報が届かなかったり、煩雑なサービスだという印象を持たれてしまいサービスから離脱されてしまう恐れがあります。

たとえば**図3-1**の食べログの例では、料理の写真はもちろん店内の写真も大きく表示されており、リストを閲覧した際に目に入ります。実際に訪問する飲食店を探しているユーザーにとって、料理が美味しそうであることに加え、店内の雰

図3-1　適合アイテム発見の例：食べログ（出典：https://tabelog.com/）

囲気が自身の好みに合うか分かることがその店に興味を持つのに重要な要素となるからであると考えられます。一方で、飲食店という同じ種類のアイテムを扱うサービスでも利用用途によって表示すべき情報は変わります。たとえばUber Eats（https://www.ubereats.com/jp）は、ユーザーが実際にお店を訪問するのではなくユーザーの家に食事を届けてくれる飲食店を探すという目的で利用されるサービスなので、料理の写真が前面に出ており店内の写真などはありません。

リスト形式のアイテムの表示はサービスを閲覧している端末の画面上のスペースを大きく使うことが多いため、1つの画面には1つのリストを表示することが多いです。一方でユーザーの好みは複雑なので、単一のアルゴリズムによって生成された1つのリストを提供するだけでは、必ずしもユーザーの好みに一致するアイテムを推薦できるとは限りません。そのため、異なる切り口でアイテムを推薦するアルゴリズムによって並び替えられた複数のリストも閲覧できるようにしたほうが、ユーザーが適合アイテムと出会える可能性は高くなるでしょう。このように、さまざまなユーザーの嗜好に適合するアイテムを表示するために複数のリストをユーザーに表示したいという場合の解決法がいくつかあります。たとえば**図3-1**のように画面上側にあるタブで複数のリストを1クリックで簡単に切り替えられるようなUIにすることが考えられます。この例だと「標準」「ランキング」「口コミ数」「ニューオープン」という4種類のリストに切り替え可能です。また、その他の解決策としては、複数のアルゴリズムによって生成された複数のリストを1つの画面に同時にユーザーに提示することが考えられます。

最近では、**図3-2**のNetflixのように、アイテムを横向きに並べることで複数のリストを1つの画面に表示させるようなサービスも増えてきています。ユーザーは画面遷移をすることなく、一度に異なるアルゴリズムで並び替えられた複数のリストを閲覧することができるので、1つのリストで適合するアイテムを発見できなくとも、スムーズに次のリストを閲覧して適合アイテムを探すことができます。ただ、このUIを実現する場合は1つ1つのアイテムについての情報を表示するスペースはかなり限られたものとなります。そのため、Netflixなどの動画視聴サービスのように、1枚の画像と短いテキストなどの少ない情報で魅力が十分にユーザーに伝わるようなアイテムを扱うサービスとの相性が良さそうです。

また、マッチングアプリではTinder（https://tinder.com/ja）のように、表示されたアイテム（人）を左右にスライドすることで、そのアイテムを気に入ったか否かをユーザーに即座にフィードバックさせる形式を取るものがよく見られます。この形式のアプリケーションの特徴の1つとして、推薦したすべてのアイテムに対してユーザーから明確なフィードバックを受けられるというものがあります。そのため、一般的には集めにくいものであるアイテムを気に入らなかったという明示的なネガティブなフィードバックも多く集めることができ、ネガティブなフィードバックを活かした推薦システムの構築を考えることができます。

Tinderの例では、簡単な操作で次々とアイテムを閲覧することができるため、ユー

図3-2　適合アイテム発見の例：Netflix（出典：https://netflix.com）

ザー1人あたりのアイテムの閲覧数が大きくなります。マッチングアプリでは、自分が相手のユーザーのことを気に入ったとしても相手が自分を気に入ってくれなければマッチしないという特性上、他のサービスと比べてよりたくさん（自分にとっての）適合アイテムを見つける必要があるので、この体験は理にかなったものと言えるでしょう。たくさんの候補を閲覧した上で、自分が最も気に入った相手だけを選んだとしても、相手からも選ばれてマッチしなければサービス上での目的を果たすことができないからです。一方でサクサクとフィードバックを送れる性質上、誤操作も一定数発生するでしょう。このようなケースに備えて、一度行ったフィードバックを訂正できるような機能をユーザーに提供することもユーザー体験の向上に繋がります（たとえばTinderではこれができる機能を有料プランの一部として提供しています）。

3.2.2 適合アイテム列挙

適合アイテム列挙（find all good items）とは、ユーザーが自身の目的を達成するのに適したアイテムをできるだけすべてサービス上で発見しようとしている場合を指します。たとえば「引越し先の賃貸物件をじっくりと検討して決めたい」というような状況が考えられます。このとき賃貸物件を探せるサービスを利用するユーザーは、自分の好み（物件の設備や内装、周辺環境など）や条件（最寄り駅、ペット飼育の可否など）に合ったできるだけたくさんの賃貸物件候補を閲覧したいと考えています。頻繁に行うわけでなくお金や時間などのコストも大きい引越しにおいて、後から「こっちの物件のほうが良かった……」と後悔したくないと考えているからです。物件探しや旅行のプラン決めなど、利用頻度が低かったりコストが大きくかかるようなアイテムを扱うサービスではこの傾向が見られます。

また、これから申請したいと考えている特許と同等のものがすでに存在するのか調べたい、というような状況が考えられます。このとき特許を探せるサービスを利用するユーザーは、自分がこれから申請を考えている特許と同等あるいは類似するすべての既存の特許を確認したいと考えています。既存の類似する特許を見逃したまま特許の申請を進めてしまうことは大きな損失に繋がるため、漏れが生じることは許されません。漏れが生じるくらいであれば、間違ったものが推薦結果に含まれるほうが良いと考えられます。

これらのように、ユーザーの目的が達成できるようなアイテムを（できるだけ）すべて発見するというのが、適合アイテム列挙において達成すべきことです。その性質上、ユーザーの嗜好をできるだけはっきりと示す必要があるものが多く、特に特許などのような漏れなくすべての適合アイテムを発見する必要のあるものは検索システムの分類に入るとも考えられます。

ユーザーが複数のアイテムを閲覧する必要のある適合アイテム列挙においては、適合アイテム発見と同様に**図3-3**の「特許情報プラットフォーム J-PlatPat」のようなリスト形式など一覧性のある表示形式を取ることが一般的です。ユーザーは表示されるアイテムの大部分を閲覧することが多く、予測評価値順に並び替えるよりもアイテムの新着順（メールの受信日や特許の出願日順）などの分かりやすいルールで並べて表

図3-3 適合アイテム列挙の例：J-PlatPat（出典：https://www.j-platpat.inpit.go.jp/）

示することで、ユーザーが情報を閲覧する負荷を下げることが求められる場合も多いです。

また、どれくらいの数のアイテムを見る必要があるのかユーザーが簡単に把握できるように、リストに含まれる適合アイテムの件数は分かりやすくユーザーに表示すると良いでしょう。それによって、適合するアイテムの件数が多過ぎる場合は条件を追加したり、逆にアイテムの件数が少な過ぎる場合は条件を緩めることで目的を達成するのに十分な条件を見直すという行動を促すこともできます。また、ユーザーが条件にこだわり過ぎて表示できるアイテム数が少な過ぎる場合に、あえてユーザーの入力する条件には合わないが、ユーザーの目的は達成し得る近い条件のアイテムを表示することが有効なこともあります。たとえば、ユーザーが駅から徒歩5分以内かつ家賃10万円以内で賃貸物件を探しているがなかなか良いものに出会えていない場合に、あえて駅から徒歩7分以内の物件も提案してみるといった形です。

また、物件探しや旅行プランを探すような場合、一度のサービスの利用ではアイテムを決めきらないことがあります。そのため、次にサービスを訪問した際にスムーズに目当てのアイテムを閲覧できるようにユーザーが入力した条件を保存しておいたり、条件に一致するアイテムが新しくサービス内で現れ次第ユーザーに通知したりといったことも有効でしょう。

一方で、頻繁に引越しを行うのでできるだけ労力をかけずに引越し先の賃貸物件を決めたいというニーズを持つユーザーにとっては、同じ賃貸物件というアイテムを扱うサービスであっても、ユーザーの目的は前節で紹介した適合アイテム発見に近いものとなるでしょう。このように、同じ種類のアイテムを扱うサービスでもユーザーが異なる目的を持っていれば提供するべきUI/UXは異なることもあるため、ユーザーのどのようなニーズに応えるサービスを作成するのかをはっきりさせることが重要です。

3.2.3 アイテム系列消費

アイテム系列消費とは、閲覧、消費していく中で、推薦されたアイテムの系列全体から価値を享受することを目的とする場合を指します。たとえば**図3-4**のSpotifyのような音楽ストリーミングサービスで次々と音楽を再生して聴いている、というような状況が考えられます。このときユーザーは、1つ1つの音楽が単体で魅力的なことはもちろんですが、次々と再生される音楽がその順番で再生されること自体にも意味があり魅力的であることにも価値を感じます。

たとえば気分が落ち込んでいるので元気を出そうとロックを聴き始めたユーザーに対しては、連続して元気の出るような音楽を提供することに大きな価値があります。突然気分が落ち込むようなバラードを提供するのはユーザー体験を損なってしまうでしょう。また、クリスマスの気分を味わいたくてクリスマスソングを聴き始めたユーザーには、クリスマスソングを連続して提供することでユーザー体験を向上させられ

図3-4　アイテム系列閲覧の例：Spotify（出典：https://www.spotify.com/jp/）

る可能性が高いです。

　アイテム系列消費に特徴的な性質として、同じアイテムを何度も推薦したとしてもユーザー体験が向上することがあるというものが挙げられます。たとえば音楽ストリーミングサービスでは、自分の好きな音楽は一度限りでなく何度も繰り返して聴きたいものでしょう。一方で、ECサイトでは一度ユーザーが購入した商品と全く同じものを推薦するのは（消耗品などその限りではないが）あまり良い体験とは言えないでしょう。ただし音楽ストリーミングサービスといえども、同じアイテムばかり推薦されては目新しさが感じられずに満足度が低下してしまうこともあるため、頻度やタイミングは考慮する必要があります。また、自分がまだ知らないが好みに合うであろう音楽に出会いたいという探索欲求を持つユーザーもストリーミングサービスを利用するユーザーの中には多くいます。そのため、ユーザーがすでに知っている好みの音楽と、ユーザーが好むであろう未知の音楽の割合を適切にコントロールすることが重要となります。

3.2.4 サービス内回遊

サービス内回遊（Just Browsing）とは、ユーザーが利用しているサービス本来の目的を達成するためでなく、ただアイテムを閲覧すること自体を目的としてサービス内を回遊する場合を指します。たとえば今すぐ旅行する計画があるわけでないが、どんな観光地があるのか、どんなホテルや旅館があるのかを眺めることを目的として旅行予約サービスやホテル予約サービスを利用しているというような状況が考えられます。

このとき、ユーザーにあまり購入意思がないにもかかわらずアイテムの購入を過度に促すような推薦を行ってしまうとユーザーの満足度が下がってしまい、再訪しなくなってしまう恐れがあります。たとえば極端な例だと、ページ遷移のたびにおすすめ商品のポップアップを強引にユーザーに表示し続けると、目的である回遊がしづらいためにユーザーは離脱し、同時にサービスに悪い印象を持ちもう使わないようにしようと思ってしまう可能性があります。その代わりに概要推薦のようなサービス内の人気アイテムや特定のカテゴリの新着アイテムなどを推薦することで、なんとなく面白い・興味を持てそうなアイテムがサービス内にあるんだと感じてもらうことがユーザーの満足度を上げるのに効果的です。

また、**図3-5**のAirbnbのように、多くのユーザーが興味を持つであろう人気な観光地をいくつか取り上げて周辺の宿泊物件を簡単に閲覧できるようにしたり、「自然に囲まれた宿泊先」や「ユニークなリスティング」などのユーザーの興味を惹くような特定のテーマに沿ったアイテムを特集して表示させたりすることで、すぐにはユーザーの購買に繋がらないがサービス内の回遊を通したユーザーの満足度向上を狙った探索的なUIを提供するサービスが増えてきています。

このように、ユーザーの探索的な回遊を通して満足度を向上させることで、将来ユーザーの購買へのニーズが高まった際に利用してもらえることが期待できます。さらに、回遊時の行動ログなどのデータを利用することで、ユーザーに合った精度の高い推薦を行うことが可能となります。

図3-5　サービス内回遊に適した探索的なUIの例：Airbnb（出典：https://www.airbnb.jp/）

3.3　サービスの提供者の目的に応じたUI/UX事例

先ほどはシステムを利用するユーザーの目的に注目した分類を行いましたが、次はサービスを提供する側の目的に注目します。ここではBen Schafer†2やSwearingen†3を参考に、推薦システムを活用するサービスの提供者側の代表的なビ

†2　J. Ben Schafer, J. A. Konstan, and J. Riedl, "E-commerce recommendation applications," Data Mining and Knowledge Discovery, Vol. 5, pp. 115－153 (2001).

†3　K. Swearingen and R. Sinha, "Beyond algorithms: An hci perspective on recommender systems," In SIGIR Workshop on Recommender Systems (2001).

ジネス目的を以下の5つに分類しました。

- 新規・低利用頻度ユーザーの定着
- サービスへの信頼性向上
- 利用頻度向上・離脱ユーザーの復帰
- 同時購入（cross selling）
- 長期的なユーザーのロイヤルティ向上

3.3.1　新規・低利用頻度ユーザーの定着

サービスをはじめて訪れた新規ユーザーや、あまり利用頻度の高くないユーザーが自分たちのサービスから離脱して他のサービスに行ってしまう前に満足度を高めてサービスに定着してもらうことはサービス提供者にとって重要なことです。満足度を高めて定着してもらうためには、サービス内でユーザーに良い体験を提供するだけでなく、悪い体験をさせないことも同じくらい重要です。このような目的のためにはしばしば**概要推薦**（broad recommendation）が用いられます。

概要推薦とは、サービス内のデータの統計情報やサービスの知識が豊富な編集者の選択に基づいた推薦のことを指します。統計情報に基づく推薦とは、「今週の視聴ランキング」のようなサービス全体の利用頻度ランキングであったり、「コミック売上ランキング」のような特定のカテゴリ内での売上ランキングのようなものを指します。編集者の選択に基づいた推薦とは、「映画評論家による今おすすめの作品一覧」や「今週の特売品一覧」のように、サービスの編集者や専門家が手動で選んで作成した推薦リストを指します。

このように統計情報や編集者の選択に基づいたサービスの大まかな情報は、大部分のユーザーにとってある程度のニーズを満たすことが多く、ニーズを外したとしても大きく外すことが少ないです。そのため、ユーザーに自身のニーズとサービスとの関連性を見いださせ、サービスの継続利用を促すことが狙えます。

サービスの新規ユーザーや利用頻度が低いユーザーをターゲットとする場合、そのようなユーザーが積極的に探さなくても閲覧することができるように、サイトのトップページなどの目につきやすい箇所に配置すると効果的です。また、ユーザーが興味のあるカテゴリや予算金額などで簡単に絞り込みができるフィルタリング機能も一緒に提供することは効果的でしょう。

できるだけ多くのユーザーがサービスから離脱せずに使い続けてくれることが目的であるため、特定のユーザーに深く刺さるようなアイテムよりも、たくさんのユーザーにそこそこ刺さるようなアイテムを推薦することが重要となります。たとえば映画視聴サービスにおいて直近1週間の視聴ランキングは大部分の平均的なユーザーの嗜好を反映したものであると考えられるため、この目的に合っているでしょう。また、映画評論家など特定の分野の専門家が選んだリストも幅広いユーザーの興味を惹くことが考えられるため、この目的に即しています。一方で、特定の狭いカテゴリに絞ったようなニッチなアイテムの推薦は刺さるユーザーが比較的少ないため、概要推薦としてはあまりふさわしくないでしょう。

図3-2のNetflixの画面上部の「Top 10 in Japan Today」の項目は、その言葉とアイテムの横に大きくランキングの順位を表示するUIによって、どのようなルールでアイテムが並んでいるのかパッと見でも分かりやすく構成されています。まだサービスにあまり愛着を持っていないユーザーに対しては、このような興味を惹きやすい体験を提供することも効果的でしょう。

3.3.2 サービスへの信頼性向上

ECサイトなどのサービス提供者がユーザーからの信頼を得ることは重要です。ユーザーは、サービスが提供するアイテムや広告はサービス提供者の利益を最優先しているのではないか、と考えるケースがあります。この不信感を理由に、推薦アイテムや広告商品のアイテムの購買をためらってしまい、結果としてユーザーとサービス提供者の両方が不利益をこうむってしまうことがあります。基本的にユーザーの利益を追求することがサービス提供者の利益にも繋がるため、極端にサービス提供者の利益だけを優先した推薦や広告を行うことはないはずです。それをユーザーが信じてサービスを利用してもらうための信頼性向上が必要です。このような目的のために、**利用者評価**が有効な場合があります。

利用者評価は、サービス内のユーザー間での推薦を実現するものです。たとえば、購入商品に対してユーザーがレビューを投稿できたり、★の数で評価をつけられたり、その結果や統計情報を他のユーザーが参照できたりすることを指します。

一般的に、先ほど説明した概要推薦やその他の高度なアルゴリズムによるサービスの提供者側による推薦よりも、サービスを利用する他のユーザーによる推薦のほうがユーザーに信用され、受け入れられやすいと考えられます。提供者側が中立的な立場でサービスを展開するよりも、自分たちの利益を優先しているのではとユーザー側に思われることが多いからです。そのため、利用者評価を提供して他のユーザーの“生の声”を参照可能にすることで、サービス提供者にとってだけではなくユーザーにとっても良い体験を提供しているサービスであるということを納得してもらうことができます。その結果として、ユーザーのサービスへの信頼性を向上させることができます。さらに、サービス内でユーザーコミュニティが形成されることによって、他のサービスとの差別化が進んで離脱率が低下することも期待できます。

利用者評価においては基本的にユーザーが投稿したレビュー文や評価値をそのまま表示したり統計値を算出して表示するだけなので、サービス提供者側が介在する余地はあまりありません。しかし、ユーザーが自由に評価をつけられることによって、特定のアイテムに対して意図的に高評価なレビューをたくさん投稿するようなサクラ行為であったり、攻撃的な文章や無関係な内容を投稿するスパムのようなレビューがなされることがあります。このようなレビューが他のユーザーの目についてしまうことは、逆にサービスへの信頼を損ねてしまうことになりかねません。

そこで、たとえばAmazon（https://www.amazon.com/）では、日本以外からのレビューを非表示にする機能を提供することでレビューの質を担保する取り組みをしています。他にも、ユーザーが投稿したレビューを一度サービスの運営側が検閲してから公開するというような仕組みでレビューの質を担保しようとしているサービスもあります。この方法はほぼ確実にスパムのようなレビューがユーザーに表示されてしまうことを防げる一方で、サービス側に不都合なレビューが不当に揉み消されているのではないかという疑念を持たれることがあるため、少しネガティブな面もあります。

他のユーザーが投稿したレビュー文を直接閲覧できる場合は、閲覧しようとしているユーザーと似ている嗜好性のユーザーのレビュー文を優先して表示するような、レビュー文の推薦も有効な手段となるでしょう。また、サービスの性質によっては、肯定的な評価ばかりではなく批判的な評価こそ参考にしたいという場合もあるため、**図3-6**にあるように「上位の批判的レビュー」であったり、レビューの並び替え機能などにより批判的な評価にも簡単にアクセスできるような体験を提供することも有効です。

ユーザーにサービスを使っていれば目的が達成できそうだと思ってもらうためには、できるだけ早く、正確にユーザーの嗜好に適合したアイテムを推薦することも効果的です。一方で、サービスを使い始めたばかりのユーザーについてのデータは比較的少なく、いきなりそれぞれのユーザーにぴったりのアイテムを推薦することは難しいでしょう。そのため、最初はサービス内の人気アイテムなどを表示することでサービス内に自分の嗜好に合うアイテムがあるかもしれないと期待してもらうことが重要です。

また、ユーザーがプロフィール情報を変更した際に、変更内容に沿ってより嗜好に合うアイテムを推薦するという明確なフィードバックを送ったり、「現在パーソナラ

図3-6　Amazonのレビュー情報（出典：https://www.amazon.co.jp/product-reviews/4873116988/）

イズ中です」といったメッセージを伝えたりすることなども効果的でしょう。

たとえばNetflixでは、ユーザーはアカウント作成直後に**図3-7**のような画面で明示的に自分の好きな作品を選ぶことになります。選択後は**図3-8**のような画面が表示され、入力された情報を用いてコンテンツをパーソナライズしていることをユーザーに明示的に伝えたあとに、トップページに遷移させています。はじめてトップページを見たときにすでに自分にぴったりの作品が並んでいるのを目の当たりにしたユーザーに「Netflixは信頼できるサービスである」とすぐに認識してもらえることが期待できます。

図3-7　登録直後に明示的な嗜好を入力させる例：Netflix（出典：https://www.netflix.com/）

図3-8　良い推薦を提供しようとしていることを明示的にユーザーに伝える例：Netflix（出典：https://www.netflix.com/）

3.3.3 利用頻度向上・離脱ユーザーの復帰

サービス提供者としては、ユーザーには一度ではなく何度も継続してサービスを利用してほしいものです。そのためにはサービス利用中のユーザーの体験を向上するためにさまざまな工夫が必要です。一方で、利用頻度の低いユーザーやすでに離脱してしまったユーザーなど、そもそもサービス内での体験向上が難しいユーザーもいます。そのようなユーザーに対しては**通知サービス**（notification services）が有効です。通知サービスとは、ユーザーがサービスを利用していないときにメールやプッシュ通知などの方法で推薦を送付するものを指します。たとえばユーザーの過去の購買履歴に基づいて興味を持ってもらえる可能性の高いアイテムを推薦したり、ユーザーがあらかじめ設定している条件、たとえば、好きな作家などを登録しておくと、その作家の新作が発売された際に案内が届いたりといったようなものです。

最近では音声や動画の生配信を提供するサービスが増えており、よりリアルタイムに通知サービスによって適切なコンテンツを推薦することが重要なシーンが増えてきました。特に、配信されたコンテンツを後から閲覧したり視聴したりできないようなサービスにおいては、リアルタイム性のある推薦が体験の肝と言えるでしょう。

通知サービスは、ユーザーにサービスへの復帰や利用頻度の向上を効果的に促せる一方で、サービスを利用していないユーザーにサービスについての情報を送るという強い訴求であるため、通知の送り方によってはユーザーに不快感を与えてしまい逆効果となってしまうこともあるので注意して設計する必要があります。

まず、通知を送る頻度を適切に設計する必要があります。極端な例だと、アイテムの推薦を行うようなプッシュ通知を毎時間送ってしまうと、ユーザーは煩わしく思って逆にサービスを利用しなくなってしまうでしょう。同じような内容のサービスへの復帰を促すような通知を毎日送ってしまうのも悪手であると考えられます。また、通知を送るタイミングも考慮する必要があります。たとえば深夜や早朝などユーザーが眠っていることの多い時間帯などに通知を送ってしまうのはユーザーの体験の悪化に繋がるので避けたほうが良いと考えられます。ユーザーがサービスからの通知を開きたくなるようなタイミングを考えた上で、適切な時間帯に送ることが重要です。それはサービスによりけりで、朝起きたときかもしれませんし、夜寝る前かもしれません。あるいは、通勤中の時間帯かもしれません。仮に、プッシュ通知が届いて興味がある内容であった場合でも、その瞬間は開けないといった状況もあるでしょう。そのような場合には、サービス内からプッシュ通知で送られた内容に後からでもアクセスできるような機能が有用であると考えられます。

プッシュ通知の場合は表示できるスペースが小さいことからも、アイテムの推薦であれば基本的に1件しか表示できないことが多いでしょう。そのような貴重な1件の枠に対するユーザーの期待は比較的大きいため、大きくユーザーの嗜好から外れたものを推薦してしまったときはユーザーの体験を損ねてしまう恐れがあります。逆に、ユーザーにぴったりのアイテムを推薦できた際には、サービス内のその他の推薦で適合したアイテムを推薦したときよりもサービスに愛着を持ってくれるようになるかもしれません。また、プッシュ通知で送信したアイテムを直接購入してもらうよりも、購入はしないであろうがユニークなアイテムを推薦することでサービスへの興味を高めてサービスに復帰してもらうというような戦略も考えられます。送信するアイテムの選定以外の注意としては、ユーザーに伝えたいことがきちんと伝わる内容（タイトル・サムネイル画像・本文）になるよう、体裁にも十分注意すると良いでしょう。

3.3.4　クロスセル

ある商品の購入を検討しているユーザーに対し、別の商品もセットもしくは単体で購入してもらうことで単価を上げる方法にクロスセルというものがあります。これは、サービス提供者としては売上向上が見込める方法でもあり、ユーザーとしても同時に必要なものを購入できて満足度が上がることがある方法です。

クロスセルを実現するのに有効な手段として**関連アイテム推薦**（product-associated recommendations）が挙げられます。これは、ユーザーが現在注目しているアイテムと関連するアイテムをユーザーに表示するといったものを指します。たとえばECサイトで特定の商品のページを閲覧していたり、「買い物かご」にすでに商品を入れていたりするような状況で、それらの商品とよく一緒に購入されている商品を表示するというようなものです。

図3-9のように、「よく一緒に購入されている商品」としてユーザーが注目しているアイテムと同時に購入されることの多いアイテムを推薦することによって、クロスセルを促すことができます。たとえば、スマートフォンを購入しようと買い物かごに入れているユーザーに対して、スマホカバーなどのアクセサリといった補足的な商品を表示すると、一緒に購入してくれる可能性は高そうです。

図3-9　Amazon：「よく一緒に購入されている商品」機能（出典：https://www.amazon.co.jp/）

　このとき、推薦している関連アイテムがなぜ関連するのか、なぜ同時に購入するべきなのかをユーザーが分かるような説明を追記したり、**図3-9**のように同時購入した際の合計金額を提示したりすることでユーザーに購入するイメージを持ってもらうなどの工夫は有効でしょう。また、「3点ともカートに入れる」というボタンを用意することで、ユーザーがアイテムを1つずつカートに入れるという手間を省いている点も1つの工夫と言えるでしょう。

図3-10　Amazon：今続刊を購入すれば得になるという訴求（出典：https://www.amazon.co.jp/）

　また、ユーザーが購入した漫画の続きを同時に購入してもらうことを狙って、**図3-10**のように今同時に購入すればお得な条件が適用されるというような訴求を行うことも効果的でしょう。

図3-11　Amazon：類似商品との比較機能（出典：https://www.amazon.co.jp/）

また、クロスセルとは目的が異なるのですが、関連アイテム推薦の枠組みでユーザーが注目しているアイテムと同等の類似アイテムを表示することで、商品の比較を促し購買の判断を助けることも可能です。たとえば**図3-11**のAmazonの例のように、ワイヤレスイヤホンの購入を検討しているユーザーに対して「類似商品と比較する」という枠組みで現在閲覧中の商品とメーカー違いの同等の商品を表示することによって、ユーザーは自分に合ったワイヤレスイヤホンを選びやすくなるでしょう。このとき、ユーザーがアイテムを比較しやすいように比較の基準となりうる情報を表示すると良いでしょう。この例では、商品の価格やカラー、重量などが分かりやすく表示されています。

3.3.5　長期的なユーザーのロイヤルティ向上

短期的に商品を購入してもらって売り上げを向上することも重要ですが、長期的なユーザーのロイヤルティを向上することで継続的にサービスを利用してもらうこともあらゆるサービスにおいて重要なものです。特に、ユーザーが継続して利用してくれることがそのまま利益となるサブスクリプションモデルのプロダクトなどでは一層重要な要素でしょう。

パーソナライズ（personalize）は、サービス内で収集したユーザーの情報や行動履歴を利用することでその人に合ったアイテムを推薦する、つまり個人化された推薦結果を提供する形態のものを指します。たとえば、「あなたにおすすめ」という文言とともにアイテムが並んでいるような光景を目にしたことがあるのではないでしょうか。これは推薦結果がそれぞれのユーザーに個人化されているからこそ価値を提供できており、パーソナライズに該当する提供形態と言えるでしょう。

パーソナライズでは、ユーザーがサービスを利用すればするほど推薦に利用できる情報が蓄積され、それぞれのユーザーにより適切な推薦が実現されます。これによってユーザーの満足度が向上し、他のサービスとの差別化にも繋がり、長期的なユーザーのロイヤルティを構築することが可能です。

図3-12 Amazon：あなたへのおすすめ表示（出典：https://www.amazon.co.jp/）

パーソナライズにおいては、推薦結果がそれぞれのユーザーに個人化されていることにこそ価値があるため、そのことをユーザーに明確に示したほうが効果が高いことが多いです。たとえば、「あなたにおすすめのコンテンツです」のような説明を加えると、ユーザーは自身に個人化されていることに容易に気づくことができるでしょう。さらに、**図3-12**のようにAmazonではユーザーの氏名を用いて「◯◯さんへのおすすめ」というような表記を示すことで、そのユーザーのために作成された推薦であることを強調しています。

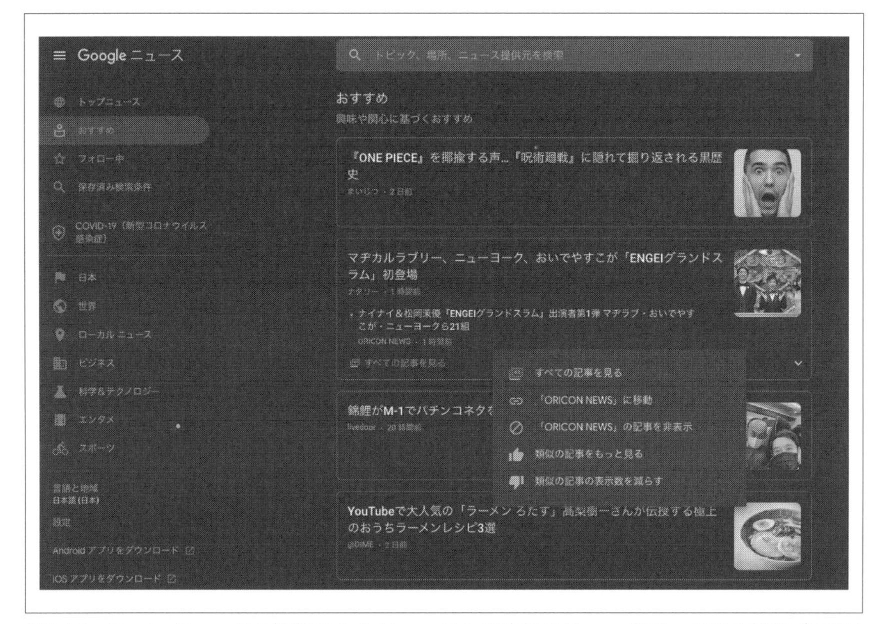

図3-13 Google ニュース：推薦されたニュースへの嗜好をフィードバックする機能（出典：https://news.google.com/

一方で、個人化していることをユーザーに伝えているにもかかわらず、あまりユーザーに適合したアイテムを表示できなければ、ユーザーはがっかりしてサービスから離れてしまうかもしれません。そのため、無闇に個人化を行うのではなく、ユーザーの情報が蓄積されてある程度の精度が担保された状態ではじめて個人化を行うなどの工夫も重要と考えられます。

もちろん、たとえ十分に準備した「あなたにおすすめ」の推薦でもユーザーが関心を持たないアイテムを推薦してしまうことはあります。そのような場合は、**図3-13**のGoogleニュースのように推薦されたアイテムの中でユーザーが関心を持たないものに対して明示的にフィードバックできる仕組みを用意することが手段の1つとして考えられます。また、**図3-14**のAmazonのように、たとえ購入済みのアイテムであろうとシステムに嗜好情報として扱わないように伝えることができる機能も存在します。このような明示的なフィードバックの機能を提供することにより、通常は獲得しづらいネガティブなフィードバックを収集することができ、推薦精度の向上を狙うことができます。一方で、このような機能を提供していても大部分のユーザーはわざわ

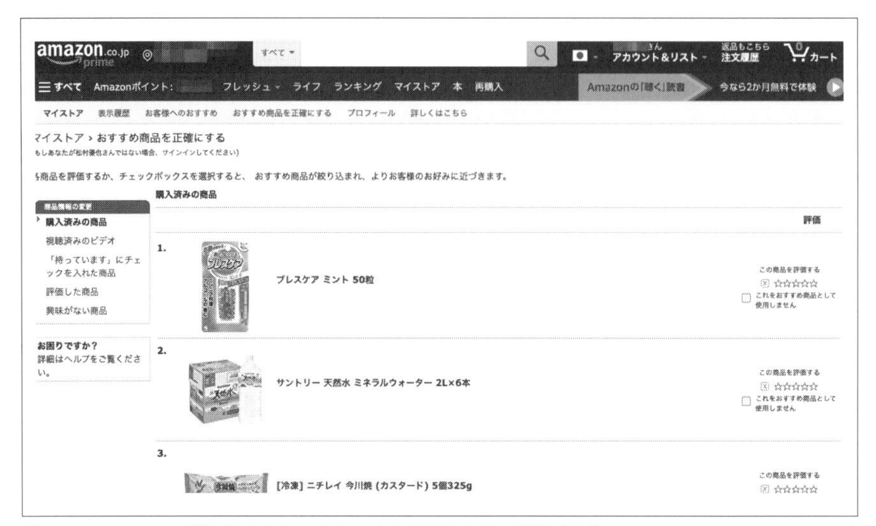

図3-14　Amazon：購入済み商品をおすすめの推薦から省く機能（出典：https://www.amazon.co.jp/）

ざフィードバックをしてくれるわけではないので、それを想定した上での設計を行うことが必要です。

最近では、**図3-15**のTikTokのように一般ユーザー向けの推薦システムについての説明を設けることで、推薦システムが自分にぴったりの記事をおすすめするようにユーザーが自ら意識して行動することを促すようなサービスも出てきました。これによって、より質の高いユーザーのフィードバックをよりたくさん収集することが狙えます。しかしながら、ここまで明示的にユーザーに対して推薦システムを印象づけているにもかかわらずあまり良い推薦体験を提供できなければ、ユーザーの体験悪化に繋がることは間違いありません。そのため、確固たる推薦技術の存在は必須となるでしょう。

逆に、高度に個人化され過ぎることはユーザー体験を損ねる可能性もあるので注意が必要です。ユーザーが自分で認識している以上に自身の情報をサービスに取られていると恐怖を感じて不信感を持ったり、推薦技術に対して単純に理解のできない気持ちの悪いものだと不快感を持つことが原因です。対策として、どのような情報を取得してどのように利用しているのかをプライバシーポリシーなどで明確にユーザーに示して同意を得ることや、あえて個人化をしないように設定できる機能を提供することなどが必要になるでしょう。

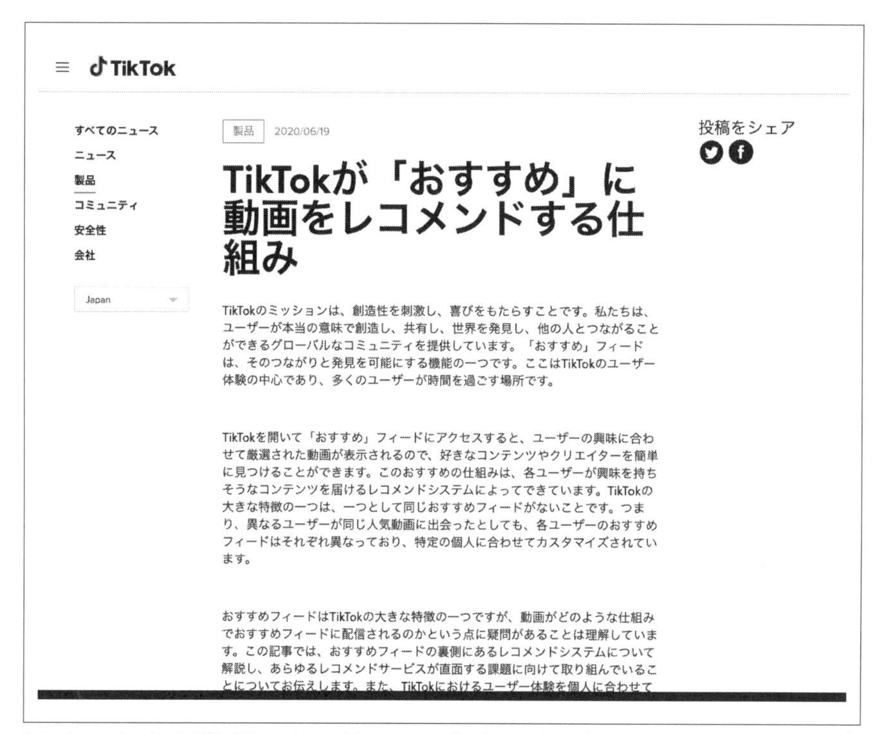

≡ TikTok

すべてのニュース
ニュース
製品
コミュニティ
安全性
会社

Japan

製品 2020/06/19

投稿をシェア

TikTokが「おすすめ」に動画をレコメンドする仕組み

TikTokのミッションは、創造性を刺激し、喜びをもたらすことです。私たちは、ユーザーが本当の意味で創造し、共有し、世界を発見し、他の人とつながることができるグローバルなコミュニティを提供しています。「おすすめ」フィードは、そのつながりと発見を可能にする機能の一つです。ここはTikTokのユーザー体験の中心であり、多くのユーザーが時間を過ごす場所です。

TikTokを開いて「おすすめ」フィードにアクセスすると、ユーザーの興味に合わせて厳選された動画が表示されるので、好きなコンテンツやクリエイターを簡単に見つけることができます。このおすすめの仕組みは、各ユーザーが興味を持ちそうなコンテンツを届けるレコメンドシステムによってできています。TikTokの大きな特徴の一つは、一つとして同じおすすめフィードがないことです。つまり、異なるユーザーが同じ人気動画に出会ったとしても、各ユーザーのおすすめフィードはそれぞれ異なっており、特定の個人に合わせてカスタマイズされています。

おすすめフィードはTikTokの大きな特徴の一つですが、動画がどのような仕組みでおすすめフィードに配信されるのかという点に疑問があることは理解しています。この記事では、おすすめフィードの裏側にあるレコメンドシステムについて解説し、あらゆるレコメンドサービスが直面する課題に向けて取り組んでいることについてお伝えします。また、TikTokにおけるユーザー体験を個人に合わせて

図3-15　TikTokの記事（出典：https://newsroom.tiktok.com/ja-jp/how-tiktok-recommends-videos）

3.4　関連トピック

これまではシステムのユーザーと提供者それぞれの達成したい目的別に、推薦システムがどのようなUI/UXを提供すべきかについての具体事例を紹介してきました。以降では、推薦システムのUI/UXに関連の深いトピックをいくつか紹介します。

3.4.1　アイテムの「類似度」

ユーザーの過去の行動履歴などからそのユーザーに適合するアイテムを推薦する際には、たとえばECサイトであれば、ユーザーが過去に購入したアイテムと類似しているアイテムを推薦することになるでしょう。その際に、ただ類似度が高いアイテムを推薦するのではなく、アイテム同士の関係性を考慮した上で推薦するアイテムを決めたほうが良い場合があります。

たとえば、あるユーザーがECサイト内でプリンターを購入したとします。次にそ

のユーザーがサイトへ訪問した際の推薦を考えましょう。この時、同じ機種の色違いのプリンターはユーザーが購入したアイテムとの類似度は大変高いでしょうが、そのユーザーには推薦するべきではないでしょう。プリンターを購入した次の日に再度プリンターを購入する人はあまりいないからです。この場合は、インクなどのプリンターの付属品のような、購入アイテムの補完となるようなアイテムを推薦したほうが購入確率は高くなりそうです。一方で、黒いペンを購入したユーザーに対して次の日に同じメーカーの赤いペンを推薦すれば、黒いペンを気に入ってくれていた場合に購入してくれるかもしれません。このように、アイテムによっては代替品を推薦しても購入に繋がることがあります。過去にユーザーが気に入ったアイテムを補完するようなアイテムを推薦するのか、代替となるようなアイテムを推薦するのかはアイテムの性質によることを理解した上で、推薦するアイテムを決めるべきです。

類似度の定義はさまざま考えられます。たとえば映画を推薦するサービスを考えると、映画のジャンルが似ているものを類似すると考えることもできますし、監督が似ていれば似ているとも考えられます。公開年度が近いほうが似ているかもしれませんし、同じような俳優が出演していれば似ているかもしれません。このようにアイテム同士の「類似度」は、用いる基準次第で大きく変わり得ます。どのような「類似度」を用いてユーザーが好んだアイテムと似ているアイテムを推薦するかは、ユーザーのニーズに応じて設計するべきでしょう。

3.4.2 目新しさ・セレンディピティ・多様性

ユーザーに推薦されるアイテムは、ユーザーが関心があることに加えて、ユーザーにとって分かりきったものではないという新規性が要求されることがあります。このような、**目新しさ（novelty）**は重要な観点の1つです。

たとえば、ユーザーがある作家のファンであるとして、このユーザーにその作家の最新作を発売日に推薦したとします。この場合、ユーザーはこのアイテムに「関心」を持ちますし、その時点ではユーザーがまだそのアイテムを知らないため「新規性」もあります。よって、「関心」と「新規性」の両方を満たしているので、この推薦には「目新しさ」があると考えることができます。

ここで1つ確認しておきたいのは、いくら「新規性」が高くともユーザーが「関心」を持たないアイテムを推薦してもシステムとして意味がないということです。「関心」と「新規性」の2つの要素を満たしてはじめて、目新しさのある良い推薦であることに注意してください。

さらに、**セレンディピティ（serendipity）**という重要な要素があります。これは、先ほどの目新しさに、思いがけなさや予見のできなさといった「意外性」の要素が加わった概念です。

たとえば、ユーザーが好きな作家とよく似た作風の新人作家の作品を推薦することを考えます。この場合、ユーザーは好きな作家と作風が似ているためにこのアイテムに「関心」を持つ可能性が高いですし、「新規性」もあります。さらに、ユーザーはその新人作家の作風が自分の好きな作家と似ていることを知らないため、この新人作家のアイテムが推薦されることを予見できないので「意外性」があります。すなわち、「関心」と「新規性」の両方を満たしているかつ、「意外性」を備えたこの推薦には「セレンディピティ」があるといえます。

しかし、このセレンディピティに必要な「意外性」という、ユーザーの感情的な要素を定量的に測定するのは難しいので、**多様性（diversity）**という観点で定量的に測定することがあります。「多様性」とは、推薦される複数のアイテムが互いに似ていないことです。アイテム間の類似度をなんらかの方法で測定できるようにした上で、推薦されるアイテム同士の類似度を測定して集約することで、多様性を定量的に評価することができます。

サービスを使い始めたばかりのユーザーに対しては、順当にユーザーに適合するアイテムを推薦することでサービスへの信頼性や愛着を高めることに努め、ある程度サービスを利用し続けているユーザーに対しては、サービスへの飽きを解消するためにセレンディピティのあるアイテム推薦を行うことで、よりロイヤルティを高めるという戦略を取ることができます。

3.4.3 推薦アイテムの選別

推薦アイテムを提示するにあたり、たとえどれほど予測評価値が高いとしてもユーザーに提示すべきでないアイテムが存在することがあります。そのようなアイテムをユーザーに推薦してしまうと大きな体験悪化に繋がってしまう恐れがあるため、なんらかの手段で事前に選別し取り除く必要があります。

ECサイトにおいては、一度ユーザーが購入したアイテムは再度推薦する必要がないことが多いです。一度購入した本をもう一度ユーザーが購入してくれることは珍しいからです。一方で、飲料水などは定期的に同じアイテムを購入してくれる可能性が非常に高いです。このように、再度購入することがあるかどうかはアイテムによるため考慮に入れる必要があります。一方で、一度購入されたことのあるアイテムを再び推薦リストに表示させるかをアイテムごとに考えることはコストであるため、「再度購入」のような機能を別途追加することで再購入はそちらの経路に任せるという戦略を取ることもできます。その他の例としては、在庫がないため販売できないアイテムや違法なアイテムなどは実際にユーザーに表示される前に取り除いておかなければ悪い体験をさせてしまうことになります。

何度も表示されたが購入に至っていないアイテムを推薦リストに入れ続けることもユーザーの体験を損なってしまいます。そのようなアイテムに対しては適切にネガティブなフィードバックが行われ、予測評価値が低くなるようなアルゴリズムを導入したり、一定の回数表示されたアイテムはユーザーに表示されなくなるという機能を追加することが有効です。一方で、アイテムによっては購入の意思決定までに時間がかかるため、ある程度の回数は表示することが必要な場合もあるのでアイテムの性質を考慮した上で設計する必要があります。たとえば、家や自動車などの比較的大きな買い物を一度推薦されて良いと思ったからといって即購入するケースは珍しいでしょう。求人情報などもはじめて閲覧して即応募するというよりも、他の候補となるアイテムをいくつか見ながら比較検討するのを何度か繰り返した上で応募するというようなことも考えられます。また、最初はあまり気にならなかったが何度か表示されているのを見ているうちに気になってくるということもあります。ただ、同じアイテムを何度まで表示するかを決めることは難しいので、「閲覧履歴」のように同じアイテムを閲覧するための経路を別途提供するという対策が考えられます。

3.4.4　推薦理由の提示

図3-16　Amazonにおける推薦理由提示の例（出典：https://www.amazon.co.jp/）

図3-16のAmazonの例のような「**この商品を買った人はこんな商品も買っています**」というフレーズに聞き覚えのある人は多いのではないでしょうか（最近は**図3-16**のように「この商品をチェックした人はこんな商品もチェックしています」という表現に変わったようです）。Amazonの商品ページの推薦においては、「ユーザーが

その商品をチェックしているから」という理由とともに他のアイテムを推薦しています。このように、推薦システムにおいてアイテムの**推薦理由**（explanation of recommendations）をユーザーに提示することで、推薦の効果、推薦の透明性、ユーザーの満足度を向上させられることが知られています。ここで、推薦の透明性とは、ユーザーの入力した評価やその他の情報と、出力される推薦アイテムとの間の因果関係が明確に分かる状態であることを指します。推薦の透明性が高いと、推薦自体の効果を高めるだけではなく、システムへの信頼性を高める効果もあることが知られています[†4]。

図3-17　Netflixにおける推薦理由提示の例（出典：https://www.netflix.com/）

図3-17はNetflixのホーム画面における推薦理由提示の一例です。この例では、実際にユーザーが視聴したアイテム（この例では「ダンジョンに出会いを求めるのは間違っているだろうか」というアニメ）に基づいた推薦であることを推薦理由として提示しています。ユーザー自身、そのアイテムを視聴したことを自覚しているため、説得力のある推薦であると感じることでしょう。

また、**図3-18**のSpotifyの例では、「睡眠」というカテゴリを提示しながら、睡眠をとろうとする際に聴くとよい音楽を推薦しています。こちらは実際に筆者が夜寝る前にSpotifyを開いた際に推薦されたものです。このように、ユーザーの状況（コンテクスト）に応じた推薦理由とともにアイテムを提示することは、よりユーザーの納得感が得られ推薦の効果を大きくすることができるでしょう。

他にも、ユーザーがどれくらいアイテムを好むと予測しているかを5段階評価などで定量的に示したり、その予測に対してシステムはどれくらいの確信度を持っている

†4　R. Sinha and K. Swearingen, "The role of transparency in recommender systems," In Proc. of the SIGCHI Conf. on Human Factors in Computing Systems, pp. 830-831 (2002).

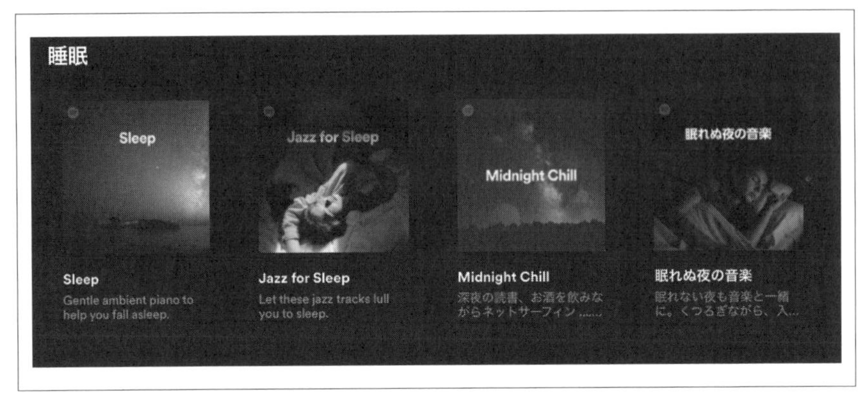

図3-18 Spotifyにおける推薦理由提示の例（出典：https://www.spotify.com/jp/）

のかを提示したりするといった方法も、推薦理由の提示の手法に当たります。

ユーザーは推薦理由の提示なしにアイテムの推薦を受けると、たとえば、サービスの提供者が得をするように不必要に高価なものを推薦しているのではないかと疑ってしまうことがあります。このとき、推薦されたアイテムが本来はユーザーに適したアイテムであるにもかかわらず、購入されないということが起こりえます。そこで、これまで紹介したように推薦する理由を推薦するアイテムと一緒に提示することで、ユーザーに適したものをユーザーに納得感をもってもらった上で購入してもらうことが有効となります。

また、ユーザーに納得感のある推薦理由を提示することは、他のサービスとの差別化に繋がり、ユーザーの満足度の向上にも繋がります。パーソナライズの節でも触れた、パーソナライズされることへのユーザーの気持ち悪さを緩和する効果もあります。一方で、明示的に推薦理由を提示しているにかかわらずユーザーの好みのアイテムを推薦できなければ、逆にユーザーのシステムへの信頼性や満足度を失う危険性もあるため注意が必要です[†5]。

3.5 まとめ

本章では、実際のサービスの例を挙げながらさまざまな観点から推薦システムにお

†5 K. Swearingen and R. Sinha, “Beyond algorithms: An hci perspective on recommender systems,” In SIGIR Workshop on Recommender Systems (2001).

けるUI/UXについて紹介しました。ユーザーにとって使いやすい・価値が届きやすいUI/UXというのは、ターゲットとなるユーザーの年齢や性別、あるいはどのくらいアプリを扱うことに慣れているかといった要素によっても変わってきますし、時代とともに変化します。ユーザーやシステムが達成したいと考えている目的はサービスによってさまざまであり、それに応じて適切なUI/UXもさまざまです。サービスのドメインによっても大きく異なるUI/UXが求められることでしょう。このように、推薦システムにおける適切なUI/UXはサービスによって千差万別であり、都度適切なものを考えることが重要です。この思考を養うには、普段からさまざまなサービスに触れて、開発者がどのように考えてそのUI/UXを提供するに至ったかを考えること、デザインやプロダクトマネジメントといった領域、あるいは行動経済学などの分野について学ぶことも役立つと考えられます。

推薦システムのUI/UXに関しては、唯一の正解のようなものは存在せず、実際にユーザーに提供してみないと分からないことも多いため改善はとても大変です。一方で、他のサービスと差をつけやすい部分でもあり、うまくユーザーに価値を届けられた際の開発者としての喜びも大変大きいです。最初に説明した通り、そもそも適切なUI/UXを提供できなければどれだけ高度な推薦アルゴリズムを開発してもユーザーに価値は届きません。また、ここを考え抜けば考え抜くほどサービスへの愛着も湧き、今後の開発が一層楽しくなるかもしれません。本章の内容が推薦システムのUI/UXを改善することに少しでも役立てば幸いです。

4章 推薦アルゴリズムの概要

本章では、推薦システムの定義である「複数の候補から価値のあるものを選び出し、意思決定を支援するシステム」の前半部分、「複数の候補から価値のあるものを選び出す」ことを実現する推薦システムのアルゴリズムについて説明します。具体的には、サービス内の大量のアイテムの中からユーザーに推薦するアイテムを選ぶために、システムに蓄積されたユーザーの嗜好情報やアイテムのコンテンツ情報などさまざまなデータに基づき、ユーザーがどのアイテムを好むのかを計算するアルゴリズムの説明となります。これは、**1章**で説明した推薦システムの3つの構成要素の中の「**プロセス（推薦の計算）**」に該当します。

推薦システムのアルゴリズムには、機械学習を利用するような高度な手法もあれば、経験に培われた人手によるルールベースに基づくものまでさまざまです。それぞれが異なる特徴を備えており、常にこれを使えば良いというものはありません。実際に推薦システムを開発するにあたって適切なアルゴリズムを採用するためには、それぞれのアルゴリズムの特徴を押さえた上で状況に応じたものを見極める必要があります。

本章では、典型的な推薦システムのアルゴリズムにどのような種類のものがあるのか、それぞれがどのようにユーザーが好むアイテムを抽出するのか、どのような特徴があるのか、どのような場面で利用されるのかを直感的に理解することを一番の目的としています。種々の具体的なアルゴリズムの実装などの詳細な説明は次章に預けます。

4.1 推薦アルゴリズムの分類

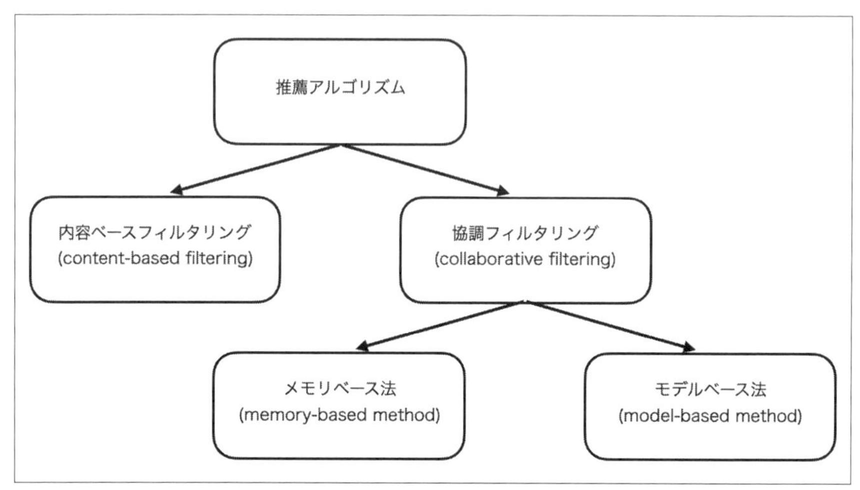

図4-1 推薦アルゴリズムの分類

推薦システムのアルゴリズムは**図4-1**のような分類で説明されることが多いです。まず大きく**内容ベースフィルタリング**（content-based filtering）と**協調フィルタリング**（collaborative filtering）の2つに分けることができます。

内容ベースフィルタリングは、本のタイトルや作者、ジャンルなどのようなアイテムの内容を表す情報を利用します。ユーザーがどのような内容のアイテムを好むかという情報をもとに、内容が似ているアイテムを計算することで推薦を行うアルゴリズムです。たとえば「ユーザー1はミステリーというジャンルが好き」という情報と「本Aのジャンルはミステリーである」という情報をもとに、ユーザー1に本Aを推薦します。このように、推薦を受け取るユーザーの好みに内容が近しいアイテムを探して（計算して）推薦するというのがこのアルゴリズムです。推薦対象のアイテムの内容を考慮した上で推薦を行うため、「内容ベース」フィルタリングと呼びます。

次に協調フィルタリングは、自分と本の好みが似ている知人に面白かった本を教えてもらうという「口コミ」の過程のように、サービス内の他のユーザーの過去の行動などにより得られる好みの傾向を利用することで推薦を行うアルゴリズムです。たとえば推薦を受け取るユーザーと好みの傾向が似ているユーザーをサービス内で探し出し、そのユーザーが好むアイテムを推薦を受け取るユーザーにも推薦するということが考えられます。サービス内の過去の購買履歴から、ユーザー1とユーザー2は同じような本を好むことが分かっている場合に、ユーザー2がすでに購入しているがユーザー1がまだ購入していない本をユーザー1に推薦するといった形です。推薦を受け取るユーザーだけではなく、サービス内の他のユーザーとの協調的な作業によって推薦するアイテムを決定するため、「協調」フィルタリングと呼びます。

また、協調フィルタリングは予測の実行方法の観点から**メモリベース法**（memory-based method）と**モデルベース法**（model-based method）に分類されます[†1]。メモリベース法では、推薦システムが利用されるまではシステム内のユーザーのデータを蓄積するのみで予測のための計算は行わず、推薦を行うタイミングで蓄積されたデータのうち必要なものすべてを用いて予測計算を行います。予測のタイミングで利用するデータをすべてメモリに格納して計算を行うことから「メモリ」ベース法と呼ばれます。一方でモデルベース法では、推薦システムが利用される以前にあらかじめシステム内で蓄積されたデータの規則性を学習したモデルを作成しておき、予測時には事前に作成されたモデルと推薦を提供する対象のユーザーのデータのみを利用して計算を行います。事前にモデルを作成するので「モデル」ベース法と呼ばれます。

以降、それぞれのアルゴリズムについて詳しく見ていきましょう。

4.2 内容ベースフィルタリング

本節では、推薦アルゴリズムを大きく2つに分類した際の1つである内容ベースフィルタリングについて説明します。

4.2.1 概要

まずは、簡単な例で内容ベースフィルタリングのアルゴリズムの概要をつかんでいきましょう。内容ベースフィルタリングは、ユーザーがどのような内容のアイテムを好むかを表す**ユーザープロファイル**（user profile）と、アイテムのさまざまな性質を表す特徴を抜き出した**アイテム特徴**（item feature）との一致度、つまり類似度を計算することで、好みに合ったアイテムをユーザーに推薦するアルゴリズムです。

†1 J. S. Breese, D. Heckerman, and C. Kadie, "Empirical analysis of predictive algorithms for collaborative filtering," In Uncertainty in Artificial Intelligence 14, pp. 43-52 (1998).

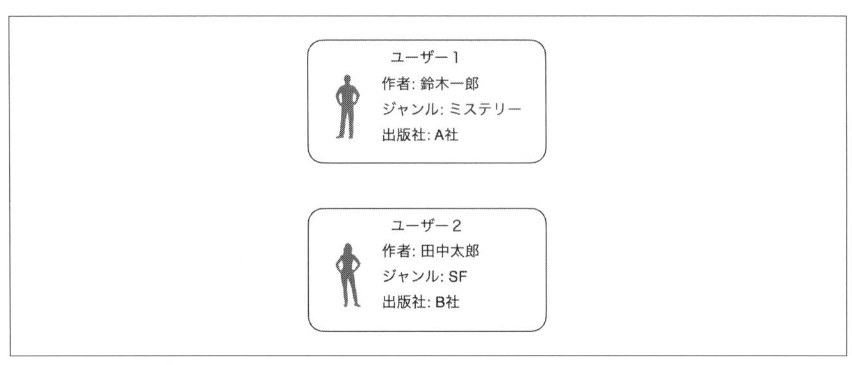

図4-2　ユーザープロファイルの例

ユーザープロファイルはたとえば**図4-2**のように、それぞれのユーザーが好むアイテムの特徴を並べたリストのような形で表現できます。ユーザー1のユーザープロファイルに注目すると、ユーザー1が好きな作者は「鈴木一郎」で好きなジャンルは「ミステリー」、好きな出版社は「A社」だということが読み取れます。

図4-3　アイテム特徴の例

アイテム特徴はたとえば**図4-3**のように、それぞれのアイテムの属性情報などの特徴を並べたリストのような形で表現できます。アイテムAのアイテム特徴に注目すると、アイテムAの作者は「鈴木一郎」でジャンルは「ミステリー」、出版社は「B社」であると読み取ることができます。

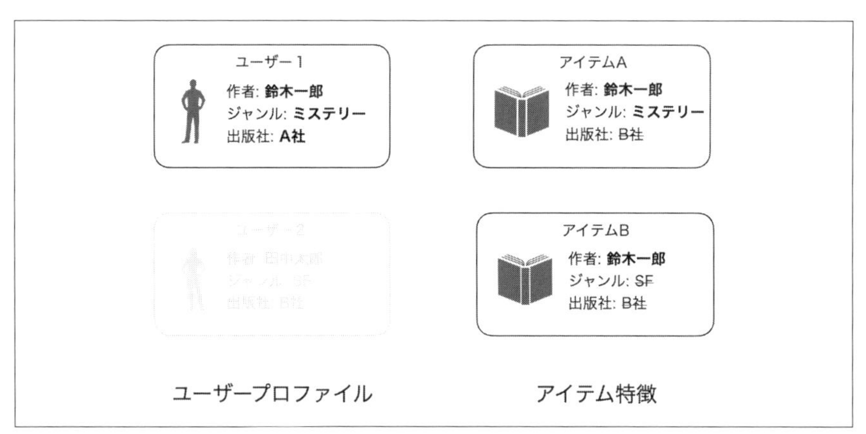

図4-4 ユーザー1のユーザープロファイルと類似するアイテム特徴を探す

ユーザー1に対して内容ベースフィルタリングを用いてアイテムを推薦することを考えてみましょう。ユーザー1のユーザープロファイルに注目して、類似度の高い（似ている）アイテム特徴を持つアイテムを探します。すると、アイテムAのアイテム特徴は作者とジャンルの2つの要素がユーザー1のユーザープロファイルのものと一致しています。一方で、アイテムBについては作者の要素が1つ一致しているのみです（**図4-4**）。

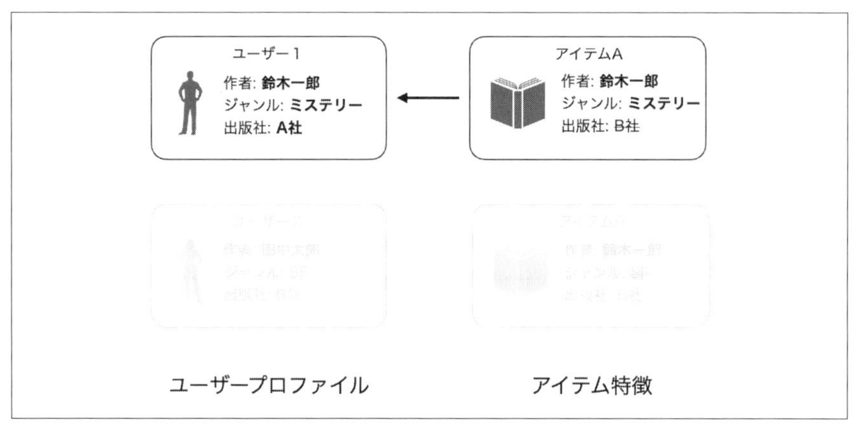

図4-5 より似ているアイテム特徴を持つアイテムをユーザー1に推薦する

このとき、アイテムAとアイテムBの2つのアイテムのうちアイテムAのアイテム特徴のほうがユーザー1のユーザープロファイルと一致している要素が多く、類似度が高いと考えます。よって、アイテムAをユーザー1に推薦します（図4-5）。以上が基本的な内容ベースフィルタリングのアルゴリズムの概要となります。

4.2.2　アイテム特徴の獲得

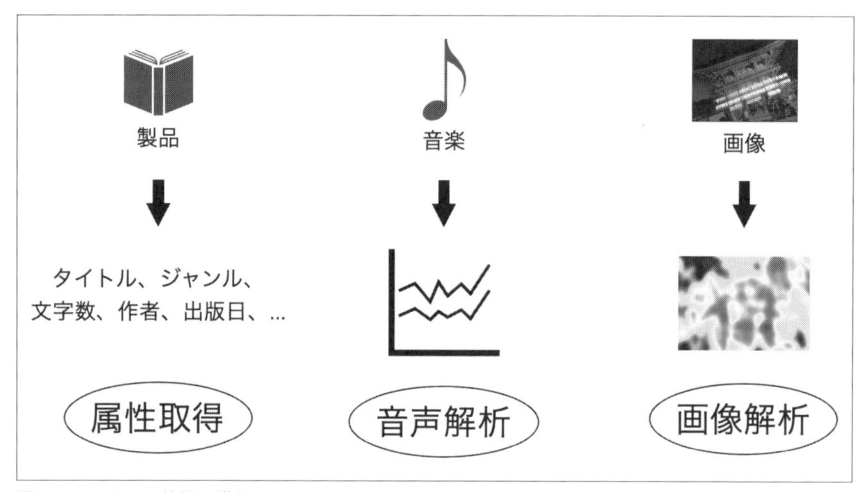

図4-6　アイテム特徴の獲得

内容ベースフィルタリングで利用するアイテム特徴の獲得方法は、図4-6のようにアイテムの性質によってさまざまです。たとえば本などの製品だと、タイトルやジャンル、文字数、作者、出版日など、さまざまなアイテムの属性情報を取得することができます。また、アイテムが音楽などの音声データの場合は、先ほど同様に作曲者や作曲年などのアイテムの属性情報を取得しますが、たとえアイテムが属性情報として持っていない場合でも、音声解析によって音の高さや音色、音量などの情報を取得してアイテム特徴とすることもできます。アイテムが画像データの場合も、たとえば写真ならば写っている物体や撮影された場所、時間などの属性情報に加え、画像解析などの技術を駆使することで色彩情報や被写体の形の特徴などの情報を追加で取得することもできます。

4.2.3 ユーザープロファイルの獲得

ユーザーのアイテムの内容への好みを表すユーザープロファイルの獲得には、大きく2つの方法があります。

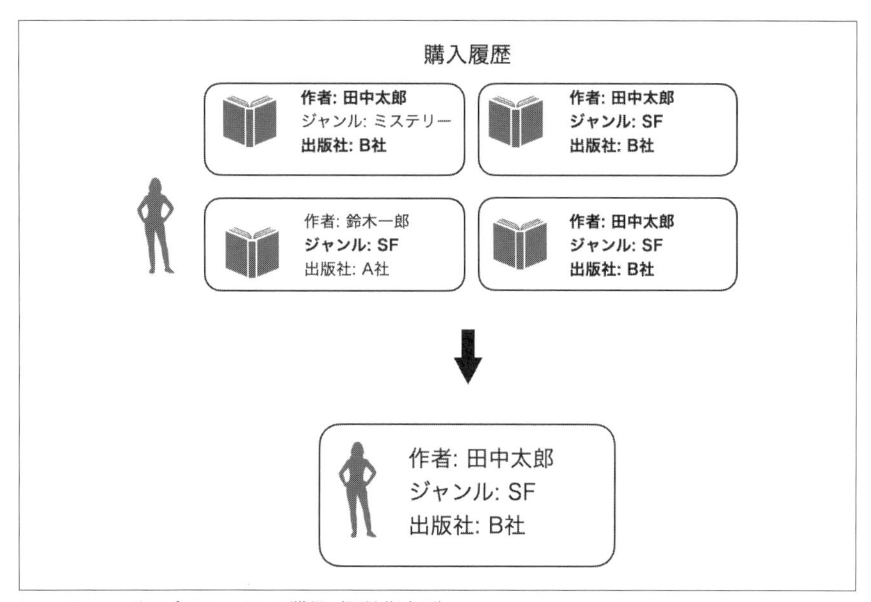

図4-7　ユーザープロファイルの獲得（間接指定型）

1つは、ユーザーの過去の行動履歴に基づいてユーザープロファイルを作成する**間接指定型**です。たとえばユーザーの購入履歴の中で最も多く出現しているアイテムの特徴をそのユーザーが好むものとしてユーザープロファイルを作成することができます（**図4-7**）。この例だと、ユーザーは4つのアイテムを過去に購入しています。その中で、作者が「田中太郎」であるものが3つと最も多く、ジャンルは「SF」であるものが3つと最も多く、出版社は「B社」のものがこれもまた3つと最も多いため、「作者：田中太郎、ジャンル：SF、出版社：B社」というユーザープロファイルが獲得されています。

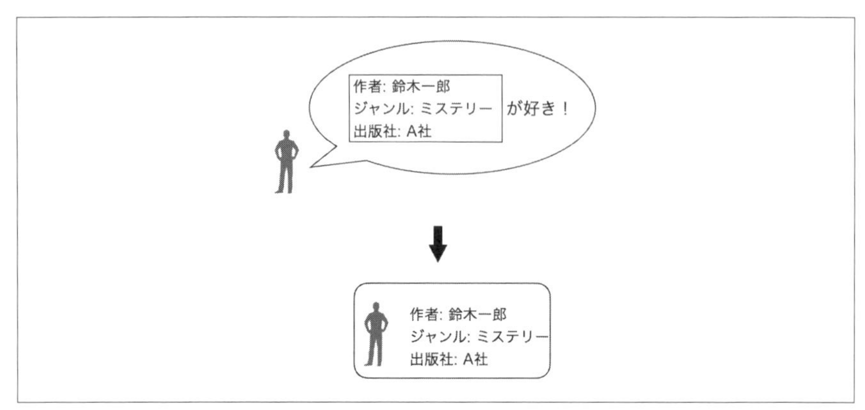

図4-8　ユーザープロファイルの獲得（直接指定型）

もう1つは、ユーザーに自身が好きなアイテムの特徴を明示的に指定してもらう**直接指定型**です。たとえば**図4-8**では、ユーザーが好きな作者は「鈴木一郎」であり、好きなジャンルは「ミステリー」、好きな出版社は「A社」であると自ら指定しており、その内容がそのままユーザープロファイルとして獲得されています。このような明示的な好みの指定は、サービスへのユーザー登録直後のオンボーディングや、マイページなどから行えることが多いです。

4.3　協調フィルタリング

本節では、推薦アルゴリズムを大きく2つに分類した際の1つである協調フィルタリングについて説明します。協調フィルタリングにはメモリベース法とモデルベース法の2種類がありました。メモリベース法は、推薦を受け取るユーザーと好みが似ているユーザーに着目して推薦を行う**ユーザー間型メモリベース法**（user-user memory-based method）と、推薦を受け取るユーザーが好むアイテムと似ているアイテムに着目して推薦を行う**アイテム間型メモリベース法**（item-item memory-based method）に分けられます。

この節ではメモリベース法のうちユーザー間型メモリベース法の協調フィルタリングに注目し、アルゴリズムの概要を説明します。モデルベース協調フィルタリングについては、どのようなアルゴリズムがあるのか概要を簡単に紹介します。

4.3.1 メモリベース法のアルゴリズム概要

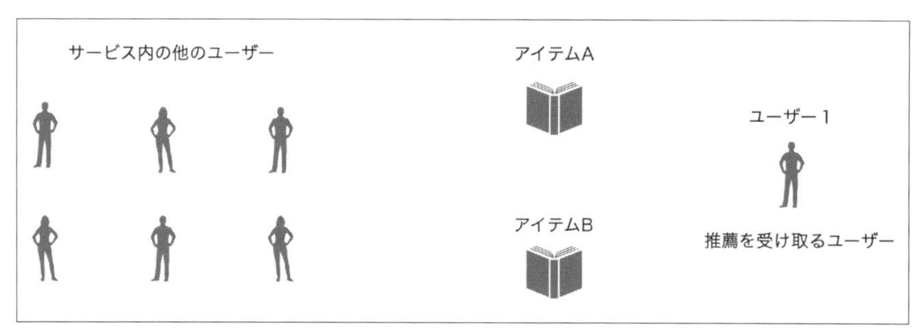

図4-9 ユーザー間型メモリベース法を用いてユーザー1にアイテムを推薦する

簡単な例でユーザー間型メモリベース法の協調フィルタリングのアルゴリズムの概要を理解していきましょう。**図4-9**の右側のユーザー1が推薦を受け取るユーザーであるとします。中央にある2つのアイテム、アイテムAとアイテムBのどちらかをこのユーザー1に推薦するというのが今回の問題設定です。

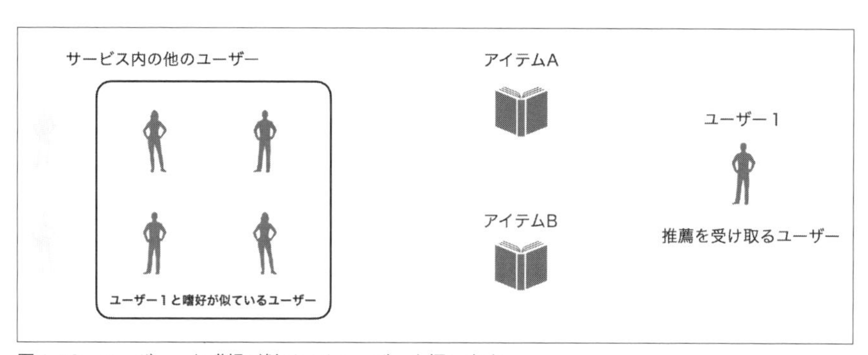

図4-10 ユーザー1と嗜好が似ているユーザーを探し出す

まずサービス内の他のユーザーの中から、推薦を受け取るユーザーであるユーザー1とアイテムへの好みが似ているユーザーを探し出します。今回は、サービス内の他の6人のユーザーのうち4人がユーザー1と好みが似ているユーザーとして探し出されました（**図4-10**）。

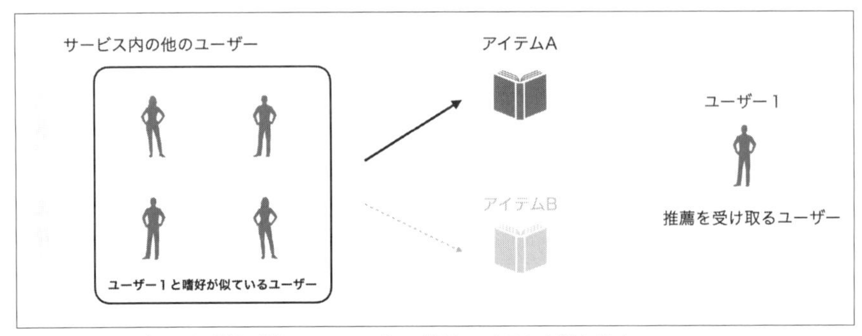

図4-11 ユーザー1と嗜好が似ているユーザーが好むアイテムを探し出す

次に、このユーザー1と好みが似ているユーザーたちが好むアイテムを、ユーザー1へと推薦する候補のアイテムの中から探し出します。ユーザー1と好みが似ているユーザーたちは、アイテムBよりもアイテムAのほうを好むものとします（**図4-11**）。

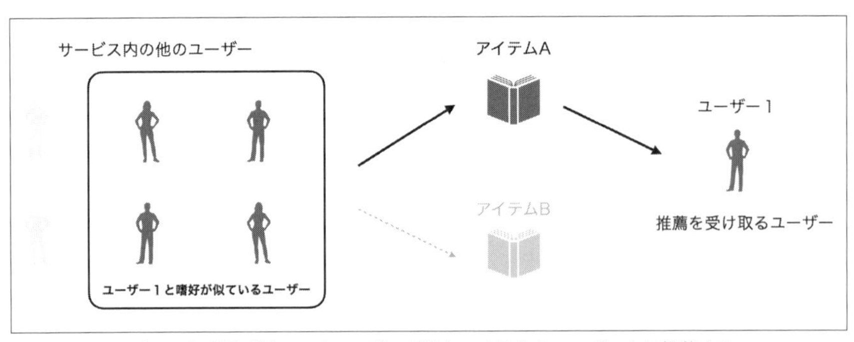

図4-12 ユーザー1と嗜好が似ているユーザーが好むアイテムをユーザー1に推薦する

最後に、ユーザー1と好みが似ているユーザーが好むアイテムをユーザー1に推薦します（**図4-12**）。以上が、基本的なユーザー間型メモリベース法のアルゴリズムの概要です。

推薦を受け取るユーザーと好みが似ているユーザーをどのように探し出すのかについてもう少し詳しく説明します。ここでは、ユーザーの購買履歴からユーザーのアイテムの好みを推測することで、好みの傾向が似ているユーザーを探し出します。たとえばユーザーが過去に購入したアイテムは好んでおり、購入しなかったアイテムは好まないと考えることができます。このように、アイテムの具体的な属性情報などを利用しないのは協調フィルタリングの大きな特徴です。

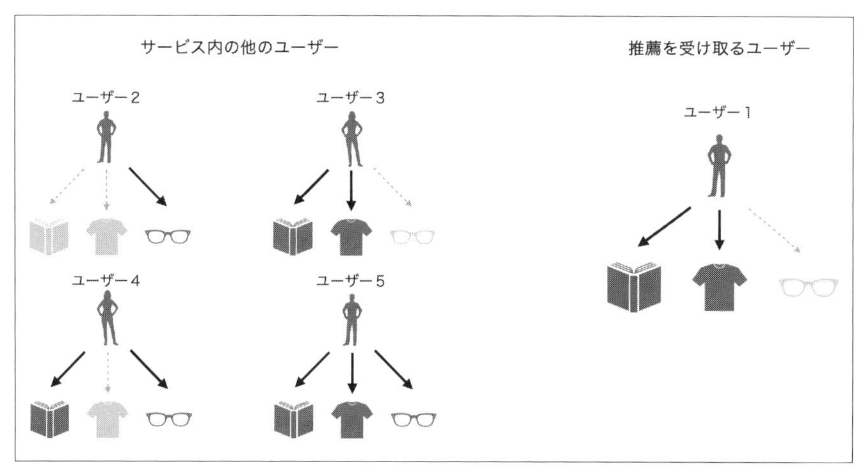

図4-13　過去の購買履歴から嗜好が似ているユーザーを探し出す

図4-13の例で考えてみましょう。推薦を受け取るユーザーであるユーザー1は、本とTシャツを購入して眼鏡を購入しませんでした。このときユーザー1は、本とTシャツは好むが眼鏡は好まないということとなります。このユーザー1と似た好みの傾向を持つユーザーをサービス内の他のユーザー（ユーザー2、3、4、5）の中から探し出します。

まずユーザー2に注目すると、本とTシャツを購入せずに眼鏡だけ購入しています。これはユーザー1とは正反対の購買履歴を持っており、好みの傾向は全く似ていません。一方でユーザー3に注目すると、3つすべてのアイテムの購買履歴が一致しており、ユーザー1と全く同じ好みの傾向を持つと言えます。ユーザー4は本を購入したというのは一致していますが、他の2つのアイテムについては逆の傾向を持ちます。ユーザー5は本とTシャツの2つのアイテムへの傾向が一致しています。

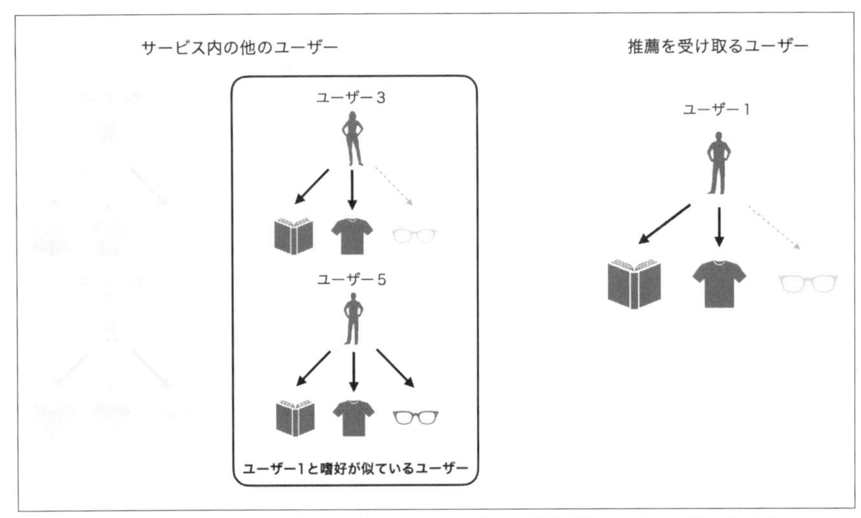

図4-14 過去の購買履歴がユーザー1と似ているユーザーを嗜好が似ているユーザーとする

ここでは、2つ以上のアイテムの好みの傾向が一致しているユーザーをユーザー1と好みが似ているユーザーであると考えます。このとき、ユーザー3とユーザー5がユーザー1と好みが似ているユーザーとして探し出されることとなります（**図4-14**）。

4.3.2 嗜好データの獲得と評価値行列

協調フィルタリングでは、サービス内の他のユーザーの過去の行動履歴などから好みの傾向を推定して推薦に利用しました。このようなユーザーからアイテムへの好みの情報を**嗜好データ**（preference data）と言います。嗜好データを獲得する方法には大きく2つあり、**明示的獲得**（explicit feedback）と**暗黙的獲得**（implicit feedback）に分かれます。明示的獲得とは、ユーザーに5段階評価でアイテムのレビューをしてもらったり、好きなアイテムのジャンルなどを聞いて回答してもらったりといった、ユーザーにアイテムの好き嫌いや関心のあるなしを質問し回答してもらうことで嗜好データを獲得する方法です。一方で暗黙的獲得は、ユーザーがアイテムを購入、お気に入りに登録、閲覧するといったような、サービス内におけるユーザーの行動履歴からアイテムに対する関心を推定して嗜好データとする方法です。

	アイテムA	アイテムB	アイテムC	アイテムD	アイテムE	アイテムF
ユーザー1	-	3	4	4	-	-
ユーザー2	-	2	-	-	-	3
ユーザー3	3	-	-	5	-	-
ユーザー4	-	-	-	4	-	-
ユーザー5	2	-	1	2	-	-

図4-15　評価値行列の例（評価値は1から5の5段階評価であり、大きいほど良い評価である）

収集した嗜好データなどに基づき、ユーザーがアイテムをどれほど好むのかという嗜好の度合いを定量的に表したものを評価値（ratings）と言います。そして、その評価値を成分として持つユーザー×アイテムからなる**図4-15**のような行列を**評価値行列（rating matrix）**と言います。典型的な推薦システムの問題設定では、評価値行列が与えられた上で対象ユーザーのあるアイテムへの未知の評価値を予測計算することになります。この例では評価値は1から5の5段階評価であり、数字が大きいほど良い評価であるとします。たとえばユーザー1のアイテムCへの評価値は4、アイテムBへの評価値は3です。つまり、ユーザー1はアイテムBよりアイテムCのほうを好むということが分かります。評価値を予測するのはユーザーが未評価なアイテムであり、この図では「-」という記号で表しています。たとえばユーザー1からアイテムEへの評価値は未評価です。

予測評価値をサービスで利用する際は、ユーザーが閲覧しているアイテムの補足情報として予測評価値をそのまま表示する場合や、予測評価値に基づき並び替えられたアイテムのリストを表示する場合があります。アイテムのリストを表示する際、一般的にはユーザーがすでに評価しているアイテム（購入済みのようなアイテム）はリストに含めません。

4.3.3 モデルベース法のアルゴリズム概要

協調フィルタリングの中でもモデルベース法とは、既知データの規則性を学習したモデルを事前に作成しておくことで、未知のアイテムへの評価値を予測して推薦する方法でした。予測に使うモデルには、クラスタリングを使ったモデルや、回帰問題や分類問題として評価値を直接予測するモデル、**トピックモデル（Topic Model）**を利用するもの、**行列分解（Matrix Factorization）**を利用するものなどさまざまです。

評価値を回帰問題や分類問題として直接予測するモデルでは、たとえば線形回帰などの回帰モデルを利用して、過去のユーザーからアイテムへの評価値データを訓練データとしてモデルを学習することで、未知のアイテムへの評価値を予測します。

トピックモデルを利用するものは、LDA（Latent Dirichlet Allocation）などの手法を適用して評価値行列を次元圧縮することで、「SFが好き」などの潜在的な意味を表現する情報を獲得して推薦に用います。

行列分解では、評価値行列をその積が元の行列をできるだけ再現するような形でユーザー行列とアイテム行列に分解します。分解された行列から得られるユーザーベクトルとアイテムベクトルの類似度計算によって、任意のアイテムへの予測評価値を計算します。あるいは、分解から得られるユーザーベクトルやアイテムベクトルを他のアルゴリズムの入力として使うこともあります。

4.3.4　メモリベース法とモデルベース法の協調フィルタリングの比較

協調フィルタリングの2つの手法であるメモリベース法とモデルベース法について紹介しましたが、最後にこの2つの手法を「推薦にかかる時間」と「運用性」という2つの観点で簡単に比較してみます。

まず「推薦にかかる時間」という観点で比較します。メモリベース法では、推薦時に毎回すべてのデータを使って似ているユーザーやアイテムを探してから、それらを用いて予測を行うため時間がかかるという特徴があります。一方で、モデルベース法では、事前にデータの規則性を捉えたモデルを作成しているため、作成済みモデルを利用した予測だけ行えばすぐに推薦を行うことができるので時間がかからないという特徴があります。

次に「運用性」の観点です。メモリベース法では、ユーザーやアイテムのデータに変更があろうとも、推薦のたびに毎回すべてのデータを利用するので特別な考慮なく常に最新のデータを反映させた推薦を行うことになるという特徴があります。一方でモデルベース法では、ユーザーやアイテムのデータに変更がありその変更を活かした推薦を行うためには、再度モデルを作り直す必要があるため、モデルの更新タイミングや再学習にかかる計算コストなどを考える必要があり、運用が比較的難しいと考えられます。

4.4 内容ベースフィルタリングと協調フィルタリングの比較

この節では、内容ベースフィルタリングと協調フィルタリングの2つのアルゴリズムの比較を行いながら、それぞれのアルゴリズムの特徴について説明します。ここでは神嶌敏弘の「推薦システムのアルゴリズム」†2を参考にして、Balabanović†3やR. Burke†4などに基づいて以下の**表4-1**のように7つの観点における比較を行います。推薦システムの研究が進んだ現在では、それぞれのアルゴリズムが苦手とされていた観点に対してもさまざまなアプローチが提案されてはいるのですが、ここでは標準的な協調フィルタリングと内容ベースフィルタリングの性質について比較するものとします。

表4-1 協調フィルタリングと内容ベースフィルタリングの比較

	協調フィルタリング	内容ベースフィルタリング
多様性の向上	○	×
ドメイン知識を扱うコスト	○	×
コールドスタート問題への対応	×	△
ユーザー数が少ないサービスにおける推薦	×	○
被覆率の向上	×	○
アイテム特徴の活用	×	○
予測精度	○	△

4.4.1 多様性の向上

多様性とは、推薦結果に含まれるアイテムが互いに似ていないことであると「3.4.2 目新しさ・セレンディピティ・多様性」で説明しました。推薦結果の多様性を高めたい場合、内容ベースフィルタリングよりも協調フィルタリングのほうが有効であると言えるでしょう。

協調フィルタリングでは、たとえ推薦を受けるユーザー自身が知らないようなことでも、サービス内の他のユーザーが知っており評価していればその情報をもとに推薦を行うことができます。たとえば、推薦を受けるユーザーが読んだことのないジャ

†2 https://www.kamishima.net/archive/recsysdoc.pdf

†3 M. Balabanović and Y. Shoham, "Fab: Content-based, collaborative recommendation," Communications of the ACM, Vol. 40, No. 3, pp. 66-72 (1997).

†4 R. Burke, "Hybrid recommender systems: Survey and experiments," UserModeling and User-Adapted Interactions, Vol. 12, No. 4, pp. 331-370 (2002).

ンルの本や知らない新人作者の本であってもそれらを推薦の対象にすることができます。

一方で内容ベースフィルタリングでは、推薦を受け取るユーザーのユーザープロファイルはそのユーザーが知らない作者やジャンルの情報を反映することができません。未知のアイテムなのでサービス内の過去の嗜好情報にもありませんし、もちろん直接嗜好を指定することもできないからです。そのため、推薦を受け取るユーザーが知らない情報をアイテム特徴として持つアイテムとユーザープロファイルの類似度が高くなりにくく、推薦することが難しくなります。

よって、推薦を受けるユーザーが知らない情報を利用して推薦できるという点から、内容ベースフィルタリングよりも協調フィルタリングのほうが推薦結果の多様性を高めやすいと言えるでしょう。

4.4.2 ドメイン知識を扱うコスト

サービスの運営者が推薦システムの構築時に、本のジャンルや出版社、ユーザーの性別や年齢といったサービス内のアイテムやユーザー固有の知識・コンテキストといったドメイン知識を適切に扱ったり管理したりするのにかかるコストの観点で2つのアルゴリズムを比較した場合、協調フィルタリングのほうが低コストであると言えるでしょう。

協調フィルタリングでは、推薦を受け取るユーザーと過去の嗜好データに基づいて似ていると判断されたユーザーがどのようなアイテムを好むのかという情報をもとに推薦を行うため、アイテム自身の内容についての情報やユーザー自身の属性情報などは基本的に不要でした。

一方で内容ベースフィルタリングでは、アイテム特徴やユーザープロファイルの作成において、適切にドメイン知識を利用しなければ良い推薦が行えません。たとえば内容ベースフィルタリングの説明を行った「4.2 内容ベースフィルタリング」では、アイテム特徴やユーザープロファイルの作成において作者や出版社といった知識を利用しました。もしここでこれらの知識がなく、ジャンルのみで作成したとしましょう。その場合、ジャンルさえ一致していればそのアイテムを推薦することになり、本当にユーザーの関心があるアイテムを選びにくくなってしまいます。

もちろん、適切にドメイン知識を扱って、できるだけユーザーが好むであろうアイテムを推薦できるようにすることが望ましいのですが、前提として、さまざまなドメイン知識を管理するデータベースの維持管理は高コストであることと、そのドメイン知識をうまく扱えなければ良い推薦ができないということ自体も大きなコストになっできます。このように、サービスの運営側としては、運用の観点からなるべくドメイン知識を扱わずに推薦を行いたいといった事情もあります。

この点においては、ドメイン知識をうまく扱わなければ良い推薦ができない内容ベースフィルタリングよりも、ドメイン知識がなくともユーザーの行動履歴があれば良い推薦が実現できる協調フィルタリングのほうが望ましい性質を持っていると言えるでしょう。

4.4.3 コールドスタート問題への対応

コールドスタート問題とは、サービス内でのユーザーやアイテムに関する情報が少ないケース、特に新規ユーザーや新規アイテムについて適切に推薦を行うことが難しいという問題のことです。コールドスタート問題への対応という観点では、内容ベースフィルタリングのほうが望ましい性質を持っていると言えるでしょう。

ユーザーの過去の嗜好データがなければ推薦ができない協調フィルタリングにおいて、コールドスタート問題は深刻なものとなります。サービスに登録したばかりの新規ユーザーはサービス内に過去の行動履歴などの情報が少ないため、嗜好の似ているユーザーを探すことが難しいからです。新規アイテムについても同様に、サービス内でユーザーにクリックされたり購入されたりすることでユーザーからの嗜好データが集まっていなければ、協調フィルタリングで推薦を行うことができません。

一方で内容ベースフィルタリングでは、アイテム特徴やユーザープロファイルさえ獲得することができれば推薦を行うことができます。新規ユーザーであっても明示的にアイテムへの嗜好を入力してもらうことができれば、最初からユーザーが関心を持ちそうなアイテムを推薦することができます。新規アイテムであってもアイテム特徴が与えられていれば、ユーザープロファイルに基づいてユーザーに推薦することができます。しかし、サービスを使い始めたばかりのユーザーにいきなり十分な嗜好情報を入力してもらってユーザープロファイルを獲得することは困難であることから、内容ベースといえどもコールドスタート問題に完全に対応できるわけではありません。

以上より、協調フィルタリングよりは内容ベースフィルタリングのほうがコールドスタート問題への対応を行いやすいですが、内容ベースフィルタリングを用いたとしても十分に対応するのは難しいと言えます。

4.4.4 ユーザー数が少ないサービスにおける推薦

システムを利用するユーザー数が少ない場合でも適切な推薦を行うことができるか、という観点で2つのアルゴリズムを比較してみます。新規サービスなどにおいては特に重要な観点となるでしょう。この点では内容ベースフィルタリングのほうが望ましい性質を持っていると言えます。

サービス内の他のユーザーの行動履歴をもとに推薦を行う協調フィルタリングにおいては、ユーザー数が少ないと十分に似ているユーザーを獲得したり、似ているユーザーの行動履歴から推薦対象のユーザーが関心を持つであろうアイテムを特定することが難しいために、良い推薦を行うことが難しいです。さらに、良い推薦を行うことができないとユーザーはサービスに価値を感じてくれなくなり、ユーザー数が増えなくなってしまいます。そして、ユーザー数が増えないといつまでたっても良い推薦ができないといった悪い流れができてしまいます。

一方で内容ベースフィルタリングでは、アイテム特徴やユーザープロファイルさえ獲得することができれば推薦を行うことができるので、システム内にユーザーがどれくらいいるかということはあまり推薦に関係ありません。

よって、まだ利用ユーザー数が少ないサービスにおいては、協調フィルタリングよりも内容ベースフィルタリングを使ったほうが良い推薦を行いやすいと言えるでしょう。

4.4.5 被覆率の向上

被覆率（coverage）とは、サービスにあるすべてのアイテムのうち、推薦システムでユーザーに推薦することができるアイテムの割合のことです。被覆率が少ない状態とは一部のアイテムに偏った推薦がなされている状態であり、サービスの利用ユーザーにとっても提供者にとっても良い状態とは言えないです。この観点では、内容ベースフィルタリングのほうが望ましい性質を持っていると言えるでしょう。

システム内の他のユーザーの行動履歴をもとに推薦を行う協調フィルタリングでは、推薦を受け取るユーザーと似ているユーザーが誰も試していない、つまり評価していないアイテムについては推薦することができません。この点において、サービスにあるアイテムのうち推薦できるアイテムは限られたものとなってしまいます。

一方で内容ベースフィルタリングでは、システム内のユーザーのユーザープロファイルと関連するアイテム特徴を有するアイテムであればサービスに存在するどのアイテムでも推薦することができます。適切にアイテム特徴を管理してユーザープロファイルに反映されるようにすることで、全く推薦されないアイテムをできるだけなくすことが可能でしょう。

よって、被覆率を向上させるという点では、協調フィルタリングよりも内容ベースフィルタリングのほうが望ましい性質を持っていると言えるでしょう。

4.4.6 アイテム特徴の活用

次に、アイテム特徴をうまく活用した推薦が行えるかという観点で比較します。この観点では、内容ベースフィルタリングが望ましい性質を持っていると言えます。

ドメイン知識を利用せずにユーザーの過去の嗜好データのみに基づいて推薦を行う協調フィルタリングにおいては、服の色が何色であるかなどのアイテムの属性情報を基本的には考慮することができません。同じ商品のサイズや色の違うもの、あるいは同じ目的の競合商品などもまったく異なるアイテムとして扱われます。そのため、たとえばある黒い服が推薦されたがその服が（その色にかかわらず）気に入らなかったとします。しかし、自分と嗜好が似ているユーザーが色違いの同じ服を好んでいる場合、次にそれらが自分に推薦されてしまうというようなことが起こりえます。

一方で内容ベースフィルタリングにおいては、アイテムのさまざまな特徴を明示的に考慮した上で推薦を行うので、色違いの同じ服は同時には推薦しないということや、ユーザーの好みの色が分かった際に同じ色の異なる種類の服を推薦するなどといったことが柔軟に行えます。

よって、アイテム特徴の活用という観点では、協調フィルタリングよりも内容ベースフィルタリングのほうがうまく扱って推薦できると言えるでしょう。

4.4.7 予測精度

最後に、ユーザーの評価値への予測精度についても触れておきます。ここまでさまざまな観点で協調フィルタリングと内容ベースフィルタリングを比較してきました。これまでの説明の通りそれぞれのアルゴリズムには得意不得意があり、常にどんな状況でも一方のアルゴリズムのほうが予測精度の観点で望ましいということは言えません。ここでは、ある程度の規模のサービスにおいて、多数派である一定以上アクティブにサービスを利用している一般的な嗜好傾向を持つユーザーに対する推薦を考えます。

この場合、内容ベースフィルタリングよりも協調フィルタリングのほうが高い精度で予測を行うことができると一般的に言われています。獲得されたユーザープロファイルやアイテム特徴にそのまま基づいて推薦を行う内容ベースフィルタリングよりも、さまざまなユーザーの行動履歴を推薦結果に反映できる協調フィルタリングのほうが複雑なユーザーの嗜好を考慮できるからであると考えられるからです。別の観点として、ユーザーがサービスを利用し続けるほど推薦に活かせるデータは増え続け、さらなる予測精度の向上が見込まれます。この点でも、自身の嗜好情報であるユーザープロファイルだけでなく、サービス内の他のユーザーの嗜好データも利用して推薦を行える協調フィルタリングのほうが、サービス内のデータが増えることの恩恵を受けやすいと考えられます。

4.4.8 比較のまとめ

以上、7つの観点から協調フィルタリングと内容ベースフィルタリングの比較を行いながら、それぞれのアルゴリズム特徴について説明しました。

多様性の向上とドメイン知識を扱うコスト、一般的な予測精度の観点では協調フィルタリングのほうが、コールドスタート問題への対応、ユーザー数が少ないサービスにおける推薦、被覆率の向上、アイテム特徴の活用の観点では内容ベースフィルタリングのほうが望ましい性質を持ちます。このように、それぞれのアルゴリズムには得手・不得手がありますので、解決したいタスクの性質に応じて適切なアルゴリズムを選択する必要があります。

ただ、アルゴリズム選択の際にはどちらか一方だけを選択しなければならないということはなく、状況によって使い分けたり、そもそもこの2つをいい具合に組み合わせることでいいとこ取りをしようとする手法も存在します。

もちろん、アルゴリズムが複雑になればなるほど、実装や運用のコストは高くなってしまうので、その辺りのバランスを鑑みながら、さまざまな選択肢の中から適切なアルゴリズムを選択できるようになることが重要でしょう。

4.5 推薦アルゴリズムの選択

ここまで推薦アルゴリズムの分類とそれぞれの特徴について説明してきました。次に、適切な推薦アルゴリズムを選択するための指針を紹介します。

内容ベースフィルタリングか協調フィルタリングかの選択指針について説明します。前節では、2つの手法を比較しながらそれぞれの長所と短所について説明しました。推薦システムを導入するサービスで達成したい目的に応じて、これらの特徴の違いを加味した上で適切なものを選択していくこととなります。前提として、これら2つのアルゴリズムからどちらか一方のみを選択しなければならないわけではなく、適切に組み合わせたハイブリッドな手法を取ることが多いです。また、1つのシステムに対して1つのアルゴリズムだけを適用するというわけでもなく、ユーザーやアイテムの状況に応じて複数のアルゴリズムを使い分けたり変化させたりする必要があります。

まず一般的な指針として、サービス内のデータ量に応じてアルゴリズムを選択することが考えられます。前節の「システムのユーザー数」の項目で説明しましたが、新規サービスではユーザー数が少ないために協調フィルタリングを適用するのが困難でした。また、「コールドスタート問題」の項目で説明した通り、新規ユーザーや新規アイテムについてはサービス内でのデータが少ないために、協調フィルタリングの適用が困難でした。そのため、データが少ない新規サービスにおける推薦や、ある程度の規模のサービスでも新規ユーザーへの推薦や新規アイテムを推薦したい際には、内容ベースフィルタリングを選択することが多いです。一方で、ある程度ユーザー数が増えたりユーザーやアイテムごとのデータが蓄積されたあとは、より複雑なユーザーの嗜好を表現可能な協調フィルタリングのほうが高い精度でアイテムを推薦できることが多いです。そのため、一定のデータが使えるようになった時点で内容ベースフィルタリングから協調フィルタリングにアルゴリズムを切り替えるといった方策が取られることが多いように思います。

また、**3章**でも紹介した推薦システムの提供形態に応じたアルゴリズムの選択も考えられます。概要推薦であれば、サービス全体のユーザーの行動履歴に基づく統計データを用いた人気リストであったり、アイテムの属性などでフィルタリングをかけるようなシンプルな直接指定型の内容ベースフィルタリングが良いでしょう。関連アイテム推薦では、予測の精度の高さやアイテム特徴を管理しなくても良いというコスト面の観点からアイテム間型メモリベース法の協調フィルタリングを選択したり、単純にアイテムの特徴を用いて似ているアイテムを見つけて推薦を行うことが多いです。通知サービスやパーソナライズでは、それぞれのユーザーについての情報をある程度蓄積していることが前提となることが多いため、ユーザー間型メモリベース法の協調フィルタリングや間接指定型の内容ベースフィルタリングをまずは選択することが多いように思います。また、十分なデータが蓄積されている場合は、モデルベース法の協調フィルタリングが有効でしょう。

多様性の観点に応じてアルゴリズムを選択することも重要です。たとえばECサイトにおいて、特定の色で特定のペン先の太さのボールペンを購入したくて探している場合に、違う色や違う太さのボールペン、あるいは鉛筆やシャープペンシルを推薦することはあまり必要とされないでしょう。このような実用品などの、欲しいものがかっちりと決まっているようなアイテムに関しては、あまり多様性の重要度が高くないために堅実にユーザーが欲しいものを推薦できる直接指定型の内容ベースフィルタリングを利用したほうが良いでしょう。一方で、何かお菓子が欲しくてECサイトを利用しているユーザーについては、これまでの購入履歴などから推測した新しいお菓子を推薦してあげることが大きな価値となることがあるでしょう。このような嗜好品などの、欲しいものが明確に決まっているわけではないアイテムに関しては、多様性が重要となるケースも多いです。そのため、新規性やセレンディピティを重視して多様性を実現できる協調フィルタリングを選択することも多いです。

4.6　嗜好データの特徴

適切な推薦システムを設計するためには、推薦システムの入力となるユーザーの嗜好データを適切な形でサービスで得られるようにすることが必要です。そのためには、嗜好データそのものの特徴について理解しておくことは不可欠なので、本章の最後に付け加えておきます。

4.6.1　明示的獲得と暗黙的獲得の比較

嗜好データの獲得方法には明示的獲得と暗黙的獲得の2つがありました。それぞれの方法で得られた嗜好データには異なる特徴があるため、推薦システムの目的に応じて使い分ける必要があります。ここでは、2つの嗜好データの獲得方法を4つの観点で比較します。それぞれの長所と短所を**表4-2**にまとめました。

表4-2　明示的獲得と暗黙的獲得の比較

	明示的獲得	暗黙的獲得
データ量	×：少ない	○：多い
データの正確さ	○：正確	×：不正確
未評価と不支持の区別	○：明確	×：不明確
ユーザーの認知	○：認知	×：不認知

データ量

まず、明示的獲得と暗黙的獲得を「データ量」の観点で比較します。推薦の計算には統計的な手法が用いられることも多く、正確な予測を行うためにはデータ量が重要です。データ量の観点では、一般的には暗黙的獲得のほうが圧倒的に多くの嗜好データを入手することができます。

暗黙的獲得では、ユーザーがサービスを利用している限りはその任意の行動から嗜好データを取得し続けることが可能です。たとえばユーザーが10件の商品情報を閲覧した場合は、10件のアイテムに対するユーザーの嗜好データを獲得することもできます。

一方で明示的獲得の場合、わざわざアンケートやレビューに答えたりすることで特定のアイテムへの関心のあるなしを明示的にシステムに伝えることに積極的なユーザーは多くはいないため、嗜好データを十分量獲得することは難しいです。ユーザーはそのような質問に回答をするためではなく、商品の購入や映画視聴といった目的のためにサービスを利用しています。本来の目的以外の手間がかかる作業をユーザーに強いることは、時にはユーザーにとってネガティブな体験となってしまい、サービスからの離脱などに繋がりかねません。明示的獲得を行う場合は、質問に答えるインセンティブをうまく設計するなどして、ネガティブな体験をさせることなく嗜好データを集める工夫も必要になってくるでしょう。また、単純にサービス内で膨大な数が存在するアイテムのそれぞれに対してユーザーに質問に答えてもらうことで十分量の嗜好データを獲得するということがそもそも現実的ではありません。

データの正確さ

次に、「データの正確さ」の観点で比較します。明示的獲得においては、ユーザーが自らのアイテムへの好みを表明する形を取るため、誤った嗜好データであることは少ないです。一方で暗黙的獲得においては、ユーザーの好みがユーザーの行動にそのまま表れていない場合も多く、正確なユーザーの嗜好データを得ることが比較的難しいです。

たとえばユーザーがニュースの一覧ページから特定のニュースをクリックした場合を考えます。このとき、そのユーザーはそのニュースに対する関心が強いという嗜好データを暗黙的に獲得することが考えられます。この考えが正しい場合も多いのですが、たとえばそのクリックがユーザーの操作ミスによるものであった場合は、本当は関心のないニュースに対して関心が強いという誤った嗜好データを獲得することとなってしまいます。他にも、自分の意思でクリックはしたが冒頭を読んでみたら関心のない内容だったのですぐに離脱した場合なども同様の問題が生じるでしょう。このように暗黙的獲得においては、ユーザーの行動の意図を正確に汲み取ることが難しいという一面から、その結果得られた嗜好データの正確性に問題がある場合があります。

そのため、暗黙的獲得で嗜好データを得る場合には、たとえば先の例だと、ニュースをクリックした上でユーザーが一定時間そのページに滞在していた場合のみ、ユーザーはそのニュースに関心があるとみなすというような条件をつけるなどの工夫が考えられます。一方で、設定する条件によって本当は関心があるニュースへの嗜好データが獲得できないということも起こりえます。このように、暗黙的獲得で正確な嗜好データを獲得するためには、サービスやデータの特性を見極めた上で適切な条件を設定したユーザーの行動を定義する必要があります。また、そのようなユーザーの行動を識別できるようなログを事前にサービスに仕込んでおく必要があります。

未評価と不支持の区別

「未評価と不支持の区別」という観点で比較します。あるユーザーからあるアイテムへの嗜好データがない状態を**未評価**、あるユーザーからあるアイテムに対して、嫌いや関心がないなどのようなネガティブな嗜好データが得られている場合を**不支持**と呼びます。

明示的獲得においては、ユーザーがあるアイテムへのアンケートやレビューに回答していない場合は未評価であり、回答した結果、そのアイテムに否定的であった場合には不支持であると明確に区別できます。

一方で、暗黙的獲得においては未評価と不支持の区別が一般的に困難で不明確です。たとえば映画を推薦された上で視聴した場合は、ポジティブな嗜好データを得られたものとすれば良さそうです。一方で、推薦されたが視聴していない映画は未評価なのか不支持なのかの区別をつけることが難しいです。好みでないので視聴しなかった場合もあれば、好みだがたまたま視聴する気分ではなかったり、そのときは忙しくて視聴する時間がなかっただけかもしれません。推薦されたのに視聴しなかった映画をすべて不支持として扱ってしまうと、視聴していないが本当は好みである映画を嫌いなものとしてシステムが判定することとなり、ユーザーの嗜好に合った推薦が行えなくなってしまうかもしれません。

このような場合、たとえば3回推薦されたが視聴しなかった場合にその映画を不支持とする、などの適当な条件を設定することで、未評価と不支持を区別することなどが考えられます。「データの正確さ」の項目同様、こちらの条件もサービスやデータの特性を見極めて適切な嗜好データが獲得できるような設計を行う必要があります。

ユーザーの認知

最後に「ユーザーの認知」という観点で比較します。これは、ユーザーが自身の嗜好データをいつ、どのようにシステムに取得されて利用されているのかを知っているかということです。ユーザーの嗜好データを利用したアイテムの推薦をする際、ユーザーの認知が得られている場合のほうが推薦を受け入れやすく、サービスに対して良い印象を持ってもらいやすいという性質が知られています。

ユーザーの認知という観点ではもちろん、ユーザーが自ら質問に回答することで嗜好データをシステムに与えている明示的獲得のほうが優れています。暗黙的獲得においては、いくら利用規約やプライバシーポリシーでユーザーの行動情報を取得して利用することが明記されていたとしても、勝手に自分のデータをシステムに使われていると感じさせてしまったり、プライバシーを侵害されているといったネガティブな印象をユーザーが持ってしまうこともあるので注意が必要です。

たとえばAmazonやNetflixでは、ユーザーの行動履歴を推薦に利用していることを分かりやすく記載していたり、システムが利用しているデータにユーザーがいつでもアクセスできたり、システムがどこまでユーザーのデータを利用するのかをコントロールできたりします。

4.6.2　嗜好データを扱う際の注意点

明示的獲得と暗黙的獲得それぞれの特徴を把握した上で嗜好データを獲得することができれば、なんらかのアルゴリズムを用いることで推薦アイテムの計算が行えます。その際に留意すべき嗜好データを扱う際の注意点、推薦システムの難しいポイントについて簡単にここで言及しておきます。

データのスパース性

統計的な手法が用いられることも多い推薦の計算において評価値をたくさん集めることは、正確な予測を行うためには重要なことです。一方で、実際にはサービス内のほとんどのユーザーとアイテム間の嗜好データは得られません。評価値行列の成分である評価値のほとんどが未評価な状態であることが多いです。これをデータが**スパース**（sparse）であると言います。

たとえば映画の推薦サービスを例に考えてみましょう。ユーザーが自身の視聴した映画についてレビューを行えば、それに対応する評価値が得られるとします。まず、当然ですがユーザーが一生のうちに視聴することのできる映画の本数に対してこの世に存在する映画の本数は莫大です。このように、一般的にユーザーが評価可能なアイテム数に対してシステム内に存在するアイテムの数は非常に大きいことが多いです。そのため、評価値行列をユーザー方向（**図4-15**の例だと行方向）で見た場合はほとんどが未評価（欠損値）になることが多いです。

また、ユーザーが視聴する映画には偏りが生じます。そのため人気の映画には多くの評価値が集まりますが、そうでない映画には一向に評価値が集まらないということが起こります。そのため、評価値行列をアイテム方向（**図4-15**の例だと列方向）で見た場合にもほとんどが未評価となるアイテムが多数存在することが多いです。

さらに、特にサービスを利用し始めたばかりの新規ユーザーであったり、サービスに掲載されたばかりの新規アイテムはそのサービス内におけるデータがほとんどない状態なので、それらに関連する評価値はほとんど得られません。

このように、実際のサービスのデータから得られる評価値行列はほとんどが未評価となるために、その性質を理解した上で評価値の設計やアルゴリズムの選択を行う必要があります。さらに、サービスの性質によっても評価値の埋まり具合は異なります。たとえば音楽ストリーミングサービスであれば、ユーザーは短時間で次々とアイテムを視聴するため、比較的たくさんの嗜好データを得ることも可能でしょう。一方で、たとえば住宅を購入するためのサービスなどの場合、実際に購入したかどうかのデータのみで十分な嗜好データを獲得することは大変困難でしょう。サービスの性質を考慮して適切な嗜好データの獲得方法を設計することが重要です。

評価値の揺らぎやバイアス

たとえ同じユーザーが同一のアイテムに対してレビューを行って評価値を与えるとしても、少し時間をおいて再度レビューを行った場合、その評価値が同じになるとは限りません。これを評価値の**揺らぎ**と呼びます。人が特定のアイテムに対して評価値を与える際に、そこに絶対的な基準があることのほうが稀です。そのため、たとえ同じアイテムに対してでも異なる評価を行うということが起こりえます。

また、ユーザーの嗜好性は時間の経過とともに変化するものです。たとえば1年前に好きだった音楽と今好きな音楽は全く同じでしょうか。先週Amazonで探していた商品と今欲しい商品は同じでしょうか。このように、ユーザーの求めているアイテムへの嗜好性は時間の経過とともに変化するものなので、評価値行列を作成する際にどの期間の嗜好データをもとに評価値を得るのかも設計における重要な要素の1つとなります。

また、推薦システムの嗜好データにはさまざまなバイアスが存在することが知られています。たとえばユーザーは自分が気に入ったものにしか評価をつけないことが多いという傾向が明らかになっています。サービス内でさほど関心を持たなかったアイテムにわざわざ時間を割いてレビューを行うなどの手間をかけることが少ないからです。

他に、人気バイアスというものがあります。そもそもユーザーに表示されるアイテムはある程度サービス内で人気のあるものに限られることが多いです。つまり、すべてのアイテムが平等に評価される機会を与えられているわけではないのです。そのため、ユーザーによる嗜好データは人気のアイテムに集まりやすいという傾向があるのです。

また、ユーザーによっては高い評価をつけがちな人がいたり、逆に低い評価をつけがちな辛口な人もいます。そのような性質の異なるユーザーのつける評価を同じように扱ってしまうと、得られた評価値が適切でなくなってしまいかねません。

以上紹介した通り、せっかく得られた評価値にも揺らぎやバイアスが存在するという問題があるため、評価値を利用する際はこの事実を認識した上で適切にアルゴリズムの選択などを行う必要があります。

4.7 まとめ

本章では推薦アルゴリズムの分類の概要を紹介し、内容ベースフィルタリング、協調フィルタリングを中心に紹介しました。本章でアルゴリズムを選択する際の指針をいくつか紹介しましたが、あらゆる状況でうまくいくようなアルゴリズムは存在しません。推薦システムで達成したい目的やサービスの性質や状況などあらゆる要素を加味した上で仮説を立て、過去のデータを使ったオフラインでの検証実験や実際に一部のユーザーにアルゴリズムを適用して実験するオンラインでの検証を繰り返した上で、適切なものを選択することを心がけましょう。

また、必要以上に高度なアルゴリズムを選択しないことを意識することも重要だと考えられます。最新の研究動向などを追っていると、技術者として試してみたいことはたくさん出てくることでしょう。一方で、サービスの目的と状況や、その時点でかけられるコストに見合わないようなアルゴリズムを選択すると、かけたコストに対して成果が見合わなかったり、そもそもより単純な人気順のようなアルゴリズムよりも性能が悪くなってしまうということが起きてしまうこともあります。筆者も人生ではじめて推薦システムを実装するという場面では実際に痛い目を見ました。実際の業務においては、自分の知っている・使いたい最先端のアルゴリズムを適用するのではなく、そのサービスやプロジェクトで求められているアルゴリズムを選択することも推薦システム開発に必要な能力と言えるでしょう。

5章 推薦アルゴリズムの詳細

本章では、具体的な推薦システムのアルゴリズムを紹介します。MovieLensという映画のデータセットを利用して、必要に応じて数式やPythonのコードを利用した説明も行います。MovieLensのデータは推薦アルゴリズムを評価するベンチマークとして、研究でも実務でも多用されています。実際にデータを使ってアルゴリズムを構築していくことで、実務で直面する問題点やその対処法についても解説していきます。利用したPythonのコードの最新版はhttps://github.com/oreilly-japan/RecommenderSystemsに公開しています。紙面の都合で掲載できなかったコードや補足も載せていますので、本章を読む際はぜひこちらもご参照ください。本章では、アルゴリズムの数式については概要を述べる程度にとどめていますので、さらに詳しく知りたい方は、『情報推薦システム入門：理論と実践』（共立出版、2012年）、『推薦システム：統計的機械学習の理論と実践』（共立出版、2018年）、『施策デザインのための機械学習入門：データ分析技術のビジネス活用における正しい考え方』（技術評論社、2021年）、神嶌敏弘の「推薦システムのアルゴリズム」[†1]をご参考ください。

5.1 各アルゴリズムの比較

本章では10種類以上のアルゴリズムを紹介しますが、それら全部を順番に読む必要はありません。**表5-1**に、各アルゴリズムを簡単に比較したものを載せましたので、興味のあるアルゴリズムをピックアップして読んでもらえればと思います。予測精度や計算速度は、データセットやハイパーパラメータのチューニング度合い、アルゴリ

†1　https://www.kamishima.net/archive/recsysdoc.pdf

ズムの実装環境によっても大きく異なってきますので、**表5-1**の予測精度や計算速度は、あくまで目安としてご参考ください。

まず、簡単な推薦モデルを試してみたい場合は、人気度推薦やアソシエーションルールなどのSQLでも計算可能な手法をお試しください。その後、コンテンツベースで精度を高めたい場合はLDAやword2vecや深層学習の手法を、協調フィルタリングで精度を高めたい場合は行列分解系や深層学習の手法を、ハイブリッドでより精度を高めたい場合は回帰モデルやFMや深層学習の手法をお試しください。

表5-1　各推薦アルゴリズムの比較

アルゴリズム名	概要	予測精度	計算速度（大規模データで計算）	コールドスタート問題への対応
ランダム推薦	ランダムにアイテムを推薦する。ベースラインとして利用されることがある	×	◎	○
統計情報や特定のルールに基づく推薦（人気度推薦など）	ベースラインとしてよく利用される	×	◎	○
アソシエーションルール	シンプルな計算方法で、SQLでも実装が可能なため、昔から幅広く活用されている	○	○	×
ユーザー間型メモリベース法協調フィルタリング	同上	○	○	×
回帰モデル	回帰問題として推薦タスクを定式化して、種々の機械学習手法を適用する	○	○	○
SVD（特異値分解）	シンプルな行列分解手法	△	△	×
NMF（非負値行列分解）	非負という制約を加えた行列分解手法	△	△	×
MF（Matrix Factorization）	Netflixのコンペで好成績を収めた行列分解手法	○	○	×
IMF（Implicit Matrix Factorization）	暗黙的評価値に対応した行列分解手法	○	○	×
BPR（Bayesian Personalized Ranking）	暗黙的評価値に対応したランキングを考慮した行列分解手法	○	○	×

表5-1 各推薦アルゴリズムの比較（続き）

アルゴリズム名	概要	予測精度	計算速度（大規模データで計算）	コールドスタート問題への対応
FM（Factorization Machines）	評価値以外にもアイテムやユーザーの情報を加味することが可能な手法	○	○	○
LDA（コンテンツベース）	アイテムのコンテンツ情報にトピックモデルを適用して推薦する手法	△	△	○
LDA（協調フィルタリング）	ユーザーの行動履歴にトピックモデルを適用して推薦する手法	○	△	×
word2vec（コンテンツベース）	アイテムのコンテンツ情報にword2vecを適用して推薦する手法	△	○	○
item2vec（協調フィルタリング）	ユーザーの行動履歴にword2vecを適用して推薦する手法	○	○	×
深層学習	深層学習の推薦手法	○	△	○

5.2 MovieLensのデータセット

MovieLensのデータセットは、ミネソタ大学のGroupLensという研究所が構築した映画の評価のデータセットになります。MovieLensのデータセットにはいくつかの種類があり、今回は、MovieLens 10M Datasetというデータセットを使います。1000万件の映画評価値があり、ユーザーが各映画にフリーテキストで付与した「ジブリ」「子供向け」「怖い」などのタグ情報もあります。このデータセットを選んだ理由は、映画に対してタグ情報があり、協調フィルタリングだけでなく、コンテンツベースの推薦アルゴリズムも手軽に実験できるためです。

5.2.1 データのダウンロード

https://grouplens.org/datasets/movielens/10m/ の`ml-10m.zip`のリンクをクリックするか、次のコマンドを実行してダウンロードします。

```
# MovieLensのデータセットをdataディレクトリにダウンロードして展開
# wgetとunzipコマンドを利用（コマンドがない場合はインストールしてください）
wget -nc --no-check-certificate \
https://files.grouplens.org/datasets/movielens/ml-10m.zip -P data
unzip -n data/ml-10m.zip -d data/
```

フォルダ内にはいくつものファイルが含まれていますが、今回は主に次のファイルを使っていきます。

表5-2 MovieLensのデータセット内容

ファイル名	説明
movies.dat	映画のタイトルや公開年、ジャンルなどの情報。本章ではid、title、genreのみを使用する
tags.dat	ユーザーが各映画に付与したタグ情報。（ユーザーID、映画ID、タグ、タイムスタンプ）という形式
ratings.dat	ユーザーが各映画に付与した評価値のデータ。（ユーザーID、映画ID、評価値、タイムスタンプ）という形式

5.2.2 MovieLensのデータ概要

今回使用する各データの中身を具体的に見ていきます。推薦システムを作る上で、まずはデータの特徴を知っておくことが重要になります。データの特徴を探索的に調べていくことは、探索的データ解析（EDA：Exploratory data analysis）と呼ばれています。アイテムやユーザー数、評価値や評価数の分布などを事前に調べておくことで、どのような推薦システムを構築するかについて参考になります。

これから説明するコードでは、dataフォルダのパスが、`'../data/'`となっていますが、こちらは、適宜保存した場所のパスに書き換えてください。

映画情報

```
import pandas as pd
# 映画の情報の読み込み（10681作品）
# movieIDとタイトル名のみ使用
m_cols = ['movie_id', 'title', 'genre']
movies = pd.read_csv('../data/ml-10M100K/movies.dat', names=m_cols,
         sep='::' , encoding='latin-1', engine='python')

# genreをlist形式で保持する
movies['genre'] = movies.genre.apply(lambda x:x.split('|'))
movies.head()
```

	movie_id	title	genre
0	1	Toy Story (1995)	[Adventure, Animation, Children, Comedy, Fantasy]
1	2	Jumanji (1995)	[Adventure, Children, Fantasy]
2	3	Grumpier Old Men (1995)	[Comedy, Romance]
3	4	Waiting to Exhale (1995)	[Comedy, Drama, Romance]
4	5	Father of the Bride Part II (1995)	[Comedy]

図5-1　映画情報

ジャンルは、「Action」「Adventure」「Animation」「Children」「Comedy」「Crime」「Documentary」「Drama」「Fantasy」「Film-Noir」「Horror」「IMAX」「Musical」「Mystery」「Romance」「Sci-Fi」「Thriller」「War」「Western」「(no genres listed)」の20種類になります。各映画には最低1つのジャンルが付与されています。

タグ情報

```
# ユーザーが付与した映画のタグ情報の読み込み
t_cols = ['user_id', 'movie_id', 'tag', 'timestamp']
user_tagged_movies = pd.read_csv('../data/ml-10M100K/tags.dat',
                     names=t_cols, sep='::', engine='python')

# tagを小文字にする
user_tagged_movies['tag'] = user_tagged_movies['tag'].str.lower()

user_tagged_movies.head()
```

	user_id	movie_id	tag	timestamp
0	15	4973	excellent!	1215184630
1	20	1747	politics	1188263867
2	20	1747	satire	1188263867
3	20	2424	chick flick 212	1188263835
4	20	2424	hanks	1188263835

図5-2 ユーザーが映画に付与したタグ情報

```
print(f'タグ種類={len(user_tagged_movies.tag.unique())}') # タグ種類=15241
print(f'タグレコード数={len(user_tagged_movies)}') # タグレコード数=95580
print(f'タグが付いている映画数={len(user_tagged_movies.movie_id.unique())}')
# タグが付いている映画数=7601
```

タグは、15241種類あり、ユーザーが映画に付与したタグのレコード（user, movie, tag）は95580行あります。**図5-2**のtimestampはUnix time表記で、1970年1月1日から経過した秒を表しています。ユーザーが各映画に対して付与したものなので、一部表記ゆれがあったり、正しくないものも含まれています。また、すべての映画にタグが付与されているわけではなく、全体の7割ほどの映画にのみ付与されています。このようにすべてのアイテムに情報が付与されていない問題は実務でもしばしば直面します。対処法に関しては、次の節以降で説明していきます。

ジャンルのときと同様に扱いやすいよう、映画IDごとに付与されているタグをリスト形式で保持するようにします。

```
# tagを映画ごとにlist形式で保持する
movie_tags = user_tagged_movies.groupby('movie_id').agg({'tag':list})

# タグ情報を結合する
movies = movies.merge(movie_tags, on='movie_id', how='left')

movies.head()
```

	movie_id	title	genre	tag
0	1	Toy Story (1995)	[Adventure, Animation, Children, Comedy, Fantasy]	[pixar, pixar, pixar, animation, pixar, animat...
1	2	Jumanji (1995)	[Adventure, Children, Fantasy]	[for children, game, animals, joe johnston, ro...
2	3	Grumpier Old Men (1995)	[Comedy, Romance]	[funniest movies, comedinha de velhinhos engra...
3	4	Waiting to Exhale (1995)	[Comedy, Drama, Romance]	[girl movie]
4	5	Father of the Bride Part II (1995)	[Comedy]	[steve martin, pregnancy, remake, steve martin...

図5-3　タグ情報を追加した映画データ

評価値データ

```
# 評価値データの読み込み（データ量が大きいため、環境によっては読み込みに時間がかかる）
r_cols = ['user_id', 'movie_id', 'rating', 'timestamp']
ratings = pd.read_csv('../data/ml-10M100K/ratings.dat', names=r_cols,
          sep='::', engine='python')
ratings.head()
```

	user_id	movie_id	rating	timestamp
0	1	122	5.0	838985046
1	1	185	5.0	838983525
2	1	231	5.0	838983392
3	1	292	5.0	838983421
4	1	316	5.0	838983392

図5-4　評価値データ

次に、ユーザーが映画に評価した評価値データを読み込みます。この評価値は、0.5から5.0までの0.5刻みの値です。評価値データ数は1000万件に上るため、このデータを使って実験していくと、アルゴリズムによっては、結果が返ってくるのに数時間、数日かかることがあります。そのため、データをサンプリングして、小さなデータセットで素早く実験を繰り返し、良さそうなアルゴリズムにあたりをつけてから、データを増やして試すことが実務ではよくあります。本書では各アルゴリズムを手早く試せるように、ユーザーをuser_idが小さい順から1000人に絞って、そのユーザーたちの評価値のみを利用します。実務で検証していく際には、このサンプリングの仕方にも注意が必要です。サンプリングが特定のユーザーセグメントに偏っていると、アルゴリズムの比較も公平にできなくなります。

```
# データ量が多いため、ユーザー数を1000に絞って、試していく
valid_user_ids = sorted(ratings.user_id.unique())[:1000]
ratings = ratings[ratings["user_id"].isin(valid_user_ids)]

# 映画のデータと評価のデータを結合する
movielens = ratings.merge(movies, on='movie_id')
movielens.head()
```

ユーザーを1000人に絞ったときの評価値の統計情報は以下の通りです。

ユーザー

```
import numpy as np
movielens.groupby('user_id').agg({'movie_id': len}).agg({
                  'movie_id':[min, max, np.mean, len]})
```

- 最も評価数が少ないユーザーは20作品に評価
- 最も評価数が多いユーザーは1668作品に評価
- 各ユーザーは平均139作品に評価
- 評価した全ユーザーは1000人

映画

```
movielens.groupby('movie_id').agg({'user_id': len}).agg({
                  'user_id':[min, max, np.mean, len]})
```

- 最も評価数が少ない映画は1人から評価
- 最も評価数が多い映画は496人から評価

	user_id	movie_id	rating	timestamp	title	genre	tag
0	1	122	5.0	838985046	Boomerang (1992)	[Comedy, Romance]	[dating, nudity (topless - brief), can't remem...
1	139	122	3.0	974302621	Boomerang (1992)	[Comedy, Romance]	[dating, nudity (topless - brief), can't remem...
2	149	122	2.5	1112342322	Boomerang (1992)	[Comedy, Romance]	[dating, nudity (topless - brief), can't remem...
3	182	122	3.0	943458784	Boomerang (1992)	[Comedy, Romance]	[dating, nudity (topless - brief), can't remem...
4	215	122	4.5	1102493547	Boomerang (1992)	[Comedy, Romance]	[dating, nudity (topless - brief), can't remem...

図5-5 映画情報を結合した評価値データ

- 各映画は平均20人から評価
- 評価された全映画は6736作品

評価値

```
print(f'評価値数={len(movielens)}')
movielens.groupby('rating').agg({'movie_id': len})
```

- 全評価は132830件
- 4.0の評価値が最も多く、39917件

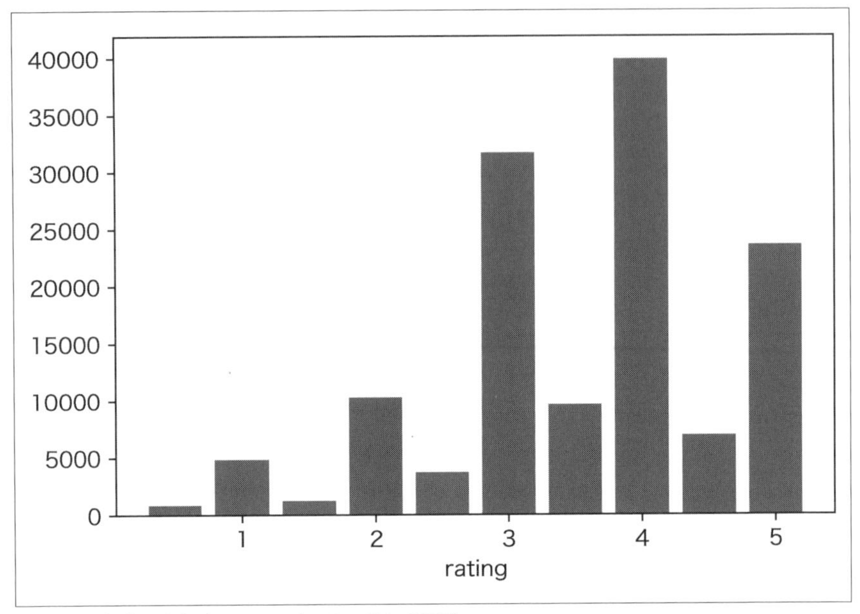

図5-6 評価値の分布（0.5〜5.0まで0.5刻みで評価）

5.2.3 評価方法

次に、各推薦アルゴリズムの性能を測る方法について説明します（評価手法の詳細は7章を参照してください）。今回は簡易的に、評価値データを、推薦アルゴリズムの学習用と評価のテスト用の2つに分けます。今回のデータセットでは、ユーザーは最低でも20本の映画に評価をしています。そこで、ユーザーが直近評価した5つの映画の評価値をテスト用に残し、それ以外のデータを学習用とします。

```
# 学習用とテスト用にデータを分割する
# 各ユーザーの直近の5件の映画を評価用に使い、それ以外を学習用とする
# まずは、それぞれのユーザーが評価した映画の順序を計算する
# 直近付与した映画から順番を付与していく(1始まり)

movielens['timestamp_rank'] = movielens.groupby(
    'user_id')['timestamp'].rank(ascending=False, method='first')
movielens_train = movielens[movielens['timestamp_rank'] > 5]
movielens_test = movielens[movielens['timestamp_rank']<= 5]
```

学習用のデータを使って、どれだけ正確にユーザーが直近評価した5つの映画の評価値を予測できるかで、推薦アルゴリズムの性能を評価します。その指標としては、

予測値と実際の評価値のRMSE（Root Mean Squared Error）を利用します。予測が実際の評価値と完全に一致する場合には、RMSEは0になります。RMSEが小さいほど、推薦アルゴリズムは良いものになります。

```
from typing import List
from sklearn.metrics import mean_squared_error
def calc_rmse(self, true_rating: List[float],
              pred_rating: List[float]) -> float:
    return np.sqrt(mean_squared_error(true_rating, pred_rating))
```

また、Precision@K、Recall@Kというランキング指標でも、推薦アルゴリズムの評価をしていきます。Precision@Kは、ユーザーにK個アイテムをおすすめしたときに、その中に実際に好きなアイテムがどのくらいの割合であったかという指標です。今回は4以上の評価値がついたアイテムを好きなアイテムと定義して計算します。Recall@Kは、ユーザーにK個アイテムをおすすめしたときに、ユーザーの好きなアイテム群のうち何個当てることができたかという割合です。ユーザーごとに、Precision@KとRecall@Kを計算して、Precision@Kの平均とRecall@Kの平均を評価指標として使用します。RMSEより、Precision@KやRecall@Kのランキング指標のほうが、直感的に推薦システムの性能が分かりやすく、実際のサービス上の推薦の仕方に即しているため、実務では、ランキング指標も合わせて利用することをおすすめします。また、5つ星のような評価値のデータが存在しないことも実務では多く、その場合はクリックや購買などの暗黙的評価値を利用して、ランキング指標だけを使います。評価指標の詳細については、**7章**で詳しく紹介します。

```
def calc_recall_at_k(
    true_user2items: Dict[int, List[int]],
    pred_user2items: Dict[int, List[int]],
    k: int
) -> float:
    scores = []
    # テストデータに存在する各ユーザーのrecall@kを計算
    for user_id in true_user2items.keys():
        r_at_k = _recall_at_k(true_user2items[user_id],
                              pred_user2items[user_id], k)
        scores.append(r_at_k)
    return np.mean(scores)

def _recall_at_k(self, true_items: List[int],
                 pred_items: List[int], k: int) -> float:
    if len(true_items) == 0 or k == 0:
        return 0.0
```

```
    r_at_k = (len(set(true_items) & set(pred_items[:k]))) /
             len(true_items)
    return r_at_k

def calc_precision_at_k(
    true_user2items: Dict[int, List[int]],
    pred_user2items: Dict[int, List[int]],
    k: int
) -> float:
    scores = []
    # テストデータに存在する各ユーザーのprecision@kを計算
    for user_id in true_user2items.keys():
        p_at_k = _precision_at_k(true_user2items[user_id],
                                 pred_user2items[user_id], k)
        scores.append(p_at_k)
    return np.mean(scores)

def _precision_at_k(true_items: List[int],
                    pred_items: List[int], k: int) -> float:
    if k == 0:
        return 0.0
    p_at_k = (len(set(true_items) & set(pred_items[:k]))) / k
    return p_at_k
```

5.2.4 統一フォーマットによる計算

データの読み込みや性能評価計算は、各種アルゴリズムでも共通であるため、次のフォーマットに従って、説明していきます。統一モジュールのクラス設計のフォルダ構成などの詳細はGitHubのコードをご参照ください。統一の形式で記述することで、システムに組み込むときにアルゴリズムを切り替えやすく、予測精度の評価がしやすいです。一方で、初学者にとっては、クラス設計などが取っ付きにくいところがあるかもしれません。そのため、こちらの項を飛ばしても構いません。GitHub上には、統一モジュールを利用しない推薦アルゴリズムのコードも載せてありますので、初学者の方や手っ取り早く推薦アルゴリズムを試したい方は、そちらをご参考ください。

```
# データの読み込みと評価指標計算の共通モジュールを読み込む
from util.data_loader import DataLoader
from util.metric_calculator import MetricCalculator

# 1. MovieLensのデータの読み込み
data_loader = DataLoader(num_users=1000, num_test_items=5,
                         data_path='../data/ml-10M100K/')
movielens = data_loader.load()
```

```
# 2. 各種アルゴリズムの実装
recommender = XXXRecommender()
recommend_result = recommender.recommend(movielens)

# 3. 評価指標計算
metric_calculator = MetricCalculator()
metrics = metric_calculator.calc(
    movielens.test.rating.tolist(), recommend_result.rating.tolist(),
    movielens.test_user2items, recommend_result.user2items, k=10)
print(metrics)
```

1. MovieLensのデータの読み込み

これまで紹介してきた各ファイルの読み込みや学習用データとテスト用データの分割処理などを再利用可能にするため、DataLoaderクラスの中で定義します。

```
import pandas as pd
import os
from util.models import Dataset

class DataLoader:
    def __init__(self, num_users: int = 1000, num_test_items: int = 5,
                 data_path: str = "../data/ml-10M100K/"):
        self.num_users = num_users
        self.num_test_items = num_test_items
        self.data_path = data_path

    def load(self) -> Dataset:
        ratings, movie_content = self._load()
        movielens_train, movielens_test = self._split_data(ratings)
        # ランキング用の評価データは、各ユーザーの評価値が4以上の映画だけを正解とする
        # キーはユーザーID、バリューはユーザーが高評価したアイテムIDのリスト
        movielens_test_user2items = (
            movielens_test[movielens_test.rating >= 4].groupby(
            "user_id").agg({"movie_id": list})["movie_id"].to_dict()
        )
        return Dataset(movielens_train, movielens_test,
                       movielens_test_user2items, movie_content)

    def _split_data(self, movielens: pd.DataFrame) ->
    (pd.DataFrame, pd.DataFrame):
        # 学習用とテスト用にデータを分割する
        # 各ユーザーの直近の映画5件を評価用に使い、それ以外を学習用とする
        # まずは、それぞれのユーザーが評価した映画の順序を計算する
        # 直近付与した映画から順番を付与していく（0始まり）
        movielens["rating_order"] = movielens.groupby("user_id")
                                    ["timestamp"].rank(ascending=False,
                                    method="first")
```

```
        movielens_train = movielens[movielens["rating_order"] >
                          self.num_test_items]
        movielens_test = movielens[movielens["rating_order"] <=
                         self.num_test_items]
        return movielens_train, movielens_test

    def _load(self) -> (pd.DataFrame, pd.DataFrame):
        # 映画の情報の読み込み（10197作品）
        # movie_idとタイトル名のみ使用
        m_cols = ["movie_id", "title", "genre"]
        movies = pd.read_csv(
            os.path.join(self.data_path, "movies.dat"), names=m_cols,
            sep="::", encoding="latin-1", engine="python"
        )
        # genreをlist形式で保持する
        movies["genre"] = movies.genre.apply(lambda x:
                          list(x.split("|")))
        # ユーザーが付与した映画のタグ情報の読み込み
        t_cols = ["user_id", "movie_id", "tag", "timestamp"]
        user_tagged_movies = pd.read_csv(
            os.path.join(self.data_path, "tags.dat"), names=t_cols,
            sep="::", engine="python"
        )
        # tagを小文字にする
        user_tagged_movies["tag"] = user_tagged_movies["tag"].str.lower()
        movie_tags = user_tagged_movies.groupby("movie_id").agg({"tag":
                     list})
        # タグ情報を結合する
        movies = movies.merge(movie_tags, on="movie_id", how="left")
        # 評価データの読み込み
        r_cols = ["user_id", "movie_id", "rating", "timestamp"]
        ratings = pd.read_csv(os.path.join(self.data_path,
        "ratings.dat"), names=r_cols, sep="::", engine="python")
        # ユーザー数をnum_usersに絞る
        valid_user_ids = sorted(ratings.user_id.unique())[:
                         self.num_users]
        ratings = ratings[ratings.user_id <= max(valid_user_ids)]
        # 上記のデータを結合する
        movielens_ratings = ratings.merge(movies, on="movie_id")
        return movielens_ratings, movies
```

`DataLoader`では、次で定義されるDatasetクラスを返します。`train`には、学習用の評価値データセット、`test`にはテスト用の評価値データセットがpandasのデータフレーム形式で格納されています。また、`test_user2items`には各ユーザーが4以上の評価値をつけたアイテムが格納されており、Precision@KやRecall@Kのランキング指標の計算に利用できます。`item_content`は、映画のタグやジャンルが格納された映画のマスターデータです。コンテンツベースの推薦のときに使用します。

```
import dataclasses
@dataclasses.dataclass(frozen=True)
# 推薦システムの学習と評価に使うデータセット
class Dataset:
    # 学習用の評価値データセット
    train: pd.DataFrame
    # テスト用の評価値データセット
    test: pd.DataFrame
    # ランキング指標のテストデータセット
    # キーはユーザーID、バリューはユーザーが高評価したアイテムIDのリスト
    test_user2items: Dict[int, List[int]]
    # アイテムのコンテンツ情報
    item_content: pd.DataFrame
```

2. 各種アルゴリズムの実装

datasetを受け取り、テストデータに対しての推薦結果を返すアルゴリズムを実装します。各アルゴリズムは次のBaseRecommenderクラスを継承する形で実装していきます。

```
from abc import ABC, abstractmethod
class BaseRecommender(ABC):
    @abstractmethod
    def recommend(self, dataset: Dataset, **kwargs) -> RecommendResult:
        pass

    def run_sample(self) -> None:
        # MovieLensのデータを取得
        movielens = DataLoader(num_users=1000, num_test_items=5,
                    data_path="../data/ml-10M100K/").load()
        # 推薦計算
        recommend_result = self.recommend(movielens)
        # 推薦結果の評価
        metrics = MetricCalculator().calc(
            movielens.test.rating.tolist(),
            recommend_result.rating.tolist(),
            movielens.test_user2items,
            recommend_result.user2items,
            k=10,
        )
        print(metrics)
```

推薦結果は、RecommendResultクラスで、テストデータセットの予測評価値と、各ユーザーに対してのおすすめアイテムのリストを持ちます。

```
@dataclasses.dataclass(frozen=True)
# 推薦システムの予測結果
class RecommendResult:
    # テストデータセットの予測評価値。RMSEの評価
    rating: pd.DataFrame
    # キーはユーザーID、バリューはおすすめアイテムIDのリスト。ランキング指標の評価
    user2items: Dict[int, List[int]]
```

また、BaseRecommenderクラスでは、run_sample関数があり、少量の学習データを使ってアルゴリズムを走らせて、その結果を確認することができます。

3. 評価指標計算

推薦結果をもとに、MetricCalculatorを使用して、RMSEとランキング指標のPrecision@KとRecall@Kを計算します。

```
import numpy as np
from sklearn.metrics import mean_squared_error
from util.models import Metrics
from typing import Dict, List

class MetricCalculator:
    def calc(
        self,
        true_rating: List[float],
        pred_rating: List[float],
        true_user2items: Dict[int, List[int]],
        pred_user2items: Dict[int, List[int]],
        k: int,
    ) -> Metrics:
        rmse = self._calc_rmse(true_rating, pred_rating)
        precision_at_k = self._calc_precision_at_k(true_user2items,
                        pred_user2items, k)
        recall_at_k = self._calc_recall_at_k(true_user2items,
                        pred_user2items, k)
        return Metrics(rmse, precision_at_k, recall_at_k)

    def _precision_at_k(self, true_items:
    List[int], pred_items: List[int], k: int) -> float:
        if k == 0:
            return 0.0
        p_at_k = (len(set(true_items) & set(pred_items[:k]))) / k
        return p_at_k

    def _recall_at_k(self, true_items: List[int], pred_items: List[int],
    k: int) -> float:
        if len(true_items) == 0 or k == 0:
```

```
            return 0.0
        r_at_k = (len(set(true_items) & set(pred_items[:k]))) /
                 len(true_items)
        return r_at_k

    def _calc_rmse(self, true_rating: List[float], pred_rating:
    List[float]) -> float:
        return np.sqrt(mean_squared_error(true_rating, pred_rating))

    def _calc_recall_at_k(
        self, true_user2items: Dict[int, List[int]], pred_user2items:
        Dict[int, List[int]], k: int
    ) -> float:
        scores = []
        # テストデータに存在する各ユーザーのRecall@kを計算
        for user_id in true_user2items.keys():
            r_at_k = self._recall_at_k(true_user2items[user_id],
                     pred_user2items[user_id], k)
            scores.append(r_at_k)
        return np.mean(scores)

    def _calc_precision_at_k(
        self, true_user2items: Dict[int, List[int]], pred_user2items:
        Dict[int, List[int]], k: int
    ) -> float:
        scores = []
        # テストデータに存在する各ユーザーのPrecision@kを計算
        for user_id in true_user2items.keys():
            p_at_k = self._precision_at_k(true_user2items[user_id],
                     pred_user2items[user_id], k)
            scores.append(p_at_k)
        return np.mean(scores)
```

次の節から、各アルゴリズムについて紹介していきます。GitHub上には、各推薦アルゴリズムをJupyter Notebookで試せるようにしていますので、特に初学者の方は、ぜひこちらもご覧ください。

5.3 ランダム推薦

まずはベースラインとして、ランダムに推薦したときにどのくらいの性能が出るかを確かめてみます。MovieLensの評価値は0.5~5.0の評価値であるため、0.5~5.0で一様乱数を発生させて、それを予測評価値とします。学習用データに現れるユーザーとアイテムで、ユーザー×アイテムの行列を作り、各セルに乱数を格納します。

また、ランキング指標の計算用に、pred_user2itemsという辞書を作成し、keyにuser_idを格納し、valueにまだユーザーが評価していない映画からランダムに10本の映画を格納します。

```
from util.models import RecommendResult, Dataset
from src.base_recommender import BaseRecommender
from collections import defaultdict
import numpy as np
np.random.seed(0)

class RandomRecommender(BaseRecommender):
    def recommend(self, dataset: Dataset, **kwargs) -> RecommendResult:
        # ユーザーIDとアイテムIDに対して、0始まりのインデックスを割り振る
        unique_user_ids = sorted(dataset.train.user_id.unique())
        unique_movie_ids = sorted(dataset.train.movie_id.unique())
        user_id2index = dict(zip(unique_user_ids,
                                 range(len(unique_user_ids))))
        movie_id2index = dict(zip(unique_movie_ids,
                                  range(len(unique_movie_ids))))
        # ユーザー×アイテムの行列で、各セルの予測評価値は0.5〜5.0の一様乱数とする
        pred_matrix = np.random.uniform(0.5, 5.0, (len(unique_user_ids),
                                        len(unique_movie_ids)))
        # RMSE評価用にテストデータに出てくるユーザーとアイテムの予測評価値を格納する
        movie_rating_predict = dataset.test.copy()
        pred_results = []
        for i, row in dataset.test.iterrows():
            user_id = row["user_id"]
            # テストデータのアイテムIDが学習用に登場していない場合も乱数を格納する
            if row["movie_id"] not in movie_id2index:
                pred_results.append(np.random.uniform(0.5, 5.0))
                continue
            # テストデータに現れるユーザーIDとアイテムIDのインデックスを取得し
            # 評価値行列の値を取得する
            user_index = user_id2index[row["user_id"]]
            movie_index = movie_id2index[row["movie_id"]]
            pred_score = pred_matrix[user_index, movie_index]
            pred_results.append(pred_score)
        movie_rating_predict["rating_pred"] = pred_results
        # ランキング評価用のデータ作成
        # 各ユーザーに対するおすすめ映画は、
        # そのユーザーがまだ評価していない映画の中からランダムに10作品とする
        # キーはユーザーIDで、バリューはおすすめのアイテムIDのリスト
        pred_user2items = defaultdict(list)
        # ユーザーがすでに評価した映画を取得する
        user_evaluated_movies = dataset.train.groupby("user_id").agg({
                                "movie_id": list})["movie_id"].to_dict()
        for user_id in unique_user_ids:
            user_index = user_id2index[user_id]
```

```
            movie_indexes = np.argsort(-pred_matrix[user_index, :])
            for movie_index in movie_indexes:
                movie_id = unique_movie_ids[movie_index]
                if movie_id not in user_evaluated_movies[user_id]:
                    pred_user2items[user_id].append(movie_id)
                if len(pred_user2items[user_id]) == 10:
                        break
        return RecommendResult(movie_rating_predict.rating_pred,
        pred_user2items)

if __name__ == "__main__":
    RandomRecommender().run_sample()
```

評価指標計算結果は次のようになります。

```
RMSE=1.883, Precision@K=0.000, Recall@K=0.001
```

Precision@K、Recall@Kが0に近く、適切な推薦ができていないことが分かります。つまり、ランダムに映画を推薦しても、ユーザーがそれを気に入ることはほとんどないことを示しています。次節以降で、ユーザーが好む映画の推薦の仕方を説明します。

5.4 統計情報や特定のルールに基づく推薦

次に、以下のような統計情報やルールに基づく推薦を考えます。

- 直近1ヶ月の総売り上げ数や閲覧数、ユーザーによる評価値の平均などのサービス内のデータの統計情報を使ってアイテムを並び替えてユーザーに推薦
- アイテムの価格や大きさなどといった特定の属性の順番に並び替えてユーザーに推薦
- ユーザーの年齢などの特定の属性情報に基づいて異なるアイテムを推薦

サービス内のデータの統計情報やアイテムの属性情報に基づいた並び替えを行う推薦は、特定のユーザーに依存しない情報に基づいてアイテムを並び替えて推薦するため、基本的にはパーソナライズを行わないアルゴリズムです。基本的な統計データやアイテムの属性情報は、推薦システムの文脈にかかわらずシステムで保持していることが多く扱いやすいデータなので、実現するのは比較的容易と言えるでしょう。

このような比較的単純なアルゴリズムによる推薦は、どのような仕組みでそのアイ

テムが推薦されているのかユーザーにとって分かりやすいという特徴があります。たとえば「先月の売り上げ順」であれば、一番上に推薦されているアイテムは先月一番売り上げたアイテムでしょうし、「新着順」で一番上に推薦されているアイテムはサービスの中で最も最近販売が始まったアイテムでしょう。このようなユーザーにとっての推薦理由の分かりやすさというのは、ユーザーの購買行動に繋がることも多々ありますので侮ることはできません。

ユーザーの属性情報に基づいて異なるアイテムを推薦する場合は、ユーザーの属性情報に基づいてユーザーをいくつかのセグメントに分けることで、それぞれのユーザーセグメントに適した推薦を行います。たとえばECサイトにおいて、プロフィールの性別の項目で男性を選択しているユーザーに対してサービス内で同様に男性を選択している他のユーザーによく閲覧されている順にアイテムを推薦することで、性別にかかわらずすべてのユーザーによく閲覧されている順にアイテムを推薦するよりも興味のあるアイテムを推薦することが可能です。

ユーザーの年齢や性別、居住地などの人口統計学的なデータに基づいてアイテムを推薦することを**デモグラフィックフィルタリング**（demographic filtering）と言います。先ほどの例のようにデモグラフィックフィルタリングではユーザーの属性情報ごとに推薦を行うだけである程度興味のあるアイテムを推薦できる可能性がある一方で、注意しなければならない点があります。

まず第一に、サービスやユーザーの性質によってはデモグラフィック情報をわざわざ入力しない、場合によっては誤った情報が入力されてしまう場合があります。たとえばAmazonなどのECサイトでわざわざユーザーが自身の性別や年齢を入力することは少ないかもしれません。また、マッチングサービスのような比較的ユーザーが能動的にプロフィールを入力する傾向にある性質のサービスにおいても、あえてプロフィールをあまり入力しないユーザーがいたり、あるいは、自身をより良く見せたいという思いから虚偽の情報を入力するというような例まで存在します。

次に、近年その重要度を増している**公平性**（fairness）の観点から、これらのデモグラフィックデータを利用することは注意が必要です。たとえば性別などはそもそもユーザーに聞くこと自体が問題となっていたりもします。また、男性だから〜、女性だから〜、というような考え方は、たとえそれが統計的にそのような傾向があったとしても、その傾向をサービスの指標改善などの目的で利用することは許されない場合があります。

また、意図せずそのような情報を使ってしまっていて問題となるケースもあります。たとえば記憶に新しい例でいうと、Amazonがその採用プロセスにおいて候補者のプロフィール情報から機械学習によって会社とのマッチ度を自動で算出することでスクリーニングに利用するということをしていました[†2]。しかし、候補者の性別によって採用試験の合格率に大きな差がついているという事実が発覚し大きな問題となりました。このように、ユーザーのデモグラフィック情報というのは、その特定の情報を利用していることを開発者が意図していなかったとしても公平性の観点では問題となりえるため、利用の際には細心の注意が必要であると考えられます。MovieLensのデータセットにおいても、初期のデータセットではユーザー情報が公開されていましたが、後期のデータセットではユーザー情報が含まれない形で公開されています。

それでは、MovieLensのデータセットを使って過去にユーザーからつけられた評価値の高い順に推薦する例を見ていきましょう。まずは、単純に映画に付与された評価値順に並べてみます。

```
import numpy as np
# 評価値が高い映画の確認
movie_stats = movielens.train.groupby(['movie_id',
            'title']).agg({'rating': [np.size, np.mean]})
movie_stats.sort_values(by=('rating', 'mean'), ascending=False).head()
```

		rating	
		size	mean
movie_id	title		
4095	Cry Freedom (1987)	1.0	5.0
7227	Trouble with Angels, The (1966)	1.0	5.0
27255	Wind Will Carry Us, The (Bad ma ra khahad bord) (1999)	1.0	5.0
4453	Michael Jordan to the Max (2000)	2.0	5.0
3415	Mirror, The (Zerkalo) (1975)	1.0	5.0

図5-7 評価値が高い映画

評価値が5の映画が並んでいますが、どれも評価数が少なく、たまたま5の評価がついて上位にきている可能性もあります。このように評価数が少ないと評価値の信頼

†2 Jeffrey Dastin, "Amazon scraps secret AI recruiting tool that showed bias against women".

性が低いため、しきい値を導入して、一定以上の評価数がある映画に絞ってみます。

```
movie_stats = movielens.train.groupby(['movie_id',
              'title']).agg({'rating': [np.size, np.mean]})
atleast_flg = movie_stats['rating']['size'] >= 100
movies_sorted_by_rating = movie_stats[atleast_flg].sort_values(
                          by=('rating', 'mean'), ascending=False)
movies_sorted_by_rating.head()
```

		rating	
		size	mean
movie_id	title		
318	Shawshank Redemption, The (1994)	424.0	4.491745
50	Usual Suspects, The (1995)	334.0	4.459581
912	Casablanca (1942)	163.0	4.444785
904	Rear Window (1954)	129.0	4.441860
2019	Seven Samurai (Shichinin no samurai) (1954)	104.0	4.408654

図5-8　評価値数が100以上ある映画の中で評価値が高い映画

100件以上の評価数がある映画に絞ってみると、「ショーシャンクの空に」や「七人の侍」などの映画が上位にきて、納得感がある結果になりました。このようにしきい値の決め方で、推薦結果が大きく変わってきます。実務では、しきい値を1、10、100などの数パターンを試してみて、定性的に最も納得感のある結果になる値に決めることも多いです。その際に注意することは、集計期間をどうするか、多様性をどうするかという点です。集計期間を長くしすぎてしまうと、常に上位にくるアイテムに変動がなくなってしまいます。また、しきい値を上げすぎても、同じような現象が起きます。それから、求人や小売では在庫の概念があり、人気のアイテムばかりをおすすめできないという問題があるため、その観点も考慮して推薦ルールを構築していくことが大切です。

評価値の高い順の推薦システムの性能がどのくらいかを計測してみましょう。

```
from util.models import RecommendResult, Dataset
from src.base_recommender import BaseRecommender
from collections import defaultdict
import numpy as np
np.random.seed(0)

class PopularityRecommender(BaseRecommender):
    def recommend(self, dataset: Dataset, **kwargs) -> RecommendResult:
        # 評価数のしきい値
        minimum_num_rating = kwargs.get("minimum_num_rating", 200)
        # 各アイテムごとの平均の評価値を計算し、その平均評価値を予測値として利用する
        movie_rating_average = dataset.train.groupby("movie_id").agg({
                                "rating": np.mean})
        # テストデータに予測値を格納する
        # テストデータのみに存在するアイテムの予測評価値は0とする
        movie_rating_predict = dataset.test.merge(
            movie_rating_average, on="movie_id", how="left",
            suffixes=("_test", "_pred")
        ).fillna(0)
        # 各ユーザーに対するおすすめ映画は、そのユーザーがまだ評価していない映画の中から
        # 評価値が高いもの10作品とする
        # ただし、評価件数が少ないとノイズが大きいため、
        # minimum_num_rating件以上評価がある映画に絞る
        pred_user2items = defaultdict(list)
        user_watched_movies = dataset.train.groupby("user_id").agg({
                              "movie_id": list})["movie_id"].to_dict()
        movie_stats = dataset.train.groupby("movie_id").agg({"rating":
                      [np.size, np.mean]})
        atleast_flg = movie_stats["rating"]["size"] >=
                      minimum_num_rating
        movies_sorted_by_rating = (
            movie_stats[atleast_flg].sort_values(by=[("rating",
            "mean")], ascending=False).index.tolist()
            )
        for user_id in dataset.train.user_id.unique():
            for movie_id in movies_sorted_by_rating:
                if movie_id not in user_watched_movies[user_id]:
                    pred_user2items[user_id].append(movie_id)
                if len(pred_user2items[user_id]) == 10:
                    break
        return RecommendResult(movie_rating_predict.rating_pred,
        pred_user2items)

if __name__ == "__main__":
    PopularityRecommender().run_sample()
```

評価数のしきい値を100で試してみると、RMSE=1.082, Precision@K=0.008, Recall@K=0.027と、ランダムのときの性能に比べて高い数値になっています。

評価数のしきい値を1にしてみると、RMSE=1.082, Precision@K=0.000, Recall@K=0.000と性能が悪くなってしまいます。

また、評価数のしきい値を200にすると、RMSE=1.082, Precision@K=0.013, Recall@K=0.042となります。

定量的に推薦システムの性能を測ることで、適切なしきい値の設定が可能になります（RMSEが変化していないのは、しきい値によっておすすめアイテムリストに登場しなくても、アイテムの評価値自体は、そのアイテムの平均評価値として変わらずに計算しているためです）。

5.5 アソシエーションルール

協調フィルタリングの推薦の中でも、昔から今に至るまで幅広い業界で活用されているアソシエーションルールを解説します[†3]。アソシエーションルールでは、大量の購買履歴データから「アイテムAとアイテムBは同時に購入されることが多い」といった法則を見つけます。

アソシエーションルールの有名な話で「おむつとビール[†4]」というものがあります。とあるスーパーで購買履歴をアソシエーション分析したところ、おむつを買う男性はビールを買う傾向があることがわかり、おむつの近くにビールを置いたら売上が上がったというものです。おむつとビールのような意外な組み合わせを発見できるのがアソシエーションルールの強みになります。このような組み合わせが分かると、店舗のレイアウトを変更したり、マーケティングに活用したり、それらの商品をセット商品として発売したりできます。

アソシエーションルール自体は昔からありましたが、1994年に大量のデータに対しても高速に計算が可能な方法が提案されました。計算の仕方がシンプルで、SQLでも実装が可能なため、幅広く利用されてきました。購買履歴のデータに活用されることが多いですが、ブックマークや閲覧履歴などユーザーの行動履歴のデータなら幅広く適用が可能です。アソシエーションルールでは、「支持度（support）」「確信度（confidence）」「リフト値（lift）」という3つの重要な概念が登場します。

†3 Rakesh Agrawal, and Ramakrishnan Srikant, “Fast algorithms for mining association rules,” Proc. 20th int. conf. very large data bases, VLDB. Vol. 1215 (1994).

†4 信憑性に関しては、このような分析があったことは事実のようですが、おむつをビールの近くに置いたら売上が上がった点に関しては、確認が取れませんでした。

表5-3 購買履歴データ

	アイテムA	アイテムB	アイテムC
ユーザー1	○	○	
ユーザー2	○	○	
ユーザー3			○
ユーザー4	○	○	○

表5-3のように、ユーザーが4人、アイテムが3つの購買履歴のデータを例に説明していきます。○が購入を表しています。ウェブページの閲覧データにアソシエーションルールを適用する際には、閲覧数にしきい値を設けて、ある回数以上は正例として利用したり、ユーザー単位の集計ではなくセッション単位の集計を行うこともあります。

5.5.1 支持度

支持度とは、あるアイテムが全体の中で出現した割合になります。表のケースで計算すると、

$$支持度(A) = (Aの出現数)/全データ数 = 3/4 = 0.75$$

$$支持度(B) = (Bの出現数)/全データ数 = 3/4 = 0.75$$

$$支持度(C) = (Cの出現数)/全データ数 = 2/4 = 0.5$$

になります。

また、「アイテムAとアイテムBが同時に出現する」というアイテムが複数のケースでも計算ができ、次のようになります。

$$支持度(A\ and\ B) = (AとBの同時出現数)/全データ数 = 3/4 = 0.75$$

たくさん出現している組み合わせは、高い値になります。

5.5.2 確信度

確信度とは、アイテムAが出現したときに、アイテムBが出現する割合になります。

$$確信度(A => B) = (AとBの同時出現数)/(Aの出現数) = 3/3 = 1.0$$

このとき、Aを条件部（antecedents）、Bを帰結部（consequents）と呼びます。

5.5.3　リフト値

リフト値とは、アイテムAとアイテムBの出現がどのくらい相関しているかを表すもので、次のように定義されます。

リフト (A => B) = 支持度 (A and B)/(支持度 (A) * 支持度 (B))

$$= 0.75/(0.75 * 0.75) = 1.333$$

アイテムAとアイテムBの出現の仕方が互いに一切関係ない独立した場合には、リフト値は1になります。逆に、片方のアイテムの出現ともう片方の出現に正の相関がある場合は、リフト値は1より大きくなります。また、片方のアイテムが出るともう片方のアイテムが出現しなくなるといった負の相関の場合は、リフト値は1より小さくなります。たとえば、家電の販売では、プリンターとインクは同時に買われることが多く、リフト値は1を超えますが、プリンターAとプリンターBは同時に買われることは少ないので、リフト値は1より小さくなります。

また、このリフト値は数学や情報理論的にも面白い性質を持っていて、リフト値の対数を取ると自己相互情報量（PMI：Pointwise Mutual Information）と呼ばれるものになります。本章の後半に出てくるword2vecというアルゴリズムは、この自己相互情報量を要素とする行列を行列分解したものになることが知られています[†5]。

今回は、2つのアイテムで説明してきましたが、アイテムが3以上になってもリフト値は計算可能です。

リフト ((A and B) => C) = 支持度 (A and B and C)/(支持度 (A and B) * 支持度 (C))

推薦システムを作るときには、このリフト値が重要になってきます。このリフト値が高いほど、アイテムAの出現とアイテムBの出現の相関が高く、アイテムAを購入したユーザーにアイテムBをおすすめすると購入確率が高まる可能性があります（厳密には因果関係ではないので、実際に購入確率が高まるかは、実際に推薦して検証することが必要です）。

†5　Omer Levy, and Yoav Goldberg, "Neural word embedding as implicit matrix factorization," Advances in neural information processing systems 27 (2014): 2177-2185.

5.5.4 アプリオリアルゴリズムによる高速化

今回の例では、手計算でリフト値が高い特徴的なアイテムの関係を計算できました。しかし、アイテムやユーザー数が大きくなると、アイテムの組み合わせ方が膨大になり、計算が終わらなくなってしまいます。その問題を解決するアプリオリアルゴリズムというアルゴリズムが提案されています[†6]。

アプリオリアルゴリズムでは、すべてのアイテムの組み合わせを計算するのではなく、支持度がある一定以上のアイテムやアイテムの組み合わせのみを計算対象とすることで、計算を高速化しています。推薦システム構築の際には、そのしきい値が重要なパラメータになってきます。しきい値を上げすぎると、一部の人気アイテムしか推薦されなくなり、一方で、しきい値を下げすぎると、計算が重くなり、ノイズが多い多様な推薦になります。

MovieLensのデータで、アソシエーション分析をしていきましょう。今回は、mlxtendというPythonのライブラリを使用します。まずは、このライブラリに入力するようにデータを行列形式に変換します。

```
# ユーザー×映画の行列形式に変更
user_movie_matrix = movielens.train.pivot(index='user_id',
                    columns='movie_id', values='rating')

# ライブラリ使用のために、4以上の評価値は1、4未満の評価値と欠損値は0にする
user_movie_matrix[user_movie_matrix < 4] = 0
user_movie_matrix[user_movie_matrix.isnull()] = 0
user_movie_matrix[user_movie_matrix >= 4] = 1

user_movie_matrix.head()
```

†6 Rakesh Agrawal, and Ramakrishnan Srikant, "Fast algorithms for mining association rules," Proc. 20th int. conf. very large data bases, VLDB. Vol. 1215 (1994).

movie_id	1	2	3	4	5	6	7	8	9	10	...	62000
user_id												
1	0.0	0.0	0.0	0.0	0.0	0.0	0.0	0.0	0.0	0.0	...	0.0
2	0.0	0.0	0.0	0.0	0.0	0.0	0.0	0.0	0.0	0.0	...	0.0
3	0.0	0.0	0.0	0.0	0.0	0.0	0.0	0.0	0.0	0.0	...	0.0
4	0.0	0.0	0.0	0.0	0.0	0.0	0.0	0.0	0.0	0.0	...	0.0
5	0.0	0.0	0.0	0.0	0.0	0.0	0.0	0.0	0.0	0.0	...	0.0

図5-9 1と0に二値化したユーザー×映画の行列

評価値が4以上の箇所が1、それ以外が0となるユーザー×映画の行列になります。このデータをmlxtendに入力して、支持度を計算します。

```
from mlxtend.frequent_patterns import apriori

# 支持度が高い映画の表示
freq_movies = apriori(
    user_movie_matrix, min_support=0.1, use_colnames=True)
freq_movies.sort_values('support', ascending=False).head()
```

	support	itemsets
42	0.415	(593)
23	0.379	(318)
21	0.369	(296)
19	0.361	(260)
25	0.319	(356)

図5-10 支持度の高いアイテム

movie_id=593の映画は、「羊たちの沈黙」で、ユーザーの約4割が4以上の評価をつけています。次に、この支持度をもとに、リフト値を計算します。

```
from mlxtend.frequent_patterns import association_rules

# アソシエーションルールの計算（リフト値の高い順に表示）
rules = association_rules(freq_movies, metric="lift",
        min_threshold=min_threshold)
rules.sort_values('lift', ascending=False).head()[['antecedents',
'consequents', 'lift']]
```

	antecedents	consequents	lift
649	(4993)	(5952)	5.459770
648	(5952)	(4993)	5.459770
1462	(1196, 1198)	(1291, 260)	4.669188
1463	(1291, 260)	(1196, 1198)	4.669188
1460	(1291, 1196)	(260, 1198)	4.171359

図5-11　リフト値の高いルール

antecedentsが条件部で、consequentsが帰結部になります。movie_id=5952は、ロード・オブ・ザ・リングシリーズの1作目で、movie_id=4993は2作目になります。このように関係性が高い映画の組み合わせを抽出することができました。リフト値の計算の定義から、対称性があり、条件部と帰結部をひっくり返したものは、同じ値を取ります。この例からも分かるように、あくまでアソシエーションルールで提示されるのは相関が高い組み合わせで因果関係を示している訳ではないため、ロード・オブ・ザ・リングシリーズの2作目を見ている人に1作目をおすすめしても、あまり意味が無いでしょう。

次に、このリフト値を使って、ユーザーに推薦していきます。アソシエーションルールを利用した推薦の仕方はいくつか方法がありますが、今回はシンプルにユーザーが直近星4以上で評価した映画5本をアソシエーションの入力として利用します。その5本のうち1本でも条件部に含まれるようなアソシエーションルールをすべて列挙します。そのルールをリフト値でソートして、ユーザーが過去に評価した映画を除外して、上位10本をユーザーの推薦リストにします。

```
from util.models import RecommendResult, Dataset
from src.base_recommender import BaseRecommender
from collections import defaultdict, Counter
```

```
import numpy as np
from mlxtend.frequent_patterns import apriori
from mlxtend.frequent_patterns import association_rules
np.random.seed(0)

class AssociationRecommender(BaseRecommender):
    def recommend(self, dataset: Dataset, **kwargs) -> RecommendResult:
        # 評価数のしきい値
        min_support = kwargs.get("min_support", 0.1)
        min_threshold = kwargs.get("min_threshold", 1)
        # ユーザー×映画の行列形式に変更
        user_movie_matrix = dataset.train.pivot(index="user_id",
                            columns="movie_id", values="rating")
        # ライブラリ使用のために、4以上の評価値は1、4未満の評価値と欠損値は0にする
        user_movie_matrix[user_movie_matrix < 4] = 0
        user_movie_matrix[user_movie_matrix.isnull()] = 0
        user_movie_matrix[user_movie_matrix >= 4] = 1
        # 支持度が高い映画
        freq_movies = apriori(user_movie_matrix,
                      min_support=min_support, use_colnames=True)
        # アソシエーションルールの計算（リフト値の高い順に表示）
        rules = association_rules(freq_movies, metric="lift",
                min_threshold=min_threshold)
        # アソシエーションルールを使って、
        # 各ユーザーにまだ評価していない映画を10本推薦する
        pred_user2items = defaultdict(list)
        user_evaluated_movies = dataset.train.groupby("user_id").agg({
                                "movie_id": list})["movie_id"].to_dict()
        # 学習用データで評価値が4以上のものだけ取得する
        movielens_train_high_rating = dataset.train[dataset.train.rating
                                      >= 4]
        for user_id, data in movielens_train_high_rating
        .groupby("user_id"):
            # ユーザーが直近評価した5つの映画を取得
            input_data = data.sort_values("timestamp")[
                         "movie_id"].tolist()[-5:]
            # それらの映画が条件部に1本でも含まれているアソシエーションルールを抽出
            matched_flags = rules.antecedents.apply(lambda x:
                            len(set(input_data) & x)) >= 1
            # アソシエーションルールの帰結部の映画をリストに格納し、
            # 登場頻度順に並び替え、ユーザーがまだに評価していなければ、
            # 推薦リストに追加する
            consequent_movies = []
            for i, row in rules[matched_flags].sort_values("lift",
            ascending=False).iterrows():
                consequent_movies.extend(row["consequents"])
            # 登場頻度をカウント
            counter = Counter(consequent_movies)
            for movie_id, movie_cnt in counter.most_common():
```

```
                if movie_id not in user_evaluated_movies[user_id]:
                    pred_user2items[user_id].append(movie_id)
                # 推薦リストが10本になったら終了する
                if len(pred_user2items[user_id]) == 10:
                    break
        # アソシエーションルールでは評価値の予測は難しいため、
        # RMSEの評価は行わない（便宜上、テストデータの予測値をそのまま返す）
        return RecommendResult(dataset.test.rating, pred_user2items)

if __name__ == "__main__":
    AssociationRecommender().run_sample()
```

結果は、Precision@K=0.011, Recall@K=0.036となりました。ランダムよりかは高い数値になっていますが、人気度順に比べて若干Recall@Kが悪くなっています。アソシエーションルールには複数のパラメータがあり、それらを調整することで精度を上げることができます。たとえば、min_supportのしきい値を適切に設定すると人気度順より高い値になります。min_support=0.06のときはPrecision@K=0.015, Recall@K=0.048となります。min_supportを小さくするほど、計算に含むアイテム数が増えるため計算時間が増加します。そのため、実務で使用する際には計算速度も考慮した上で、最適なしきい値を決めていきます。

5.6 ユーザー間型メモリベース法協調フィルタリング

ユーザー間型メモリベース法の協調フィルタリングを用いた推薦について解説していきます。アルゴリズムの概要については「4.3　協調フィルタリング」で紹介しましたが、ここでは実際にPythonのコードを用いた説明を行います。

メモリベース法では、推薦システムが利用されるまではシステム内のユーザーのデータを蓄積するのみで予測のための計算は行わず、推薦を行うタイミングで蓄積されたデータのうち必要なものをすべて用いて予測計算を行います。そのため、予測計算については他のアルゴリズムより少し時間がかかることが多いです。

ユーザー間型メモリベース法は以下の過程で実現されます。

1. すでに得られている評価値を用いてユーザー同士の類似度を計算し、推薦を受け取るユーザーと嗜好の傾向が似ているユーザーを探し出す
2. 嗜好の傾向が似ているユーザーの評価値から、推薦を受け取るユーザーの未知のアイテムに対する予測評価値を計算する

3. 予測評価値の高いアイテムを推薦を受け取るユーザーに推薦する

まず、すでに得られているユーザーの評価値に基づいたユーザー同士の類似度を算出します。ここでは、類似度の算出にはピアソンの相関係数を利用します。

$$\rho_{ax} = \frac{\sum_{y \in Y_{ax}} (r_{ay} - \overline{r}_a)(r_{xy} - \overline{r}_x)}{\sqrt{\sum_{y \in Y_{ax}} (r_{ay} - \overline{r}_a)^2} \sqrt{\sum_{y \in Y_{ax}} (r_{xy} - \overline{r}_x)^2}}$$

```
# ピアソンの相関係数
def pearson_coefficient(u: np.ndarray, v: np.ndarray) -> float:
    u_diff = u - np.mean(u)
    v_diff = v - np.mean(v)
    numerator = np.dot(u_diff, v_diff)
    denominator = np.sqrt(sum(u_diff ** 2)) * np.sqrt(sum(v_diff ** 2))
    if denominator == 0:
        return 0.0
    return numerator / denominator
```

次にピアソンの相関係数を使って実際にユーザー同士の類似度を算出します。評価値を予測する対象のユーザー（ユーザー1）とそのほかのユーザー（ユーザー2）との類似度を算出していきます。今回は類似度が0より大きい場合は似ているユーザーとして、似ているユーザーのID、類似度、似ているユーザーの評価値平均をそれぞれ変数 similar_users、similarities、avgs に格納しています。

```
# 評価値をユーザー×映画の行列に変換
user_movie_matrix = dataset.train.pivot(index="user_id",
                    columns="movie_id", values="rating")
user_id2index = dict(zip(user_movie_matrix.index,
                range(len(user_movie_matrix.index))))
movie_id2index = dict(zip(user_movie_matrix.columns,
                 range(len(user_movie_matrix.columns))))

# 予測対象のユーザーと映画の組み合わせ
movie_rating_predict = dataset.test.copy()
pred_user2items = defaultdict(list)

# 予測対象のユーザーID
test_users = movie_rating_predict.user_id.unique()

# 予測対象のユーザー（ユーザー1）に注目する
for user1_id in test_users:
    similar_users = []
    similarities = []
```

```
avgs = []

# ユーザー1と評価値行列中のその他のユーザー（ユーザー2）との類似度を算出する
for user2_id in user_movie_matrix.index:
    if user1_id == user2_id:
        continue

    # ユーザー1とユーザー2の評価値ベクトル
    u_1 = user_movie_matrix.loc[user1_id, :].to_numpy()
    u_2 = user_movie_matrix.loc[user2_id, :].to_numpy()

    # u_1とu_2から、ともに欠損値でない要素のみ抜き出したベクトルを取得
    common_items = (~np.isnan(u_1) & ~np.isnan(u_2))
    # 共通して評価したアイテムがない場合はスキップ
    if not common_items.any():
        continue
    u_1, u_2 = u_1[common_items], u_2[common_items]

    # ピアソンの相関係数を使ってユーザー1とユーザー2の類似度を算出
    rho_12 = peason_coefficient(u_1, u_2)

    # ユーザー1との類似度が0より大きい場合、ユーザー2を類似ユーザーとみなす
    if rho_12 > 0:
        similar_users.append(user2_id)
        similarities.append(rho_12)
        avgs.append(np.mean(u_2))
```

次に、ユーザー1と嗜好の傾向が似ているユーザーの評価値から、ユーザー1の未知のアイテムに対する予測評価値を計算していきます。今回は説明のために、1人1人のユーザーの1つ1つの映画に対して予測評価値を都度計算する単純な実装を紹介しています。そのため、大量の予測を行うには大変時間がかかってしまいます。そこで、ここでは未評価な映画すべての評価値を予測する必要のあるランキング形式の推薦リストの作成は行わずに、テスト用データに存在するユーザーと映画の組み合わせへの評価値のみを予測計算して、RMSEによる性能評価のみを行います。

予測評価値の計算には、「ユーザーごとの平均評価値からそのアイテムへの評価がどれくらい高い評価なのかあるいは低い評価なのかという相対的な評価値に注目し、その値の加重平均を取る」という方法を採用します。この計算方法にはいくつかのパターンがありますので興味のある方は、「付録B　ユーザー間型メモリベース法の詳細」をご覧ください。

$$\widehat{r}_{ay} = \overline{r}_a + \frac{\sum_{x \in X_y} \rho_{ax} \left(r_{xy} - \overline{r}_x \right)}{\sum_{x \in X_y} \left| \rho_{ax} \right|}$$

```
# ユーザー1の平均評価値
avg_1 = np.mean(user_movie_matrix.loc[user1_id, :].dropna().to_numpy())

# 予測対象の映画のID
test_movies = movie_rating_predict[movie_rating_predict[
              "user_id"]==user1_id].movie_id.values
# 予測できない映画への評価値はユーザー1の平均評価値とする
movie_rating_predict.loc[(movie_rating_predict[
"user_id"]==user1_id), "rating_pred"] = avg_1

if similar_users:
    for movie_id in test_movies:
        if movie_id in movie_id2index:
            r_xy = user_movie_matrix.loc[similar_users,
                   movie_id].to_numpy()
            rating_exists = ~np.isnan(r_xy)

            # 類似ユーザーが対象となる映画への評価値を持っていない場合はスキップ
            if not rating_exists.any():
                continue

            r_xy = r_xy[rating_exists]
            rho_1x = np.array(similarities)[rating_exists]
            avg_x = np.array(avgs)[rating_exists]
            r_hat_1y = avg_1 + np.dot(rho_1x, (r_xy - avg_x)) /
                       rho_1x.sum()

            # 予測評価値を格納
            movie_rating_predict.loc[(movie_rating_predict[
            "user_id"]==user1_id) & (movie_rating_predict[
            "movie_id"]==movie_id), "rating_pred"] = r_hat_1y
```

こうして得られた未評価の映画に対する予測評価値の中からその値が高いものをユーザーに推薦することで、ユーザーが高く評価する可能性の高い映画を提示することができます。

今回のテスト用データに対する予測評価値のRMSEを使った評価結果は`RMSE=0.956`となりました。これまでのランダム推薦や人気度順推薦に比べると高い精度でテスト用データの評価値を予測できていることが分かります。

また、先ほどは説明のために単純な実装を紹介しましたが、もちろん各種ライブラリでもメモリベース法協調フィルタリングを実現する機能が提供されています。ここではPythonの推薦システムの`surprise`というライブラリを利用した実装を紹介します。

```
from util.models import RecommendResult, Dataset
from src.base_recommender import BaseRecommender
from collections import defaultdict
import itertools
import numpy as np

from surprise import KNNWithMeans, Reader
from surprise import Dataset as SurpriseDataset

np.random.seed(0)


class UMCFRecommender(BaseRecommender):
    def recommend(self, dataset: Dataset, **kwargs) -> RecommendResult:

        # 評価値をユーザー×映画の行列に変換
        user_movie_matrix = dataset.train.pivot(index="user_id",
                            columns="movie_id", values="rating")
        user_id2index = dict(zip(user_movie_matrix.index,
                        range(len(user_movie_matrix.index))))
        movie_id2index = dict(zip(user_movie_matrix.columns,
                         range(len(user_movie_matrix.columns))))

        # 評価値を予測したいテスト用データ
        movie_rating_predict = dataset.test.copy()
        # 各ユーザーに対するランキング形式の推薦リストを保持する辞書
        pred_user2items = defaultdict(list)

        # Surprise用にデータを加工
        reader = Reader(rating_scale=(0.5, 5))
        data_train = SurpriseDataset.load_from_df(
            dataset.train[["user_id", "movie_id", "rating"]], reader
        ).build_full_trainset()

        sim_options = {
            'name': 'pearson', # 類似度を計算する方法を指定する
            'user_based': True # False にするとアイテムベースとなる
        }
        # 類似度が上位30人のユーザーを類似ユーザーとして扱う
        knn = KNNWithMeans(k=30, min_k=1, sim_options=sim_options)
        knn.fit(data_train)

        # 学習用データにおいて評価値のないユーザーとアイテムの組み合わせに対して
        # 評価値を予測
        data_test = data_train.build_anti_testset(None)
        predictions = knn.test(data_test)

        def get_top_n(predictions, n=10):
            # ユーザーごとに、予測されたアイテムを格納する
```

```
        top_n = defaultdict(list)
        for uid, iid, true_r, est, _ in predictions:
            top_n[uid].append((iid, est))

        # ユーザーごとに、アイテムを予測評価値順に並べ上位n個を格納する
        for uid, user_ratings in top_n.items():
            user_ratings.sort(key=lambda x: x[1], reverse=True)
            top_n[uid] = [d[0] for d in user_ratings[:n]]

        return top_n

    pred_user2items = get_top_n(predictions, n=10)

    average_score = dataset.train.rating.mean()
    pred_results = []
    for _, row in dataset.test.iterrows():
        user_id = row["user_id"]
        movie_id = row["movie_id"]
        # 学習データに存在せずテストデータにしか存在しないユーザーや
        # 映画についての予測評価値は、全体の平均評価値とする
        if user_id not in user_id2index or
        movie_id not in movie_id2index:
            pred_results.append(average_score)
                continue
        # あるユーザーのあるアイテムへの評価値を予測する
        pred_score = knn.predict(uid=user_id, iid=movie_id).est
        pred_results.append(pred_score)
    movie_rating_predict["rating_pred"] = pred_results

    return RecommendResult(movie_rating_predict.rating_pred,
    pred_user2items)
```

評価結果は以下のようになりました。

```
RMSE=0.962, Precision@K=0.002, Recall@K=0.005
```

先に紹介した単純な実装と厳密に同じ処理をしているわけでないためRMSEによる評価結果にずれはありますが、引き続きRMSEはランダム推薦や人気度順推薦よりも良く、テスト用データの評価値をより正確に予測できていることが分かります。一方で、Precision@KとRecall@Kはランダム推薦よりかは辛うじて良いものの、人気度順やアソシエーションルールと比べてかなり悪い結果となりました。これは、評価数が少ないが評価値が高いアイテムの影響も大きく、評価数が一定数あるアイテムだけを残すことで精度を向上させることができます。

5.7 回帰モデル

未知のアイテムに対する評価値を回帰問題として予測する方法を紹介します。MovieLensの例では予測対象の評価値は0.5から5.0までの0.5刻みの値となるので、これを回帰モデルで予測することとなります。回帰問題として、定式化することで、機械学習分野で発展してきたさまざまな手法を試すことができます。今回はランダムフォレストを用いて回帰してみることとします。実装は`sklearn.ensemble`のものを利用します。

```
from sklearn.ensemble import RandomForestRegressor as RFR
```

まず、ランダムフォレストの学習に用いるユーザーと映画の組み合わせ、及び正解データとなるそれぞれの評価値を取得します。また、評価値を予測したいテスト用データ中のユーザーと映画の組み合わせ、及びランキング形式の推薦リスト作成のために学習用データに存在するすべてのユーザーと映画の組み合わせに対する評価値の予測も必要なのでそれも取得しておきます。

```
# 学習に用いる学習用データ中のユーザーと映画の組み合わせ
train_keys = dataset.train[["user_id", "movie_id"]]
# 学習の正解データとなる学習用データ中の評価値
train_y = dataset.train.rating.values

# 評価値を予測したいテスト用データ中のユーザーと映画の組み合わせ
test_keys = dataset.test[["user_id", "movie_id"]]
# ランキング形式の推薦リスト作成のために学習用データに存在するすべてのユーザーと
# すべての映画の組み合わせ
train_all_keys =
user_movie_matrix.stack(dropna=False).reset_index()[["user_id",
                "movie_id"]]
```

次に特徴量を作成していきます。まずは、学習用データに存在するユーザーごとの評価値の最小値、最大値、平均値、及び、映画ごとの評価値の最小値、最大値、平均値を特徴量として追加してみます。学習には学習用データの情報しか使えないため、テスト用データにしか存在しないユーザーや映画の特徴量が欠損してしまいます。そこでここでは、学習用データ全体の平均評価値で埋めておくこととします。

```
# 特徴量を作成する
train_x = train_keys.copy()
test_x = test_keys.copy()
train_all_x = train_all_keys.copy()
```

```
# 学習用データに存在するユーザーごとの評価値の最小値、最大値、平均値
# 及び、映画ごとの評価値の最小値、最大値、平均値を特徴量として追加
aggregators = ["min", "max", "mean"]
user_features = dataset.train.groupby("user_id").rating.agg(
                aggregators).to_dict()
movie_features = dataset.train.groupby("movie_id").rating.agg(
                 aggregators).to_dict()
for agg in aggregators:
    train_x[f"u_{agg}"] = train_x["user_id"].map(user_features[agg])
    test_x[f"u_{agg}"] = test_x["user_id"].map(user_features[agg])
    train_all_x[f"u_{agg}"] =
train_all_x["user_id"].map(user_features[agg])
    train_x[f"m_{agg}"] = train_x["movie_id"].map(movie_features[agg])
    test_x[f"m_{agg}"] = test_x["movie_id"].map(movie_features[agg])
    train_all_x[f"m_{agg}"] =
train_all_x["movie_id"].map(movie_features[agg])
# テスト用データにしか存在しないユーザーや映画の特徴量を
# 学習用データ全体の平均評価値で埋める
average_rating = train_y.mean()
test_x.fillna(average_rating, inplace=True)
```

さらに、映画のジャンルの情報も使ってみましょう。ある映画が特定のジャンルに属するのか否かを表すbooleanの特徴量を追加します。

```
# 映画が特定のgenreであるかどうかを表す特徴量を追加
movie_genres = dataset.item_content[["movie_id", "genre"]]
genres = set(itertools.chain(*movie_genres.genre))
for genre in genres:
    movie_genres[f"is_{genre}"] = movie_genres.genre.apply(lambda x:
                                  genre in x)
movie_genres.drop("genre", axis=1, inplace=True)
train_x = train_x.merge(movie_genres, on="movie_id")
test_x = test_x.merge(movie_genres, on="movie_id")
train_all_x = train_all_x.merge(movie_genres, on="movie_id")
```

特徴量を作成できたのでランダムフォレストを用いて学習を行います。ユーザーや映画のIDはそのまま特徴量として用いると意図しない学習を行ってしまうため、消去してから学習を行うことに気をつけてください。

```
# 特徴量としては使わない情報を削除
train_x = train_x.drop(columns=["user_id", "movie_id"])
test_x = test_x.drop(columns=["user_id", "movie_id"])
train_all_x = train_all_x.drop(columns=["user_id", "movie_id"])

# Random Forestを用いた学習
reg = RFR(n_jobs=-1, random_state=0)
```

```
reg.fit(train_x.values, train_y)
```

ランダムフォレストが学習できたらテスト用データ内のユーザーと映画の組み合わせや、学習用データに存在するすべてのユーザーとすべての映画の組み合わせに対して評価値を予測します。

```
# テスト用データ内のユーザーと映画の組み合わせに対して評価値を予測する
test_pred = reg.predict(test_x.values)

movie_rating_predict = test_keys.copy()
movie_rating_predict["rating_pred"] = test_pred

# 学習用データに存在するすべてのユーザーとすべての映画の組み合わせに対して
# 評価値を予測する
train_all_pred = reg.predict(train_all_x.values)

pred_train_all = train_all_keys.copy()
pred_train_all["rating_pred"] = train_all_pred
pred_matrix = pred_train_all.pivot(index="user_id", columns="movie_id",
              values="rating_pred")

# ユーザーが学習用データ内で評価していない映画の中から
# 予測評価値が高い順に10件の映画をランキング形式の推薦リストとする
pred_user2items = defaultdict(list)
user_evaluated_movies = dataset.train.groupby("user_id").agg({
                        "movie_id": list})["movie_id"].to_dict()
for user_id in dataset.train.user_id.unique():
    movie_indexes = np.argsort(-pred_matrix.loc[user_id, :]).values
    for movie_index in movie_indexes:
        movie_id = user_movie_matrix.columns[movie_index]
        if movie_id not in user_evaluated_movies[user_id]:
            pred_user2items[user_id].append(movie_id)
        if len(pred_user2items[user_id]) == 10:
            break
```

こうして得られたテスト用データへの予測評価値やランキング形式の推薦リストの評価結果は以下のようになりました。

```
RMSE=0.988, Precision@K=0.000, Recall@K=0.001
```

RMSEの結果から、ランダム推薦や人気度順推薦よりかはテスト用データへの予測評価は正確に行えていることが分かります。一方で、ユーザー間型メモリベース法協調フィルタリングと比べると少し性能が劣るようです。また、Precision@KとRecall@Kの結果から、ランキング形式の推薦はあまりうまくいっていないようで、ランダム推薦と同程度の性能となっています。前節に続き今回も、評価数が少ないが評価が高いアイテムに対して、高い評価値が予測され、そのアイテムが推薦されてしまい、精度が悪化しています。評価数にある一定の敷居を設けることで回避することができます。

今回は説明のため最低限の単純な特徴量の作成しか行いませんでしたが、世の中にはさまざまな特徴量作成のテクニックがあり実務やデータ分析コンペで利用されています。本書では詳しく説明しませんが、『機械学習のための特徴量エンジニアリング』（オライリー・ジャパン、2019年）や『Kaggleで勝つデータ分析の技術』（技術評論者、2019年）などの書籍にさまざまなテクニックが説明されているので興味のある方は参考にしてみてください。

5.8　行列分解

5.8.1　行列分解の概要

モデルベース型の協調フィルタリングの手法である行列分解について解説していきます。一般的に、メモリベース型の協調フィルタリングに比べて、実装の観点で少し複雑ですが、推薦の性能が良いことが知られています。

行列分解という単語が示す範囲は広く、文献によって行列分解という単語が指している手法が違うことがあります。推薦システムにおける行列分解は広義の意味で、評価値行列を低次元のユーザー因子行列とアイテム因子行列に分解することを指します。ユーザーとアイテムを100次元ほどの低次元のベクトルで表現して、そのベクトルの内積値をユーザーとアイテムの相性としています。

この節では代表的なSVD、NMF、MF、IMF、BPR、FMの行列分解の手法を順に説明していきます。行列分解の手法を実務で使う際には「欠損値の取り扱い」と「評価値が明示的か暗黙的」という観点が非常に重要になってきます。ライブラリを利用して行列分解を利用する際には、それらの取り扱いがどのようになっているかを理解した上で、適切なデータを入力して学習させることが重要です（明示的評価と暗黙的評価の詳細については**4章**で解説しています）。

まずは、評価値が明示的な場合の行列分解について見ていきます。評価値が明示的とは、今回のMovieLensのデータのように、ユーザーがアイテムに対して明示的に評価したデータのことです。このような仕組みで得られたデータは、ユーザーが明示的に評価しているため質は高いです。

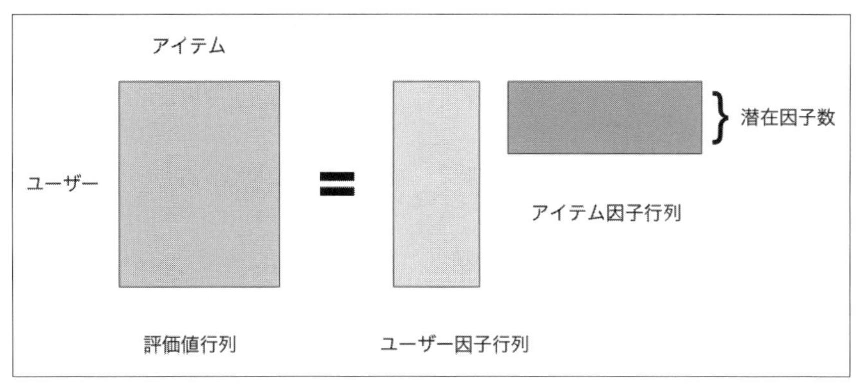

図5-12 行列分解の概念図

```
user_movie_matrix = movielens.train.pivot(index='user_id',
                    columns='movie_id', values='rating')
user_movie_matrix
```

movie_id	1	2	3	4	5	6	7	8	9	10	...	62000
user_id												
1	NaN	NaN	NaN	NaN	NaN	NaN	NaN	NaN	NaN	NaN	...	NaN
2	NaN	NaN	NaN	NaN	NaN	NaN	NaN	NaN	NaN	NaN	...	NaN
3	NaN	NaN	NaN	NaN	NaN	NaN	NaN	NaN	NaN	NaN	...	NaN
4	NaN	NaN	NaN	NaN	NaN	NaN	NaN	NaN	NaN	NaN	...	NaN
5	1.0	NaN	NaN	NaN	NaN	NaN	3.0	NaN	NaN	NaN	...	NaN
...	...	...	...	...	...	...	...	...	...	...	...	...
1048	NaN	NaN	NaN	NaN	NaN	NaN	NaN	NaN	NaN	NaN	...	NaN
1050	NaN	3.0	NaN	NaN	NaN	3.0	NaN	NaN	NaN	3.0	...	NaN
1051	5.0	NaN	3.0	NaN	3.0	NaN	4.0	NaN	NaN	NaN	...	NaN
1052	NaN	NaN	NaN	NaN	NaN	NaN	NaN	NaN	NaN	NaN	...	NaN
1053	5.0	NaN	NaN	NaN	NaN	NaN	NaN	NaN	NaN	NaN	...	NaN

1000 rows × 6673 columns

図5-13 MovieLensの評価行列

全ユーザーがそれぞれ全アイテムに評価しているわけではないので、全ユーザー×全アイテムの組み合わせの内ほんの一部のデータになります。たとえば、今回のMovieLensのデータでは、ユーザーが1000人、アイテムが6673個あり、2％のセルだけに評価値が格納されているスパースなデータになります。

```
user_num = len(user_movie_matrix.index)
item_num = len(user_movie_matrix.columns)
non_null_num = user_num*item_num -
user_movie_matrix.isnull().sum().sum()
non_null_ratio = non_null_num / (user_num*item_num)

print(f'ユーザー数={user_num}, アイテム数={item_num},
      密度={non_null_ratio:.2f}')
```

```
ユーザー数=1000, アイテム数=6673, 密度=0.02
```

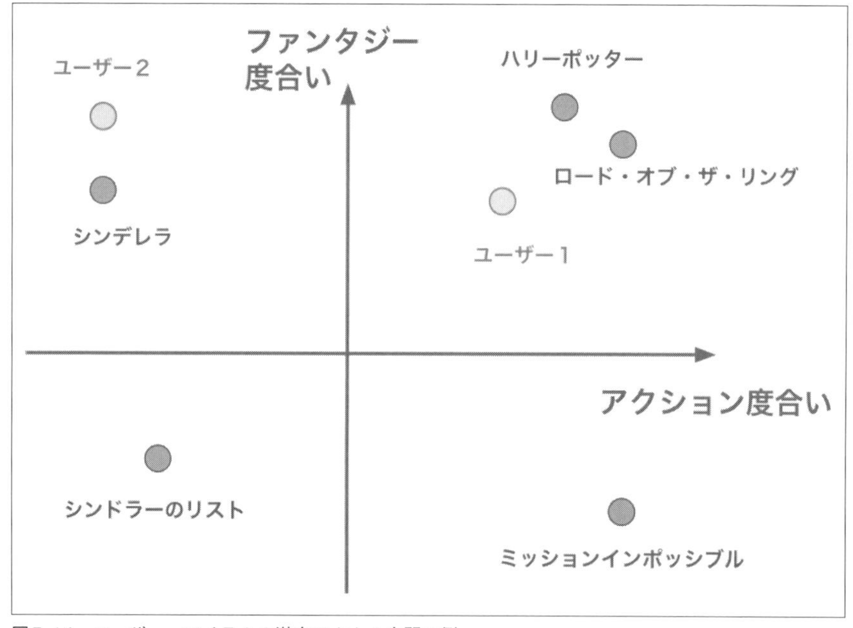

図5-14　ユーザー・アイテムの潜在ベクトル空間の例

この評価値行列が与えられたときに、ユーザーとアイテムを低次元のベクトルで表現する方法を考えます。現状、1人のユーザーは、映画数である6673次元のベクトルで表現されています。しかし、1人のユーザーや1つの作品を表現するのにそのような大きなベクトルでは冗長なため、低次元のベクトルで表現してみます。たとえば、映画をXY座標の2次元のベクトルで表現することを考えてみましょう。仮に、X軸をアクション度合い、Y軸はファンタジー度合いという軸とすると、ハリーポッターやロード・オブ・ザ・リングは、右上にくるでしょう。たとえばハリーポッターには、[0.9, 0.8]というような数値が割り振られます。アクション度合いが高くファンタジー物が好きなユーザーは、同じく右上の領域にプロットされます。各映画との相性は、ベクトルの内積を利用して計算されます。このように、映画とユーザーを情報を圧縮して低次元のベクトルで表現して、そのベクトル空間の中で、ユーザーの相性を測るのが行列分解の肝となります。今回は、アクション度合いとファンタジー度合いという2軸を例に挙げましたが、行列分解では、各次元が何を表すかを人が与えるのではなく、データから自動的に軸を構成します。各次元が、恋愛物というわかりやすい軸になっている場合もあれば、人には解釈が難しい軸になっている場合もあります。

5.8.2 特異値分解（SVD：Singular Value Decomposition）

では実際に評価値行列を分解する方法を見ていきましょう。まず単純な手法として、欠損している箇所に0または平均値を代入して、特異値分解（SVD：Singular Value Decomposition）で次元を削減する方法です。

```
user_movie_matrix.fillna(0)
```

movie_id	1	2	3	4	5	6	7	8	9	10	...	62000
user_id												
1	0.0	0.0	0.0	0.0	0.0	0.0	0.0	0.0	0.0	0.0	...	0.0
2	0.0	0.0	0.0	0.0	0.0	0.0	0.0	0.0	0.0	0.0	...	0.0
3	0.0	0.0	0.0	0.0	0.0	0.0	0.0	0.0	0.0	0.0	...	0.0
4	0.0	0.0	0.0	0.0	0.0	0.0	0.0	0.0	0.0	0.0	...	0.0
5	1.0	0.0	0.0	0.0	0.0	0.0	3.0	0.0	0.0	0.0	...	0.0
...	...	...	...	...	...	...	...	...	...	...	...	...
1048	0.0	0.0	0.0	0.0	0.0	0.0	0.0	0.0	0.0	0.0	...	0.0
1050	0.0	3.0	0.0	0.0	0.0	3.0	0.0	0.0	0.0	3.0	...	0.0
1051	5.0	0.0	3.0	0.0	3.0	0.0	4.0	0.0	0.0	0.0	...	0.0
1052	0.0	0.0	0.0	0.0	0.0	0.0	0.0	0.0	0.0	0.0	...	0.0
1053	5.0	0.0	0.0	0.0	0.0	0.0	0.0	0.0	0.0	0.0	...	0.0

1000 rows × 6673 columns

図5-15　欠損値を0で穴埋めした評価値行列

評価値行列Rを次のようにP、S、Qに分解します。

$$R = PSQ^T = \widehat{P}\widehat{Q}^T$$

$R \in \mathbb{R}^{n \times m}$が評価値行列で、それを$P \in \mathbb{R}^{n \times k}$、$S \in \mathbb{R}^{k \times k}$、$Q \in \mathbb{R}^{m \times k}$の3つの行列に分解します。$n$はユーザー数、$m$はアイテム数、$S$は対角成分のみに値を持つ対角行列です。$\widehat{P} = PS^{1/2}$、$\widehat{Q}^T = S^{1/2}Q^T$とすると、ユーザーの行列$\widehat{P}$とアイテムの行列$\widehat{Q}$が得られます。$S^{1/2}$は$S$の対角成分の平方根をとった行列です。ユーザー$u$のアイテム$i$に対する評価値の予測は、$\widehat{P}_u\widehat{Q}_i$として計算することができます。$i$番目のユーザーに推薦するアイテムは、まだ評価していないアイテムの中で、この予測値が高いアイテムになります。P、S、Qは次の目的関数を最小化することで得られます。

$$||R - PSQ^T||_{Fro}^2 = ||R - \widehat{P}\widehat{Q}^T||_{Fro}^2$$

こちらの式は、評価値行列と予測値行列の各成分の差の2乗を足し合わせたものです。

$$||A||^2_{Fro} = \sum_{i,j} A^2_{ij}$$

scipyのライブラリを使って、特異値分解してみます。

```
import scipy
import numpy as np

# 評価値をユーザー×映画の行列に変換。欠損値は、平均値で穴埋めする
user_movie_matrix = movielens.train.pivot(index='user_id',
                    columns='movie_id', values='rating')
user_id2index = dict(zip(user_movie_matrix.index,
                range(len(user_movie_matrix.index))))
movie_id2index = dict(zip(user_movie_matrix.columns,
                 range(len(user_movie_matrix.columns))))
matrix = user_movie_matrix.fillna(
         movielens.train.rating.mean()).to_numpy()

# 因子数kで特異値分解を行う
P, S, Qt = scipy.sparse.linalg.svds(matrix, k=5)

# 予測評価値行列
pred_matrix = np.dot(np.dot(P, np.diag(S)), Qt)

print(f"P: {P.shape}, S: {S.shape}, Qt: {Qt.shape}, pred_matrix:
      {pred_matrix.shape}")
```

今回は、潜在因子数を5として特異値分解を行います。各行列のサイズは次の通りになります。ユーザーuのアイテムiの予測評価値は、`pred_matrix[u, i]`となります。

```
P: (1000, 5), S: (5,), Qt: (5, 6673), pred_matrix: (1000, 6673)
```

この結果を使って、推薦してみましょう。

```
from util.models import RecommendResult, Dataset
from src.base_recommender import BaseRecommender
from collections import defaultdict
import scipy
import numpy as np
np.random.seed(0)
```

```
class SVDRecommender(BaseRecommender):
    def recommend(self, dataset: Dataset, **kwargs) -> RecommendResult:
        # 欠損値の穴埋め方法
        fillna_with_zero = kwargs.get("fillna_with_zero", True)
            factors = kwargs.get("factors", 5)
        # 評価値をユーザー×映画の行列に変換。欠損値は、平均値または0で穴埋めする
        user_movie_matrix = dataset.train.pivot(index="user_id",
                            columns="movie_id", values="rating")
        user_id2index = dict(zip(user_movie_matrix.index,
                        range(len(user_movie_matrix.index))))
        movie_id2index = dict(zip(user_movie_matrix.columns,
                         range(len(user_movie_matrix.columns))))
        if fillna_with_zero:
            matrix = user_movie_matrix.fillna(0).to_numpy()
        else:
            matrix = user_movie_matrix.fillna(dataset.train.rating.mean()).to_numpy()
        # 因子数kで特異値分解を行う
        P, S, Qt = scipy.sparse.linalg.svds(matrix, k=factors)
        # 予測評価値行列
        pred_matrix = np.dot(np.dot(P, np.diag(S)), Qt)
        # 学習用に出てこないユーザーや映画の予測評価値は、平均評価値とする
        average_score = dataset.train.rating.mean()
        movie_rating_predict = dataset.test.copy()
        pred_results = []
        for i, row in dataset.test.iterrows():
            user_id = row["user_id"]
            if user_id not in user_id2index or
            row["movie_id"] not in movie_id2index:
                pred_results.append(average_score)
                continue
            user_index = user_id2index[row["user_id"]]
            movie_index = movie_id2index[row["movie_id"]]
            pred_score = pred_matrix[user_index, movie_index]
            pred_results.append(pred_score)
        movie_rating_predict["rating_pred"] = pred_results
        # 各ユーザーに対するおすすめ映画は、そのユーザーがまだ評価していない映画の中から
        # 予測値が高い順にする
        pred_user2items = defaultdict(list)
        user_evaluated_movies = dataset.train.groupby("user_id").agg({
                                "movie_id": list})["movie_id"].to_dict()
        for user_id in dataset.train.user_id.unique():
            if user_id not in user_id2index:
                continue
            user_index = user_id2index[row["user_id"]]
            movie_indexes = np.argsort(-pred_matrix[user_index, :])
            for movie_index in movie_indexes:
                movie_id = user_movie_matrix.columns[movie_index]
                if movie_id not in user_evaluated_movies[user_id]:
                    pred_user2items[user_id].append(movie_id)
```

```
                if len(pred_user2items[user_id]) == 10:
                    break
        return RecommendResult(movie_rating_predict.rating_pred,
        pred_user2items)

if __name__ == "__main__":
    SVDRecommender().run_sample()
```

```
RMSE=3.335, Precision@K=0.009, Recall@K=0.029
```

この方法は欠損値を0で穴埋めしているため、推薦性能が悪いことが知られています。0を代入するとは、そのユーザーはそのアイテムに対して、嫌いという意思表示をしたことになります。しかし、評価値が欠損しているということは、ユーザーがまだ評価をしていないだけであって、そのアイテムを好きであるかもしれません。

また、スパースな行列なためほとんどが0で穴埋めされるため、予測評価値もほとんどが0付近になってしまい、RMSEのような指標は悪くなってしまいます。一方で、予測評価値の相対値には意味があり、Precision@KやRecall@Kのようなランキング指標では、ランダムのときよりかは性能が良くなっています。

0ではなく、平均の評価値を代入することもあります。

```
matrix = user_movie_matrix.fillna(
        movielens_train.rating.mean()).to_numpy()
```

で計算すると、

```
RMSE=1.046, Precision@K=0.013, Recall@K=0.043
```

となり、人気度順に比べて良い値となりました。また、SVDには、潜在因子数という重要なパラメータがあり、それを変化させると予測精度が変わります。潜在因子数が高いほど元の行列を復元するのに十分な表現力を持つため、予測精度が良くなります。一方で、潜在因子数が高すぎると過学習してしまう可能性があるため、一般的に数十〜数百の潜在因子数を設定します。ただ、今回使用したデータセットでは、ユーザー数が少なく、また、人気の映画をとりあえず予測しておくだけでも性能が良いという、言わば単純なデータセットなため、たとえば潜在因子数が2という小さい値でも、性能が良いです。

ユーザーやアイテム数が多い場合には、今回のように行列の持ち方ではなく、`scipy.sparse`ライブラリのスパース行列の形式で、0以外の値を持っているセルの情報のみを保持することが多いです。

5.8.3 非負値行列分解（NMF：Nonnegative Matrix Factorization）

また、非負値行列分解（NMF）という手法があります。前節のSVDは行列分解後の行列において、負の値を取ることがありますが、NMFは、行列分解をしたときに、ユーザーとアイテムの各ベクトルの要素が0以上になるという制約を入れたものになります。その制約があることによって、各ユーザーやアイテムのベクトルの解釈性が上がります。しかし、こちらも欠損値を0として穴埋めして適用する場合が多く、一般的に推薦性能が悪いです[†7]。

目的関数は、$||R - PQ^T||^2_{Fro}$ s.t $P \geqq 0, Q \geqq 0$であり、PとQの各要素が0以上となる制約がついています。$R \in \mathbb{R}^{n \times m}$が評価値行列で、$P \in \mathbb{R}^{n \times k}$、$Q \in \mathbb{R}^{m \times k}$の2つの行列に分解します。

```
from util.models import RecommendResult, Dataset
from src.base_recommender import BaseRecommender
from collections import defaultdict
import numpy as np
from sklearn.decomposition import NMF
np.random.seed(0)

class NMFRecommender(BaseRecommender):
    def recommend(self, dataset: Dataset, **kwargs) -> RecommendResult:
        # 欠損値の穴埋め方法
        fillna_with_zero = kwargs.get("fillna_with_zero", True)
        factors = kwargs.get("factors", 5)
        # 評価値をユーザー×映画の行列に変換。欠損値は、平均値または0で穴埋めする
        user_movie_matrix = dataset.train.pivot(index="user_id",
                                                columns="movie_id", values="rating")
        user_id2index = dict(zip(user_movie_matrix.index,
                                 range(len(user_movie_matrix.index))))
        movie_id2index = dict(zip(user_movie_matrix.columns,
                                  range(len(user_movie_matrix.columns))))
        if fillna_with_zero:
                matrix = user_movie_matrix.fillna(0).to_numpy()
        else:
                matrix = user_movie_matrix.fillna(
                                  dataset.train.rating.mean()).to_numpy()
        nmf = NMF(n_components=factors)
        nmf.fit(matrix)
        P = nmf.fit_transform(matrix)
        Q = nmf.components_
```

†7　欠損値を欠損したまま使う非負値行列分解もあります。

```
        # 予測評価値行列
        pred_matrix = np.dot(P, Q)
        # 学習用に出てこないユーザーや映画の予測評価値は、平均評価値とする
        average_score = dataset.train.rating.mean()
        movie_rating_predict = dataset.test.copy()
        pred_results = []
        for i, row in dataset.test.iterrows():
            user_id = row["user_id"]
            if user_id not in user_id2index or
            row["movie_id"] not in movie_id2index:
                pred_results.append(average_score)
                continue
            user_index = user_id2index[row["user_id"]]
            movie_index = movie_id2index[row["movie_id"]]
            pred_score = pred_matrix[user_index, movie_index]
            pred_results.append(pred_score)
        movie_rating_predict["rating_pred"] = pred_results
        # 各ユーザーに対するおすすめ映画は、そのユーザーがまだ評価していない映画の中から
        # 予測値が高い順にする
        pred_user2items = defaultdict(list)
        user_evaluated_movies = dataset.train.groupby("user_id").agg({
                               "movie_id": list})["movie_id"].to_dict()
        for user_id in dataset.train.user_id.unique():
            if user_id not in user_id2index:
                continue
            user_index = user_id2index[row["user_id"]]
            movie_indexes = np.argsort(-pred_matrix[user_index, :])
            for movie_index in movie_indexes:
                movie_id = user_movie_matrix.columns[movie_index]
                if movie_id not in user_evaluated_movies[user_id]:
                    pred_user2items[user_id].append(movie_id)
                if len(pred_user2items[user_id]) == 10:
                    break
        return RecommendResult(movie_rating_predict.rating_pred,
        pred_user2items)

if __name__ == "__main__":
    NMFRecommender().run_sample()
```

sklearnのライブラリにSVDのときと同じような前処理をして入力すると、PとQの非負値行列を取得でき、それらを使って予測することが可能です。

```
RMSE=3.340, Precision@K=0.010, Recall@K=0.032
```

欠損値を、平均値で穴埋めした場合は、

```
RMSE=1.045, Precision@K=0.012, Recall@K=0.040
```

となります。

スパースな明示的な評価値のデータに関しては、大規模なデータに対するライブラリの充実度合いや予測精度の観点で、SVDやNMFは避け、次節以降のアルゴリズムを使用することをおすすめします。

5.8.4 明示的な評価値に対する行列分解（MF：Matrix Factorization）

推薦システムの分野において、Matrix Factorizationは、SVDと異なり欠損値を穴埋めするようなことはなく、観測された評価値だけを使って行列分解する手法を指すことが多いです[†8]。Netflix社が開催した映画の評価値を予測するコンペティションでは、MFを用いた手法が提案され、成果を残しました。MFは大規模なデータでも高速で計算ができる改良手法がいくつも提案されており、SparkやBigQueryなどでも実装されています。

MFは、以下のような最適化問題として解きます。

$$\min_{p,q} \sum_{u,i \in R^+} \left(r_{ui} - p_u^T q_i\right)^2 + \lambda \left(||p_u||^2 + ||q_i||^2\right)$$

評価値行列Rが与えられたときに、式を最小化するユーザー因子行列$p \in \mathbb{R}^k$とアイテム因子行列$q \in \mathbb{R}^k$を求めます。式のλは、過学習を防ぐ正則化パラメータです。R^+は、観測された評価値のユーザーuとアイテムiの集合です。

この関数は、非凸であるため、一般的には解析的に解くことは難しいです。この解法として、Alternating Least Square（ALS）とStochastic Gradient Descent（SGD）による手法が提案されています。ALSでは、ユーザー因子行列とアイテム因子行列を交互に目的関数を最小化するように最適化していきます。SGDでは、入力データをサンプリングしてそのデータ点におけるユーザー因子行列とアイテム因子行列の勾配を計算して、pとqを勾配方向に沿って更新していきます。

この式の総和計算部分に着目すると、R^+という観測された評価値だけを用いて、ユーザーとアイテムのベクトルを求めています。この点が、SVDやNMFが欠損値に0を穴埋めしていたのと異なります。ユーザーとアイテムのベクトルが求まると、そのベクトルを使ってアイテムとユーザーの内積が計算でき、おすすめのアイテムを抽

†8 Yehuda Koren, Robert Bell, and Chris Volinsky, "Matrix factorization techniques for recommender systems," Computer 42.8 (2009): 30-37.

出することができます。

また、とあるユーザーは全体的に高めに評価するといったバイアスや、とあるアイテムは高めに評価されやすいといったバイアスを考慮したモデルも提案されています。b_uがユーザーのバイアスで、b_iがアイテムのバイアスになります。μはすべての評価値のバイアスです。

$$b_{ui} = \mu + b_u + b_i$$

$$\min_{p,q} \sum_{u,i \in R^+} \left(r_{ui} - (p_u^T q_i + b_{ui})\right)^2 + \lambda \left(||p_u||^2 + ||q_i||^2 + b_u^2 + b_i^2\right)$$

MovieLensのデータを使って、MFを試していきます。Surpriseというライブラリを利用します。Surpriseというライブラリでは、SVDという名前で、MFが実装されています。推薦システムのライブラリを使用する際には、ライブラリの実態を確認した上で、利用していくことが大切です。

```
from util.models import RecommendResult, Dataset
from src.base_recommender import BaseRecommender
from collections import defaultdict
import numpy as np
from surprise import SVD, Reader
import pandas as pd
from surprise import Dataset as SurpriseDataset
np.random.seed(0)

class MFRecommender(BaseRecommender):
    def recommend(self, dataset: Dataset, **kwargs) -> RecommendResult:
        # 因子数
        factors = kwargs.get("factors", 5)
        # 評価数のしきい値
        minimum_num_rating = kwargs.get("minimum_num_rating", 100)
        # バイアス項の使用
        use_biase = kwargs.get("use_biase", False)
        # 学習率
        lr_all = kwargs.get("lr_all", 0.005)
        # エポック数
        n_epochs = kwargs.get("use_biase", 50)
        # 評価数が100件以上ある映画に絞る
        filtered_movielens_train = dataset.train.groupby(
                                    "movie_id").filter(
            lambda x: len(x["movie_id"]) >= minimum_num_rating
        )
        # Surprise用にデータを加工
        reader = Reader(rating_scale=(0.5, 5))
        data_train = SurpriseDataset.load_from_df(
```

```
            filtered_movielens_train[["user_id", "movie_id",
                                      "rating"]], reader
        ).build_full_trainset()
        # Surpriseで行列分解を学習
        # SVDという名前だが特異値分解ではなく、Matrix Factorizationが実行される
        matrix_factorization = SVD(n_factors=factors, n_epochs=n_epochs,
                                   lr_all=lr_all, biased=use_biase)
        matrix_factorization.fit(data_train)
        def get_top_n(predictions, n=10):
            # 各ユーザーごとに、予測されたアイテムを格納する
            top_n = defaultdict(list)
            for uid, iid, true_r, est, _ in predictions:
                top_n[uid].append((iid, est))
            # ユーザーごとに、アイテムを予測評価値順に並べ上位n個を格納する
            for uid, user_ratings in top_n.items():
                user_ratings.sort(key=lambda x: x[1], reverse=True)
                top_n[uid] = [d[0] for d in user_ratings[:n]]
            return top_n
        # 学習データに出てこないユーザーとアイテムの組み合わせを準備
        data_test = data_train.build_anti_testset(None)
        predictions = matrix_factorization.test(data_test)
        pred_user2items = get_top_n(predictions, n=10)
        test_data = pd.DataFrame.from_dict(
            [{"user_id": p.uid, "movie_id": p.iid, "rating_pred": p.est}
            for p in predictions]
        )
        movie_rating_predict = dataset.test.merge(test_data,
                                   on=["user_id", "movie_id"], how="left")
        # 予測ができない箇所には、平均値を格納する
        movie_rating_predict.rating_pred.fillna(
        filtered_movielens_train.rating.mean(), inplace=True)
        return RecommendResult(movie_rating_predict.rating_pred,
        pred_user2items)

if __name__ == "__main__":
    MFRecommender().run_sample()
```

前処理として、評価数がある一定以上の映画に絞っています。評価数が少なく評価が高い映画が、上位にきてしまうのを防ぐためです。MFでは、SVDやNMFに対して、観測された評価値しか使用しないので、その映画に付与されている評価数が少なくても評価値が高いと、その映画をおすすめしてしまう傾向があります。このしきい値によって、おすすめされる映画は大きく異なってくるので、丁寧に調整していきましょう。

実際に、評価数のしきい値を設定せず、全データで学習すると

```
RMSE=0.934, Precision@K=0.005, Recall@K=0.016
```

という値になります。RMSEは今までのどの手法よりも良くなっていますが、ランキング手法はあまり良くありません。これは、RMSEを計算するときのテストデータの評価値の予測はうまくいっています。一方で、評価数が少ないアイテムに対しては、過学習してしまい、そのアイテムを上位に出してしまう傾向があり、ランキング指標のほうでは、良くない結果となっています。これを防ぐためには、評価数がある一定以上の映画に絞るか、アイテムに対する正則項を強めることで防ぐことができます。

評価数のしきい値を300に設定すると以下になります。

```
RMSE=1.140, Precision@K=0.016, Recall@K=0.054
```

SVDやNMFに比べて、性能が良い結果になりました。

Matrix Factorizationでは、潜在因子数とエポック数、正則化パラメータの調整が重要になってきます。また、Surpriseでは、biasedというパラメータがあり、ユーザーとアイテムのバイアス項を含むかを選ぶことができます。これらのパラメータは、グリッドサーチやベイズ最適化などを利用して、適切な値を求めていきます。

5.8.5 暗黙的な評価値に対する行列分解（IMF：Implicit Matrix Factorization）

次に、評価値が暗黙的な場合を考えます。暗黙的な評価値とは、商品詳細ページのクリックや動画の視聴などのユーザーが明示的に評価したわけでないユーザーの行動履歴になります。実務において推薦システムを作る場合には、明示的な評価値より暗黙的な評価値のデータのほうが取得が容易なことから、暗黙的な評価値がよく使われます。また、明示的な評価値には、1つ星や5つ星に評価が偏るバイアスがあり、推薦システムの学習が上手くいかないこともあります。その場合も、暗黙的な評価値を使って推薦システムを作ります。

また、今回の映画のデータセットのように、明示的なデータセットをあえて、評価値が4以上なら1それ以外なら0という風に、暗黙的な評価値に変換して、暗黙的な評価値の手法を試すこともあります。

明示的な評価と暗黙的な評価の違いは、前章でも紹介しましたが、暗黙的な評価の特徴を再掲すると、「負例がない」、「クリック数などのように評価値が取りうる値の範囲が広い」、「ノイズが多い」というものがあります。

このような特徴を持つ暗黙的な評価値に対して、前節の明示的評価用の式は適用できません。「Collaborative filtering for implicit feedback datasets」[†9]では、これらの性質をふまえて、暗黙的な評価値における行列分解が提案されました。暗黙的な評価値における観測値r_{ui}はユーザーuがアイテムiに対して何回行動したかを表します。たとえば、Amazonの閲覧データでは、ユーザーuが商品iを閲覧した回数がr_{ui}となります。

明示的な評価では、観測値はユーザーの好みを表していましたが、この暗黙的な評価の観測値はユーザーの好みを直接表しているものではありません。そのため、前節の明示的評価用の式をそのまま用いることはできません。

そこで、ユーザーuのアイテムiに対する好意を示す2値変数$\overline{r}_{ui}$を導入します。これは、r_{ui}を以下のように一度でも閲覧したか否かで二値化したものです。

$$\overline{r}_{ui} = \begin{cases} 1 \ (r_{ui} > 0) \\ 0 \ (r_{ui} = 0) \end{cases}$$

つまり、ユーザーuがアイテムiを一度でも閲覧していたら、ユーザーuはアイテムiに対して好意を持っていることを示しています。そして、この好意に対して、信頼度を定義します。つまり、その好意をどれだけ信頼して良いかを示すものです。これは、r_{ui}に比例する形で表現されます。信頼度c_{ui}は以下のようにr_{ui}にαという定数を掛けて、1を足したものになります。

$$c_{ui} = 1 + \alpha r_{ui}$$

繰り返し閲覧されているほど、好意の信頼度は上がります。たとえば、1回だけ閲覧されているより、100回閲覧されていたほうが、好意の信頼度は上がります。一方で、一度も閲覧されていない場合（$r_{ui} = 0$）は、信頼度は1となり一番低い値を取ります。これは、閲覧されていない理由には、好きではない以外にも、知らなかったなどの理由が考えられるため、信頼度は低くなります。このように、観測値r_{ui}を好意$\overline{r}_{ui}$とその好意の信頼度c_{ui}に分解することが、暗黙的な評価における行列分解の基礎的な考え方です。

行列分解の最適化の式は以下のようになります。

†9　Yifan Hu, Yehuda Koren, and Chris Volinsky, “Collaborative filtering for implicit feedback datasets,” 2008 Eighth IEEE International Conference on Data Mining, IEEE (2008).

$$\min_{p,q} \sum_{u}^{N} \sum_{i}^{M} c_{ui} \left(\overline{r}_{ui} - p_u^T q_i \right)^2 + \lambda \left(\sum_u ||p_u||^2 + \sum_i ||q_i||^2 \right)$$

観測値行列をユーザー因子行列とアイテム因子行列に分解している点は、明示的な評価の行列分解と同様です。しかし、次の2点が異なります。1つ目は、前節のMFの式では観測された評価値で総和を取っていたのに対して、IMFの式ではユーザーとアイテムのすべての組み合わせで総和をとっています。これは、暗黙的な評価には負例が無いことに起因しており、観測されていないものを負例とみなすことで学習しています。2つ目は、信頼度c_{ui}が重みとして入っています。これは、暗黙的な評価値が信頼度を示していることをモデル化したものです。たくさん閲覧されている場合はc_{ui}が大きくなり、r_{ui}=1のため、$p_u q_i^T$がより1に近くなるように学習されます。

実務で行列分解を使用する際には、SparkやGoogle MLなどのライブラリやサービスで実装されている行列分解が、明示的な行列分解なのか暗黙的な行列分解かを調べた上で適切に使用することが大切です。

implicitというライブラリを使って、計算していきます。

```
from util.models import RecommendResult, Dataset
from src.base_recommender import BaseRecommender
from collections import defaultdict
import numpy as np
import implicit
from scipy.sparse import lil_matrix
np.random.seed(0)

class IMFRecommender(BaseRecommender):
    def recommend(self, dataset: Dataset, **kwargs) -> RecommendResult:
        # 因子数
        factors = kwargs.get("factors", 10)
        # 評価数のしきい値
        minimum_num_rating = kwargs.get("minimum_num_rating", 0)
        # エポック数
        n_epochs = kwargs.get("use_biase", 50)
        # alpha
        alpha = kwargs.get("alpha", 1.0)
        filtered_movielens_train = dataset.train.groupby(
                                        "movie_id").filter(
            lambda x: len(x["movie_id"]) >= minimum_num_rating
        )
        # 行列分解用に行列を作成する
        movielens_train_high_rating = 
        filtered_movielens_train[dataset.train.rating >= 4]
        unique_user_ids = sorted(
```

```
                    movielens_train_high_rating.user_id.unique())
        unique_movie_ids = sorted(
                    movielens_train_high_rating.movie_id.unique())
        user_id2index = dict(zip(unique_user_ids,
                    range(len(unique_user_ids))))
        movie_id2index = dict(zip(unique_movie_ids,
                    range(len(unique_movie_ids))))
        movielens_matrix = lil_matrix((len(unique_movie_ids),
                    len(unique_user_ids)))
        for i, row in movielens_train_high_rating.iterrows():
            user_index = user_id2index[row["user_id"]]
            movie_index = movie_id2index[row["movie_id"]]
            movielens_matrix[movie_index, user_index] = 1.0 * alpha
        # モデルの初期化
        model = implicit.als.AlternatingLeastSquares(
            factors=factors, iterations=n_epochs,
            calculate_training_loss=True, random_state=1
        )
        # 学習
        model.fit(movielens_matrix)
        # 推薦
        recommendations = model.recommend_all(movielens_matrix.T)
        pred_user2items = defaultdict(list)
        for user_id, user_index in user_id2index.items():
            movie_indexes = recommendations[user_index, :]
            for movie_index in movie_indexes:
                movie_id = unique_movie_ids[movie_index]
                pred_user2items[user_id].append(movie_id)
        # IMFでは評価値の予測は難しいため、RMSEの評価は行わない
        # （便宜上、テストデータの予測値をそのまま返す）
        return RecommendResult(dataset.test.rating, pred_user2items)

if __name__ == "__main__":
    IMFRecommender().run_sample()
```

結果は、

```
Precision@K=0.026, Recall@K=0.080
```

となり、今までのアルゴリズムより高い値となっています。

暗黙的な行列分解の場合は、信頼度 c_{ui} のチューニングも重要になってきます。$1 + \alpha r_{ui}$ の α を変更すると、予測精度も変わります。また、r_{ui} の対数を取って $c_{ui} = \log(1 + \alpha r_{ui})$ としたり、重みの α をアイテムごとに変化させて、$c_{ui} = \log(1 + \alpha_i r_{ui})$ としたりします。データのスパース度合いや評価値の分布の偏りなどを調べて、保有しているデータに適した設計をすることが重要です。

5.8.6 BPR（Bayesian Personalized Ranking）

暗黙的な評価値を使った他の有名な手法に、BPR（Bayesian Personalized Ranking）があります[†10]。今までの手法と同じように、ユーザーuにはp_uというk次元のベクトルが割り当てられ、アイテムiにもq_iというk次元のベクトルが割り当てられます。これらのベクトルをBPRでは、（ユーザーu、暗黙的に評価したアイテムi、未観測なアイテムj）の3つのデータをもとに、学習していきます。次の目的関数を最大化するように、p_uとq_iを学習していきます。

$$\sum_{(u,i,j)\in R} \ln \sigma \left(p_u^T q_i - p_u^T q_j\right) - \lambda \left(\sum_u ||p_u||^2 + \sum_i ||q_i||^2 \right)$$

σはロジスティック関数で、$\sigma(x) = \frac{1}{1+\exp(-x)}$です。

この目的関数は、暗黙的に評価したアイテムiのほうが未観測なアイテムjに比べて、ユーザーは好きであろうという仮定のもと計算しています。直感的なイメージでは、ユーザーuのベクトルとアイテムiのベクトルを近づけ、ユーザーuのベクトルとアイテムjのベクトルを遠ざけるように学習します。これを繰り返すことで、似たアイテムのベクトルが近くになるようになります。

実務で使う際には、未観測なアイテムは大量にあるので、それらをすべて使うことは難しいため、未観測なアイテムjのサンプリングの仕方に工夫が必要です。単純にすべてのアイテムから一様にサンプリングする方法や、出現回数に従ってサンプリングする方法、クリックしたけど購入しなかったアイテムに絞ってサンプリングする方法などいくつもサンプリング方法があります[†11][†12]。

```
from util.models import RecommendResult, Dataset
from src.base_recommender import BaseRecommender
from collections import defaultdict
import numpy as np
import implicit
from scipy.sparse import lil_matrix
np.random.seed(0)
```

†10 Steffen Rendle, et al, “BPR: Bayesian personalized ranking from implicit feedback,” arXiv preprint arXiv:1205.2618 (2012).

†11 Babak Loni, et al, “Bayesian personalized ranking with multi-channel user feedback,” Proceedings of the 10th ACM Conference on Recommender Systems (2016).

†12 Jingtao Ding, et al, “An improved sampler for bayesian personalized ranking by leveraging view data,” Companion Proceedings of the The Web Conference 2018 (2018).

```
class BPRRecommender(BaseRecommender):
    def recommend(self, dataset: Dataset, **kwargs) -> RecommendResult:
        # 因子数
        factors = kwargs.get("factors", 10)
        # 評価数のしきい値
        minimum_num_rating = kwargs.get("minimum_num_rating", 0)
        # エポック数
        n_epochs = kwargs.get("use_biase", 50)
        filtered_movielens_train = dataset.train.groupby(
                                  "movie_id").filter(
            lambda x: len(x["movie_id"]) >= minimum_num_rating
        )
        # 行列分解用に行列を作成する
        filtered_movielens_train = dataset.train.groupby(
                                  "movie_id").filter(
            lambda x: len(x["movie_id"]) >= minimum_num_rating
        )
        movielens_train_high_rating =
        filtered_movielens_train[dataset.train.rating >= 4]
        unique_user_ids = sorted(
                          movielens_train_high_rating.user_id.unique())
        unique_movie_ids = sorted(
                           movielens_train_high_rating.movie_id.unique())
        user_id2index = dict(zip(unique_user_ids,
                         range(len(unique_user_ids))))
        movie_id2index = dict(zip(unique_movie_ids,
                          range(len(unique_movie_ids))))
        movielens_matrix = lil_matrix((len(unique_movie_ids),
                           len(unique_user_ids)))
        for i, row in movielens_train_high_rating.iterrows():
            user_index = user_id2index[row["user_id"]]
            movie_index = movie_id2index[row["movie_id"]]
            movielens_matrix[movie_index, user_index] = 1.0
        # モデルの初期化
        model = implicit.bpr.BayesianPersonalizedRanking(
                factors=factors, iterations=n_epochs)
        # 学習
        model.fit(movielens_matrix)
        # 推薦
        recommendations = model.recommend_all(movielens_matrix.T)
        pred_user2items = defaultdict(list)
        for user_id, user_index in user_id2index.items():
            movie_indexes = recommendations[user_index, :]
            for movie_index in movie_indexes:
                movie_id = unique_movie_ids[movie_index]
                pred_user2items[user_id].append(movie_id)
        # BPRでは評価値の予測は難しいため、RMSEの評価は行わない
        # （便宜上、テストデータの予測値をそのまま返す）
        return RecommendResult(dataset.test.rating, pred_user2items)
```

```
if __name__ == "__main__":
    BPRRecommender().run_sample()
```

結果は、

```
Precision@K=0.022, Recall@K=0.071
```

となり、高い結果となっています。

5.8.7 FM（Factorization Machines）

ここまで、評価値だけを使った手法を解説してきました。ここでは評価値だけでなく、ユーザーやアイテムの属性情報を使って、推薦システムの性能を上げる手法について紹介します。ユーザーやアイテムの属性情報を使うことで、新規のアイテムやユーザーに対して推薦ができないコールドスタート問題にも対応できるという利点があります。

Factorization Machines という手法が有名で幅広く利用されています[†13]。Factorization Machinesでは、入力するデータの形式が今までとは異なります。今までは、**図5-16**の左にあるように、ユーザー×アイテムの評価値行列でした。Factorization Machinesでは、1つの評価に対する情報が1行として表されます。行列は評価数×特徴量数になります。特徴量はユーザーIDをOne-hot-encoding[†14]したものとアイテムIDをOne-hot-encodingしたもの、ユーザーとアイテムの属性情報などの補助情報をつなげたものになります。たとえば、**図5-16**のユーザーu_1がアイテムi_1に4つ星の評価をしたときには、ユーザーu_1とアイテムi_1のところが1になり、それに追加して補助情報のa_1, a_2のところに値が入ります。補助情報は、ユーザーの年齢やアイテムが追加されてからの経過日数などです。そしてこのデータを使って、評価値yを予測していきます。

---

†13 Steffen Rendle, "Factorization machines," 2010 IEEE International conference on data mining, IEEE (2010).

†14 One-hot-encodingとは、カテゴリ変数を0と1の値を持つ新しい特徴量に変化する処理のことを指します。

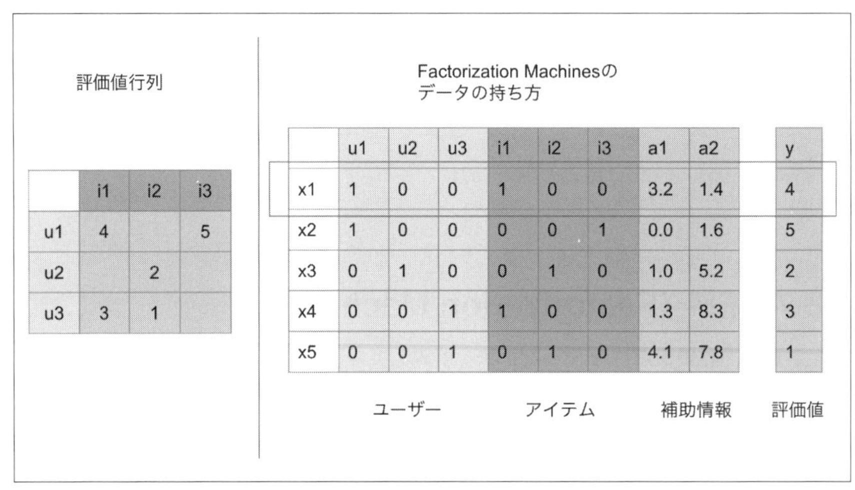

	i1	i2	i3
u1	4		5
u2		2	
u3	3	1	

	u1	u2	u3	i1	i2	i3	a1	a2	y
x1	1	0	0	1	0	0	3.2	1.4	4
x2	1	0	0	0	0	1	0.0	1.6	5
x3	0	1	0	0	1	0	1.0	5.2	2
x4	0	0	1	1	0	0	1.3	8.3	3
x5	0	0	1	0	1	0	4.1	7.8	1

図5-16 Factorization Machinesのデータ構造

Factorization Machinesの良いところは、特徴量同士の組み合わせも考慮することができる点です。たとえば、映画の推薦の場合、ユーザーの年齢と性別の組み合わせが重要な特徴量になる可能性があります。60歳の男性と10歳の女性では見るものが異なってきます。Factorization Machinesでは、年齢と性別を表す列を入れておくだけで、その組み合わせも考慮されます。

Factorization Machinesの式は次のようになります。

$$\widehat{y} = w_0 + \sum_{j=1}^{n} w_j x_j + \sum_{j=1}^{n} \sum_{k=j+1}^{n} \langle f_j, f_k \rangle x_j x_k$$

評価値yを求めるのに$x_j x_k$といった2次の項も含んで計算しています。通常、2次の項まで含んで回帰問題を解くと、重みのパラメータ数が特徴量の2乗に比例して増加していき、解くのが困難になります。Factorization Machinesでは、2次の項の重みを$\langle f_j, f_k \rangle$と表現することで、その問題を解決しています。Factorization Machinesでは、各特徴量jに対して、f_jというベクトルを持っています。たとえば、ユーザーu_1にはf_{u_i}が、アイテムi_1にはf_{i_1}、補助情報a_1にはf_{a_1}というベクトルが割り振られています。そして、各特徴量の交互作用の大きさはそれらのベクトルの内積で表現されます。たとえば、映画の推薦では、性別に対するベクトルがf_{sex}、年齢に対するベクトルがf_{age}と表現されて、性別と年齢の組み合わせに対する重みが

$\langle f_{sex}, f_{age} \rangle$となり、その値が大きいと、性別と年齢の組み合わせの情報は映画推薦に必要ということになります。このように、Factorization Machinesでは、特徴量の数を増やしても、2乗に比例してパラメータが増えるのではなく線形に増えていくので、いろいろな特徴量を足して実験するのが容易です。

xlearnというライブラリを使って、実装します。

```
from util.models import RecommendResult, Dataset
from src.base_recommender import BaseRecommender
from collections import defaultdict
import numpy as np
import xlearn as xl
from sklearn.feature_extraction import DictVectorizer
np.random.seed(0)

class FMRecommender(BaseRecommender):
    def recommend(self, dataset: Dataset, **kwargs) -> RecommendResult:
        # 因子数
        factors = kwargs.get("factors", 10)
        # 評価数のしきい値
        minimum_num_rating = kwargs.get("minimum_num_rating", 200)
        # エポック数
        n_epochs = kwargs.get("n_epochs", 50)
        # 学習率
        lr = kwargs.get("lr", 0.01)
        # 補助情報の利用
        use_side_information = kwargs.get("use_side_information", False)
        # 評価値がminimum_num_rating件以上ある映画に絞る
        filtered_movielens_train = dataset.train.groupby(
                                  "movie_id").filter(
            lambda x: len(x["movie_id"]) >= minimum_num_rating
        )
        # ユーザーが評価した映画
        user_evaluated_movies = (
            filtered_movielens_train.groupby("user_id").agg({"movie_id":
            list})["movie_id"].to_dict()
        )
        train_data_for_fm = []
        y = []
        for i, row in filtered_movielens_train.iterrows():
            x = {"user_id": str(row["user_id"]), "movie_id":
                 str(row["movie_id"])}
            if use_side_information:
                x["tag"] = row["tag"]
                x["user_rating_avg"] = np.mean(user_evaluated_movies[
                                          row["user_id"]])
            train_data_for_fm.append(x)
```

```
        y.append(row["rating"])
    y = np.array(y)
    vectorizer = DictVectorizer()
    X = vectorizer.fit_transform(train_data_for_fm).toarray()
    fm_model = xl.FMModel(task="reg", metric="rmse", lr=lr,
               opt="sgd", k=factors, epoch=n_epochs)
    # Start to train
    fm_model.fit(X, y, is_lock_free=False)
    unique_user_ids = sorted(
                  filtered_movielens_train.user_id.unique())
    unique_movie_ids = sorted(
                   filtered_movielens_train.movie_id.unique())
    user_id2index = dict(zip(unique_user_ids,
                 range(len(unique_user_ids))))
    movie_id2index = dict(zip(unique_movie_ids,
                  range(len(unique_movie_ids))))
    test_data_for_fm = []
    for user_id in unique_user_ids:
        for movie_id in unique_movie_ids:
            x = {"user_id": str(user_id), "movie_id": str(movie_id)}
            if use_side_information:
                tag = dataset.item_content[dataset.item_content.movie_id
                      == movie_id].tag.tolist()[0]
                x["tag"] = tag
                x["user_rating_avg"] = np.mean(
                                 user_evaluated_movies[row["user_id"]])
            test_data_for_fm.append(x)
    X_test = vectorizer.transform(test_data_for_fm).toarray()
    y_pred = fm_model.predict(X_test)
    pred_matrix = y_pred.reshape(len(unique_user_ids),
                len(unique_movie_ids))
    # 学習用に出てこないユーザーや映画の予測評価値は、平均評価値とする
    average_score = dataset.train.rating.mean()
    movie_rating_predict = dataset.test.copy()
    pred_results = []
    for i, row in dataset.test.iterrows():
        user_id = row["user_id"]
        if user_id not in user_id2index or
        row["movie_id"] not in movie_id2index:
            pred_results.append(average_score)
            continue
        user_index = user_id2index[row["user_id"]]
        movie_index = movie_id2index[row["movie_id"]]
        pred_score = pred_matrix[user_index, movie_index]
        pred_results.append(pred_score)
    movie_rating_predict["rating_pred"] = pred_results
    pred_user2items = defaultdict(list)
    for user_id in unique_user_ids:
        user_index = user_id2index[user_id]
```

```
            movie_indexes = np.argsort(-pred_matrix[user_index, :])
            for movie_index in movie_indexes:
                movie_id = unique_movie_ids[movie_index]
                if movie_id not in user_evaluated_movies[user_id]:
                    pred_user2items[user_id].append(movie_id)
                if len(pred_user2items[user_id]) == 10:
                    break
        return RecommendResult(movie_rating_predict.rating_pred,
        pred_user2items)

if __name__ == "__main__":
    FMRecommender().run_sample()
```

結果は、

```
RMSE=1.054, Precision@K=0.013, Recall@K=0.040
```

です。

次に、アイテムのタグ情報とユーザーの映画の平均評価値を付加して、性能が上がるかを見てみましょう。

```
recommend_result = recommender.recommend(movielens,
                                         use_side_information=True)
```

```
RMSE=1.068, Precision@K=0.015, Recall@K=0.050
```

となり、ランキング指標の精度は向上しています。補助情報の種類や作り方によって精度は変わってきますので、自社のデータに合わせて試行錯誤することが大切です。

5.9 自然言語処理手法の推薦システム応用

トピックモデル（LDA）やword2vecなどの自然言語処理の分野で提案された手法を推薦システムに応用する方法について解説していきます。これらの手法は自然言語処理の分野で提案されたもので、商品の説明文やユーザーのレビュー文を分析することで、コンテンツベースの推薦として似ている商品を探し出すことができます。また、これらの手法をユーザーの行動履歴に適用することで、協調フィルタリングベースの推薦も可能になります。本節では、自然言語処理手法自体の詳細には踏み込まず、それらの推薦システムへの活用方法を中心に説明します。手法自体の詳細が気になる方は、『トピックモデルによる統計的潜在意味解析』（コロナ社、2015年）や『トピックモデル』（講談社、2015年）をご参考ください。

5.9.1　トピックモデル

たとえば、新聞において、「サッカー」「野球」「ボール」「勝利」「完全試合」などの単語は、スポーツの記事でよく使われていて、「選挙」「税金」「支持率」「政党」などの単語は、政治の記事によく使われています。このように単語は文章のトピックによって、使われやすさが異なります。また、「サッカーワールドカップの入場料を無料にするという公約を掲げて選挙に出馬した」というような文章には、スポーツと政治の両方のトピックが入っています。トピックモデルでは、このように1つの文章は複数のトピックから構成され、それぞれのトピックから単語が選択され文章が生成されることをモデル化しています。

トピックモデルの中でも、実務で使うことが多い潜在ディリクレ配分モデル（LDA: Latent Dirichlet Allocation）について説明します[†15]。トピック分布にディリクレ分布を事前分布として仮定して、ベイズ推定したモデルになりますが、モデルの詳細には踏み込まず、LDAの概要を説明したあとに実務での使用用途について説明します。

LDAを日本語の文章に適用する際には、まずMeCabなどの形態素解析のライブラリを用いて文章を分割します。たとえば、次の文章は、

「ワールドカップで日本のサッカーチームが優勝した。」

「ワールドカップ、で、日本、の、サッカー、チーム、が、優勝、した、。」

のように分割されます。次に、助詞や句読点は除いて、名詞と形容詞だけを残すというような前処理を行います。どの品詞を残して、どの品詞を除外するかの判断は、ビジネスの目的によります。今回は、名詞だけを残して分析を進めることにします。

「ワールドカップ、日本、サッカー、チーム、優勝」

同じように、他の文章に関してもこの前処理を行うと次のようなデータになります。

「ワールドカップ、日本、サッカー、チーム、優勝」
「与党、支持率、低迷、選挙」

---

†15　David M. Blei, Andrew Y. Ng, and Michael I. Jordan, “Latent dirichlet allocation,” the Journal of machine Learning research 3 (2003): 993-1022.

「野球選手、選挙、出馬、表明」

このデータをLDAに入力すると、各トピックごとの単語分布と、文章のトピック分布が計算されます。LDAにデータを入力する際には、トピック数というパラメータを事前に決めておく必要があります。たとえば、トピック数を10にして計算すると、10のトピックが出てきて、それぞれのトピックで出やすい単語を知ることができます。LDAは教師なし学習で、文章から自動的に、トピックを計算するもので、1番目のトピックが実際にどれに対応するかは、そのトピックで出やすい単語を目で見て、「サッカーやバスケットボールという単語が出やすいので、スポーツのトピックに対応しそう」などと人手で確認する必要があります。トピックの数は、データ量にもよりますが、まずは10〜100のどれかで試したあとに、減らしたり増やしたりして定性的に納得する結果になるところで決めることも多いです。

計算結果の各トピックごとの単語分布とは、トピック1では、「サッカー」という単語が0.3の確率で生成されやすく、「選挙」という単語は0.001の確率で生成されやすいといったそのトピックでの単語の分布になっています。

また、文章のトピック分布とは、「ワールドカップ、日本、サッカー、チーム、優勝」という文章が、トピック1の割合が0.9でトピック2の割合が0.1であるという各トピックの割合を表しています。

MovieLensのタグとジャンル情報にLDAを適用して、コンテンツベースの推薦をしてみます。

```
import gensim
import logging
from gensim.corpora.dictionary import Dictionary

movie_content = movielens.item_content
# tagが付与されていない映画もあるが、genreはすべての映画に付与されている
# tagとgenreを結合したものを映画のコンテンツ情報として似ている映画を探して推薦する
# tagがない映画に関しては、NaNになっているので、空のリストに変換してから処理をする
movie_content['tag_genre'] = movie_content['tag'].fillna("").apply(list)
+ movie_content['genre'].apply(list)
movie_content['tag_genre'] = movie_content['tag_genre'].apply(lambda
x:list(map(str, x)))

# tagとgenreデータを使って、LDAを学習する
tag_genre_data = movie_content.tag_genre.tolist()

logging.basicConfig(format='%(asctime)s : %(levelname)s : %(message)s',
level=logging.INFO)
```

```
common_dictionary = Dictionary(tag_genre_data)
common_corpus = [common_dictionary.doc2bow(text) for text in
tag_genre_data]

# LDAの学習
lda_model = gensim.models.LdaModel(common_corpus,
id2word=common_dictionary, num_topics=50, passes=30)
lda_topics = lda_model[common_corpus]
```

LDAの学習が終わると、各トピックに登場しやすい単語を確認することができます。たとえば、こちらのトピックでは、ディズニーやアニメーションという単語が多く出ており、アニメのトピックということがわかります。

```
0.066*"disney" + 0.059*"animation" + 0.053*"pixar" + 0.036*"Animation" +
0.032*"Children" + 0.021*"fairy tale" + 0.017*"philip seymour hoffman" +
0.014*"talking animals" + 0.014*"disney animated feature" + 0.013*"fun"
```

5.9.2 LDAを利用したコンテンツベース推薦

次にLDAを用いてコンテンツベースの推薦を行う方法を説明します。たとえば、書籍のECサイトでは、書籍のあらすじのテキストデータを使うことができます。あらすじの文章をLDAに入力すると、ホラー、恋愛、SFといったトピックが出てきます。各文章には、トピックのベクトルが割り振られています。このベクトルを用いて、コサイン類似度などの距離計算をすることで、各書籍同士の類似度を測ることができます。これによって、関連アイテム推薦システムを作成することができます。

MovieLensのデータでは、まず、各映画に対して最も大きいスコアを持っているトピックを割り振ります。トイストーリーはトピック1、タイタニックはトピック5という具合です。次に、ユーザーが直近高評価した映画を10個取得して、それらのトピックを確認します。その中で最もたくさん出ていたトピックをユーザーが好きなトピックとします。そして、そのトピックの中で、まだ見ていない映画を10本おすすめします。

```
from util.models import RecommendResult, Dataset
from src.base_recommender import BaseRecommender
from collections import defaultdict
import numpy as np
import gensim
import logging
from gensim.corpora.dictionary import Dictionary
from collections import Counter
np.random.seed(0)
```

```
class LDAContentRecommender(BaseRecommender):
    def recommend(self, dataset: Dataset, **kwargs) -> RecommendResult:
        # 因子数
        factors = kwargs.get("factors", 50)
        # エポック数
        n_epochs = kwargs.get("n_epochs", 30)
        movie_content = dataset.item_content.copy()
        # tagが付与されていない映画もあるが、genreはすべての映画に付与されている
        # tagとgenreを結合したものを映画のコンテンツ情報として似ている映画を
        # 探して推薦していく
        # tagがない映画に関しては、NaNになっているので、
        # 空のリストに変換してから処理をする
        movie_content["tag_genre"] = movie_content[
                                     "tag"].fillna("").apply(list) +
                                     movie_content["genre"].apply(list)
        movie_content["tag_genre"] = movie_content[
                                     "tag_genre"].apply(lambda x:
                                     list(map(str, x)))
        # tagとgenreデータを使って、word2vecを学習する
        tag_genre_data = movie_content.tag_genre.tolist()
        logging.basicConfig(format="%(asctime)s : %(levelname)s :
        %(message)s", level=logging.INFO)
        common_dictionary = Dictionary(tag_genre_data)
        common_corpus = [common_dictionary.doc2bow(text) for text
                         in tag_genre_data]
        lda_model = gensim.models.LdaModel(
            common_corpus, id2word=common_dictionary,
            num_topics=factors, passes=n_epochs
        )
        lda_topics = lda_model[common_corpus]
        movie_topics = []
        movie_topic_scores = []
        for movie_index, lda_topic in enumerate(lda_topics):
            sorted_topic = sorted(lda_topics[movie_index],
                                  key=lambda x: -x[1])
            movie_topic, topic_score = sorted_topic[0]
            movie_topics.append(movie_topic)
            movie_topic_scores.append(topic_score)
        movie_content["topic"] = movie_topics
        movie_content["topic_score"] = movie_topic_scores
        movielens_train_high_rating =
        dataset.train[dataset.train.rating >= 4]
        user_evaluated_movies = dataset.train.groupby("user_id").agg({
                                "movie_id": list})["movie_id"].to_dict()
        movie_id2index = dict(zip(movie_content.movie_id.tolist(),
                         range(len(movie_content))))
        pred_user2items = defaultdict(list)
        for user_id, data in movielens_train_high_rating
        .groupby("user_id"):
```

```
            evaluated_movie_ids = user_evaluated_movies[user_id]
            movie_ids = data.sort_values("timestamp")[
                        "movie_id"].tolist()[-10:]
            movie_indexes = [movie_id2index[id] for id in movie_ids]
            topic_counter = Counter([movie_topics[i] for i
                                    in movie_indexes])
            frequent_topic = topic_counter.most_common(1)[0][0]
            topic_movies = (
                movie_content[movie_content.topic == frequent_topic]
                .sort_values("topic_score", ascending=False)
                .movie_id.tolist()
            )
            for movie_id in topic_movies:
                if movie_id not in evaluated_movie_ids:
                    pred_user2items[user_id].append(movie_id)
                if len(pred_user2items[user_id]) == 10:
                    break
        # LDAでは評価値の予測は難しいため、RMSEの評価は行わない
        # （便宜上、テストデータの予測値をそのまま返す）
        return RecommendResult(dataset.test.rating, pred_user2items)

if __name__ == "__main__":
    LDAContentRecommender().run_sample()
```

結果は以下のようになります。

```
Precision@K=0.004, Recall@K=0.012
```

ここで、注意が必要なのが、トピックが似ているからといって、購入や閲覧してくれるユーザー層が同じかというとそうでない場合があります。

タグ情報しか使っていないので、テキスト的には似ているけど、片方は若い人に好まれて、片方は高齢の方に好まれるといったことがあります。そこで、LDAをユーザーの行動履歴に適用して、協調フィルタリングベースで推薦システムを構築する方法を見ていきます。

5.9.3 LDAを利用した協調フィルタリング推薦

ユーザーの購入履歴や閲覧履歴などの行動履歴のデータは次のように表現できます。

```
User1: [item1, item41, item23, item4]
User2: [item52, item3, item1, item9]
```

各アイテムを単語とみなして、ユーザーが行動したアイテムの集合を文章とみなす

ことで、LDAを適用することが可能です。

出力される結果は、各トピックごとのアイテムの分布と各ユーザーごとのトピックになります。たとえば、「トピック1はitem23が0.3、item4が0.2…、」といったアイテムの分布と、「User1はトピック1:0.8、トピック2:0.1…、」といった結果が出てきます。

このベクトルを使うことで、User1はトピック1の成分が強いので、トピック1で出てきやすいアイテムを推薦するといったことが可能になります。また、アイテムに対しても、各トピックでの出現確率を並べたベクトルを作ることで、コサイン類似度などを用いた類似度計算が可能になり、関連アイテムの推薦も可能になります。

MovieLensのデータで推薦してみます。推薦方法は、各ユーザーごとに一番大きいトピックを抽出し、そのトピックで出てきやすく、そのユーザーがまだ評価してない映画を上から10個推薦するという方法です。

```
from util.models import RecommendResult, Dataset
from src.base_recommender import BaseRecommender
from collections import defaultdict
import numpy as np
import gensim
import logging
from gensim.corpora.dictionary import Dictionary
np.random.seed(0)

class LDACollaborationRecommender(BaseRecommender):
    def recommend(self, dataset: Dataset, **kwargs) -> RecommendResult:
        # 因子数
        factors = kwargs.get("factors", 50)
        # エポック数
        n_epochs = kwargs.get("n_epochs", 30)
        logging.basicConfig(format="%(asctime)s : %(levelname)s :
                            %(message)s", level=logging.INFO)
        lda_data = []
        movielens_train_high_rating =
        dataset.train[dataset.train.rating >= 4]
        for user_id, data in movielens_train_high_rating
        .groupby("user_id"):
            lda_data.append(data["movie_id"].apply(str).tolist())
        common_dictionary = Dictionary(lda_data)
        common_corpus = [common_dictionary.doc2bow(text) for text
                         in lda_data]
        lda_model = gensim.models.LdaModel(
            common_corpus, id2word=common_dictionary,
            num_topics=factors, passes=n_epochs
        )
```

```
        lda_topics = lda_model[common_corpus]
        user_evaluated_movies = dataset.train.groupby("user_id").agg({
                                "movie_id": list})["movie_id"].to_dict()
        pred_user2items = defaultdict(list)
        for i, (user_id, data) in enumerate(
        movielens_train_high_rating.groupby("user_id")):
            evaluated_movie_ids = user_evaluated_movies[user_id]
            user_topic = sorted(lda_topics[i], key=lambda x:
                         -x[1])[0][0]
            topic_movies = lda_model.get_topic_terms(user_topic,
                           topn=len(dataset.item_content))
            for token_id, score in topic_movies:
                movie_id = int(common_dictionary.id2token[token_id])
                if movie_id not in evaluated_movie_ids:
                    pred_user2items[user_id].append(movie_id)
                if len(pred_user2items[user_id]) == 10:
                    break
        # LDAでは評価値の予測は難しいため、RMSEの評価は行わない
        # （便宜上、テストデータの予測値をそのまま返す）
        return RecommendResult(dataset.test.rating, pred_user2items)

if __name__ == "__main__":
    LDACollaborationRecommender().run_sample()
```

```
Precision@K=0.024, Recall@K=0.075
```

となり、他のアルゴリズムと比べて遜色ない結果となりました。

行動履歴にLDAを適用することの利点としては、推薦システムを作るという目的以外にも、探索的データ解析（EDA）としてユーザーやアイテムに対する理解が深まります。行動履歴をベースに各アイテムをまとめてくれるので、商品の説明文では一見違いそうに見えても、実は一緒に購入されやすいアイテムを知ることができます。他にも、スーパーの購買履歴に対してLDAを適用すると、安い価格重視のトピックや無農薬などの健康を意識したトピックなどが出てくることもあり、マーケティングや商品開発にも役に立てることが可能です。

5.9.4 word2vec

「単語の意味はその周辺で出現している単語で決まる」という単語の意味に関する仮説があります。この仮説は分布仮説と呼ばれています。「本屋さんで買った○○を読んだら、面白かった」という文章では、○○に入る言葉として、「本」「漫画」「書籍」などがあります。これらの単語は、同じような文脈で出ることが多く、単語の意味も近いです。この分布仮説に基づいて、単語の意味をベクトルとして表現する方法

の1つにword2vecがあります[16]。「本」「漫画」「書籍」などの似ている単語は、似たベクトルを持つようになります。word2vecはいくつもの自然言語処理のタスクで好成績を収めており、実装も手軽であるため、実務で頻繁に使用されています。

word2vecを学習させると出力として、各単語のベクトルを得ることができます。その単語のベクトルを用いて単語の類似度を計算することができます。

LDAのときと同じように、word2vecを利用したコンテンツベースでの推薦と協調フィルタリングの推薦について説明していきます。

5.9.5 word2vecを利用したコンテンツベース推薦

書籍のECサイトでの推薦を考えます。書籍のあらすじに出てくる単語のベクトルの平均をその書籍のベクトルとします。それぞれの書籍のベクトル同士の類似度を計算することで、関連アイテムの推薦が可能になります。しかし、単純に平均を取るだけでは、「今日」や「私」などのよく出てくる単語と「宇宙」や「銀河系」などのその書籍に特徴的な単語が等しく扱われているため、特徴的な単語の影響度が薄いベクトルになってしまいます。そこで、tf-idfなどを手法を用いて、その文章に特徴的な単語だけを抽出して、平均のベクトルを取る方法や、tf-idfの重みを利用してベクトルを計算する方法があります。他にも、SWEMと呼ばれる手法[17]では、単語の平均ベクトルだけでなく、各次元の最大値や最小値を取り出した最大ベクトルや最小ベクトルを結合して、文章のベクトルとします。

また、word2vecの発展したものにdoc2vecと呼ばれる手法[18]があります。doc2vecでは単語のベクトル化だけでなく、文章自体にもベクトルを付与してくれます。また、ハイパーパラメータを適切に調整すれば、word2vecよりdoc2vecのほうが複数のタスクにおいてパフォーマンスが高いことが報告されています[19]。しかし、実務においては、word2vecのほうがリアルタイム推薦における計算速度が速く、ハイパーパラメータの調整が簡便です。そのため、まずはword2vecを使って推薦結果がどうなるかを確認されることをおすすめします。

---

†16 Tomas Mikolov, et al, "Distributed representations of words and phrases and their compositionality," Advances in neural information processing systems (2013).

†17 Dinghan Shen, et al, "Baseline needs more love: On simple word-embedding-based models and associated pooling mechanisms," arXiv preprint arXiv:1805.09843 (2018).

†18 Quoc Le, and Tomas Mikolov, "Distributed representations of sentences and documents," International conference on machine learning. PMLR (2014).

†19 Jey Han Lau, and Timothy Baldwin, "An empirical evaluation of doc2vec with practical insights into document embedding generation," arXiv preprint arXiv:1607.05368 (2016).

MovieLensのデータを使って、推薦してみます。

```
import gensim
import logging

# tagが付与されていない映画もあるが、genreはすべての映画に付与されている
# tagとgenreを結合したものを映画のコンテンツ情報として似ている映画を探して推薦する
# tagがない映画に関しては、NaNになっているので、空のリストに変換してから処理をする
movie_content['tag_genre'] = movie_content['tag'].fillna("").apply(list)
                             + movie_content['genre'].apply(list)
movie_content['tag_genre'] = movie_content['tag_genre'].apply(
                             lambda x:set(map(str, x)))

# tagとgenreデータを使って、word2vecを学習する
tag_genre_data = movie_content.tag_genre.tolist()
model = gensim.models.word2vec.Word2Vec(tag_genre_data, vector_size=100,
window=100, sg=1, hs=0, epochs=50, min_count=5)
```

word2vecの学習が終わると、タグを入力して、そのタグに似ているタグを確認することができます。たとえば、アニメというタグを入れると、スタジオジブリやアニメーションという近い意味のタグが出てくるので、ちゃんと学習されていることがわかります。

```
# animeタグに似ているタグを確認
model.wv.most_similar('anime')

[('studio ghibli', 0.7829612493515015),
 ('zibri studio', 0.7771063446998596),
 ('hayao miyazaki', 0.7442213892936707),
 ('miyazaki', 0.7281008362770081),
 ('pelicula anime', 0.7165544629096985),
 ('japan', 0.6417842507362366),
 ('Animation', 0.5572759509086609),
 ('wilderness', 0.48194125294685364),
 ('environmental', 0.45938557386398315),
 ('animation', 0.44960111379623413)]
```

このベクトルを利用して、ユーザーに映画を推薦していきます。まずは、各映画に対して、映画ベクトルを計算します。これは、映画に付与されているタグとジャンルのベクトルの平均とします。

次に、ユーザーのベクトルは、直近高く評価した5つの映画の映画ベクトルの平均とします。そして、そのユーザーのベクトルと最もコサイン距離が近い映画を探し、それをおすすめします。

```
from util.models import RecommendResult, Dataset
from src.base_recommender import BaseRecommender
import numpy as np
import gensim

np.random.seed(0)

class Word2vecRecommender(BaseRecommender):
    def recommend(self, dataset: Dataset, **kwargs) -> RecommendResult:
        # 因子数
        factors = kwargs.get("factors", 100)
        # エポック数
        n_epochs = kwargs.get("n_epochs", 30)
        # windowサイズ
        window = kwargs.get("window", 100)
        # スキップグラム
        use_skip_gram = kwargs.get("use_skip_gram", 1)
        # 階層的ソフトマックス
        use_hierarchial_softmax = kwargs.get(
                                    "use_hierarchial_softmax", 0)
        # 使用する単語の出現回数のしきい値
        min_count = kwargs.get("min_count", 5)
        movie_content = dataset.item_content.copy()
        # tagが付与されていない映画もあるが、genreはすべての映画に付与されている
        # tagとgenreを結合したものを映画のコンテンツ情報として似ている映画を
        # 探して推薦する
        # tagがない映画に関しては、NaNになっているので、
        # 空のリストに変換してから処理をする
        movie_content["tag_genre"] = movie_content[
                                       "tag"].fillna("").apply(list) +
                                       movie_content["genre"].apply(list)
        movie_content["tag_genre"] = movie_content[
                                       "tag_genre"].apply(lambda x:
                                       set(map(str, x)))
        # tagとgenreデータを使って、word2vecを学習する
        tag_genre_data = movie_content.tag_genre.tolist()
        model = gensim.models.word2vec.Word2Vec(
            tag_genre_data,
            vector_size=factors,
            window=window,
            sg=use_skip_gram,
            hs=use_hierarchial_softmax,
            epochs=n_epochs,
            min_count=min_count,
        )
        # 各映画のベクトルを計算する
        # 各映画に付与されているタグ・ジャンルのベクトルの平均を映画のベクトルとする
        movie_vectors = []
        tag_genre_in_model = set(model.wv.key_to_index.keys())
```

```
titles = []
ids = []
for i, tag_genre in enumerate(tag_genre_data):
    # word2vecのモデルで使用可能なタグ・ジャンルに絞る
    input_tag_genre = set(tag_genre) & tag_genre_in_model
    if len(input_tag_genre) == 0:
        # word2vecに基づいてベクトル計算できない映画には
        # ランダムのベクトルを付与
        vector = np.random.randn(model.vector_size)
    else:
        vector = model.wv[input_tag_genre].mean(axis=0)
    titles.append(movie_content.iloc[i]["title"])
    ids.append(movie_content.iloc[i]["movie_id"])
    movie_vectors.append(vector)
# 後続の類似度計算がしやすいように、numpyの配列で保持しておく
movie_vectors = np.array(movie_vectors)
# 正規化したベクトル
sum_vec = np.sqrt(np.sum(movie_vectors ** 2, axis=1))
movie_norm_vectors = movie_vectors / sum_vec.reshape((-1, 1))
def find_similar_items(vec, evaluated_movie_ids, topn=10):
    score_vec = np.dot(movie_norm_vectors, vec)
    similar_indexes = np.argsort(-score_vec)
    similar_items = []
    for similar_index in similar_indexes:
        if ids[similar_index] not in evaluated_movie_ids:
            similar_items.append(ids[similar_index])
        if len(similar_items) == topn:
            break
    return similar_items
movielens_train_high_rating = dataset.train[dataset.train.rating
                                >= 4]
user_evaluated_movies = dataset.train.groupby("user_id").agg({
                        "movie_id": list})["movie_id"].to_dict()
id2index = dict(zip(ids, range(len(ids))))
pred_user2items = dict()
for user_id, data in movielens_train_high_rating
.groupby("user_id"):
    evaluated_movie_ids = user_evaluated_movies[user_id]
    movie_ids = data.sort_values("timestamp")[
                "movie_id"].tolist()[-5:]
    movie_indexes = [id2index[id] for id in movie_ids]
    user_vector = movie_norm_vectors[movie_indexes].mean(axis=0)
    recommended_items = find_similar_items(user_vector,
                        evaluated_movie_ids, topn=10)
    pred_user2items[user_id] = recommended_items
# word2vecでは評価値の予測は難しいため、RMSEの評価は行わない
# （便宜上、テストデータの予測値をそのまま返す）
return RecommendResult(dataset.test.rating, pred_user2items)
```

```
if __name__ == "__main__":
    Word2vecRecommender().run_sample()
```

結果は、

```
Precision@K=0.010, Recall@K=0.033
```

と人気度推薦並の精度を出すことができます。

5.9.6 word2vecを利用した協調フィルタリング推薦（item2vec）

ユーザーの閲覧や購買などの行動履歴をword2vecに適用する方法を説明します。この方法はitem2vec†20やprod2vec†21と呼ばれ、実装の手軽さと推薦性能の高さからYahoo†21やAirbnb†22などの企業でも利用されています。

LDAのときと同じように、ユーザーの行動履歴を単語の集合とみなして、word2vecを適用します。このときに、アイテムをユーザーがアクションした順に並べることが大切です。word2vecでは、window_sizeというパラメータがあり、このアクション順序も考慮して学習してくれます。

```
User1: [item1, item41, item23, item4]
User2: [item52, item3, item1, item9]
```

学習が終わると、各単語に対してベクトルを得ることができます。

```
item1: [0.3, 0.1, 0.6….]
item2: [0.1, 0.9 0.2….]
```

このベクトルを用いることで、アイテム同士の類似度を計算することができ関連アイテムの推薦を実現します。また、このアイテムのベクトルを利用することで簡単にユーザーに対して推薦が可能になります。

ユーザーがすでに、item5とitem9を購入していた場合は、そのユーザーのベクト

†20 Oren Barkan, and Noam Koenigstein, “Item2vec: neural item embedding for collaborative filtering,” 2016 IEEE 26th International Workshop on Machine Learning for Signal Processing (MLSP), IEEE (2016).

†21 Mihajlo Grbovic, et al, “E-commerce in your inbox: Product recommendations at scale,” Proceedings of the 21th ACM SIGKDD international conference on knowledge discovery and data mining (2015).

†22 Mihajlo Grbovic, and Haibin Cheng, “Real-time personalization using embeddings for search ranking at airbnb,” Proceedings of the 24th ACM SIGKDD International Conference on Knowledge Discovery & Data Mining (2018).

ルをitem5とitem9の平均ベクトルとして表現して、そのベクトルと近いアイテムを推薦することが可能になります。このときに、ユーザーのベクトルの表現の仕方にはいくつかあります。

まずは、直近何個のアイテムを使ってそのユーザーを表現するかという観点です。たとえばファッションのECサイトで、ユーザーが過去に閲覧したすべてのアイテムのベクトルの平均を使うと、ユーザーの好みが移り変わっていた場合には良い推薦になりません。そのため、数年前に閲覧した服の情報は使わずに、最近閲覧したアイテムの情報だけを使ったほうが、予測精度は高まります。

どのくらい過去のデータを利用するかは、そのビジネスにおけるユーザーの嗜好の変化の速さに依存します。移り変わりが早い場合には、直近のアイテムだけを考慮して、移り変わりがあまりない場合には、昔のアイテムも考慮します。

また、過去にアクションしたアイテムを一律に扱うのではなく、直近行動したアイテムには大きな重みを与えてベクトルを計算する方法もあります。

このように、アイテムのベクトルを保持さえしていれば、ユーザーのベクトルは、そのアイテムのベクトルの四則演算で瞬時に計算ができるため、リアルタイムのオンライン推薦などのユースケースでも使われています。

```
from util.models import RecommendResult, Dataset
from src.base_recommender import BaseRecommender
import numpy as np
import gensim

np.random.seed(0)

class Item2vecRecommender(BaseRecommender):
    def recommend(self, dataset: Dataset, **kwargs) -> RecommendResult:
        # 因子数
        factors = kwargs.get("factors", 100)
        # エポック数
        n_epochs = kwargs.get("n_epochs", 30)
        # windowサイズ
        window = kwargs.get("window", 100)
        # スキップグラム
        use_skip_gram = kwargs.get("use_skip_gram", 1)
        # 階層的ソフトマックス
        use_hierarchial_softmax = kwargs.get("use_hierarchial_softmax",
                                             0)
        # 使用する単語の出現回数のしきい値
        min_count = kwargs.get("min_count", 5)
        item2vec_data = []
        movielens_train_high_rating = dataset.train[dataset.train.rating
```

```
                                        >= 4]
        for user_id, data in movielens_train_high_rating
        .groupby("user_id"):
            # 評価された順に並び替える
            # item2vecではwindowというパラメータがあり、
            # itemの評価された順番も重要な要素となる
            item2vec_data.append(data.sort_values("timestamp")["movie_id"].tolist())
        model = gensim.models.word2vec.Word2Vec(
            item2vec_data,
            vector_size=factors,
            window=window,
            sg=use_skip_gram,
            hs=use_hierarchial_softmax,
            epochs=n_epochs,
            min_count=min_count,
        )
        pred_user2items = dict()
        for user_id, data in movielens_train_high_rating
        .groupby("user_id"):
            input_data = []
            for item_id in data.sort_values("timestamp")["movie_id"]
            .tolist():
                if item_id in model.wv.key_to_index:
                    input_data.append(item_id)
            if len(input_data) == 0:
                # おすすめ計算できない場合は空配列
                pred_user2items[user_id] = []
                continue
            recommended_items = model.wv.most_similar(input_data,
                                topn=10)
            pred_user2items[user_id] = [d[0] for d in recommended_items]
        # word2vecでは評価値の予測は難しいため、RMSEの評価は行わない
        # （便宜上、テストデータの予測値をそのまま返す）
        return RecommendResult(dataset.test.rating, pred_user2items)

if __name__ == "__main__":
    Item2vecRecommender().run_sample()
```

結果は、

```
Precision@K=0.028, Recall@K=0.087
```

となり、他のアルゴリズムと遜色がない結果です。

ハイパーパラメータは、コンテンツベース推薦のところで取り上げたものをチューニングしていきます。word2vecをテキストに適用した場合と、行動履歴に適用した

場合では、最適なハイパーパラメータの傾向が異なることが報告されています[†23]。そのため、自然言語処理の論文で、このハイパーパラメータは○○にすると良いと記述されていても、行動履歴に適用したword2vecには当てはまらないことがあります。自社のデータでハイパーパラメータをチューニングしていくのが大切です。

アイテムを単語として、ユーザーの行動履歴を文章としてみなすことで、自然言語処理の手法を協調フィルタリング型の推薦として適用できることを解説しました。今回紹介した手法以外にも、Bidirectional Encoder Representations from Transformers (BERT) と呼ばれるモデル[†24]をユーザーの行動履歴に適用した事例[†25]も出ています。BERTは、翻訳や文書分類、質問応答などの自然言語処理のタスクで2018年当時に1番の成績を収めたモデルです。今後も自然言語処理の分野で多くの手法が出てきますが、そのときに、この手法をユーザーの行動履歴に適用するとどうなるかという観点で考えると、新しい推薦システム開発に繋がるでしょう。

5.10 深層学習（Deep Learning）

深層学習（Deep Learning）は、2010年代前半に、コンピュータービジョンや自然言語処理などの分野で、従来の手法を大幅に超える性能を出したことで注目を集めました。今日に至るまで、産業界とアカデミアで、さまざまな分野での深層学習の研究が盛んに行われています。

深層学習の推薦システムへの応用は、2015年頃から研究が増え始めています。2016年には、推薦システムの国際学会RecSysでも、「Deep Learning for Recommender System」というワークショップがはじめて開催されました[†26]。

この節では、深層学習を活用した推薦システムの概要を説明します。各手法の詳細には踏み込まず、実務での使用方針を中心に解説します。また、アルゴリズムの実装においても、PyTorchやTensorFlowを活用したライブラリが公開されていますが、

---

†23 Hugo Caselles-Dupré, Florian Lesaint, and Jimena Royo-Letelier, “Word2vec applied to recommendation: Hyperparameters matter,” Proceedings of the 12th ACM Conference on Recommender Systems (2018).

†24 Jacob Devlin, et al, “Bert: Pre-training of deep bidirectional transformers for language understanding,” arXiv preprint arXiv:1810.04805 (2018).

†25 Fei Sun, et al, “BERT4Rec: Sequential recommendation with bidirectional encoder representations from transformer,” Proceedings of the 28th ACM international conference on information and knowledge management (2019).

†26 Alexandros Karatzoglou, et al, “RecSys' 16 Workshop on Deep Learning for Recommender Systems (DLRS),” Proceedings of the 10th ACM Conference on Recommender Systems (2016).

深層学習のライブラリの進化は早いため、本書では概要に留めます。今までの節で紹介した各アルゴリズムを利用するコードを参考いただくと、深層学習の各ライブラリにもすぐ活用できます。

深層学習そのものが気になる方は、『ゼロから作るDeep Learning：Pythonで学ぶディープラーニングの理論と実装』（オライリー・ジャパン、2016年）を、深層学習を活用した推薦システムが気になる方は「Deep Learning based Recommender System: A Survey and New Perspectives」のサーベイ論文[†27]をご参照ください。

5.10.1 深層学習を活用した推薦システム

深層学習を推薦システムに活用する方法は、実務においては、主に次の2種類があります。

- 画像や文章などの非構造データからの特徴量抽出器としての活用
- 複雑なユーザー行動とアイテム特徴量のモデリング

5.10.1.1 画像や文章などの非構造データからの特徴量抽出器としての活用

深層学習は、画像解析や自然言語処理の分野で多くのモデルが提案され、大きな成果を残してきました[†28][†29]。それらのモデルは、多層のレイヤー構造になっており、分類問題などのタスクを解くために必要な特徴が、各レイヤーで抽出されていきます。つまり、入力データから、余分な情報を削り、タスクを解くのに必要な情報にレイヤーを通して圧縮していると考えることもできます。

たとえば、1枚の画像が40ピクセル×40ピクセル×RGBだとすると、40×40×3=4800次元のベクトルで表現できます。学習済みのモデルを利用することで、この画像を入力すると、最終層のレイヤーの数百次元のベクトルを取得することができます。元の画像のベクトルをそのまま使うより、一般的にベクトルの次元が少なくて済

†27 Shuai Zhang, et al, "Deep learning based recommender system: A survey and new perspectives," ACM Computing Surveys (CSUR) 52.1 (2019): 1-38.

†28 Alex Krizhevsky, Ilya Sutskever, and Geoffrey E. Hinton, "Imagenet classification with deep convolutional neural networks,"Advances in neural information processing systems 25 (2012): 1097-1105.

†29 Fei Sun, et al, "BERT4Rec: Sequential recommendation with bidirectional encoder representations from transformer," Proceedings of the 28th ACM international conference on information and knowledge management (2019).

み、似た画像では距離が近いベクトルとなります。たとえば、同じ猫の画像でも、その猫の画像が少しでも横にずれていたり、回転していたりすると、画像のベクトルは距離が遠いのものとなります。一方で、それらの画像を学習済みモデルに入力して、最終層のレイヤーのベクトルを取得すると、距離が近いベクトルになります。

画像と同じように、自然言語においても、Bag of Wordsで表現すると、「スマホ」と「スマートフォン」が別の単語と表現されてしまいますが、学習済みのモデルを使うと、距離が近いベクトルで表現されます。

このように画像や文章の生データをそのまま使用するのに比べ、深層学習の学習済みモデルを活用することで、画像や文章の類似性が維持された低次元のベクトルを取得することができます。

今までのコンテンツベースの推薦システムでは、画像や音楽、動画、テキストに関しては、カテゴリ情報やタグ情報を元に推薦を行ってきました。タグ情報やカテゴリ情報は、人手でつけることも多く、カテゴリやタグの粒度や網羅性が適切でない場合もあり、それを元にした推薦システムの精度は良くありませんでした。

深層学習を活用することで、カテゴリやタグ情報ではなく、アイテムのコンテンツ自体の類似度を計算して、推薦することができます。たとえば、Instagramでは画像の雰囲気が似ている画像を推薦[†30]していたり、Spotifyでは音楽の曲調が似ている音楽を推薦[†31]していたりします。深層学習を利用するとコンテンツベースの推薦の性能が高まり、コールドスタート問題の解決に繋がります。

5.10.1.2　複雑なユーザー行動とアイテム特徴量のモデリング

推薦システムにおける深層学習の強みは主に次の2つがあります。

- 非線形データのモデリング
- 時系列データのモデリング

非線形データのモデリング

深層学習は、データの非線形性を学習することができます。複雑なユーザーの行動やアイテムの特徴量を学習することができます。ここでは3つ深層学習の手法を簡単

†30　Andrew Zhai, et al. "Visual discovery at pinterest," Proceedings of the 26th International Conference on World Wide Web Companion (2017).

†31　Sander Dieleman, "Recommending music on Spotify with deep learning," Sander Dieleman (2014).

に紹介します。

前節で紹介したMatrix Factorizationは、ユーザーとアイテムをベクトルで表現して、その内積を利用するというもので、線形なモデリングとなっています。しかし、実際のユーザーの行動は複雑で、線形なモデルでは表現できないことも多いです。そこで、深層学習を組み込むことで、ユーザーの複雑な行動を表現することができます。**図5-17**は、Matrix Factorizationを深層学習化したNeural Collaborative Filtering[†32]の概念図です。こちらのアーキテクチャは今までのMatrix Factorizationを包括する一般化したフレームワークになります。ニューラルネットワークの層が多層になっていることで、ユーザーとアイテムの複雑なデータを学習することができ、既存のMatrix Factorizationより高い予測精度を出しています。

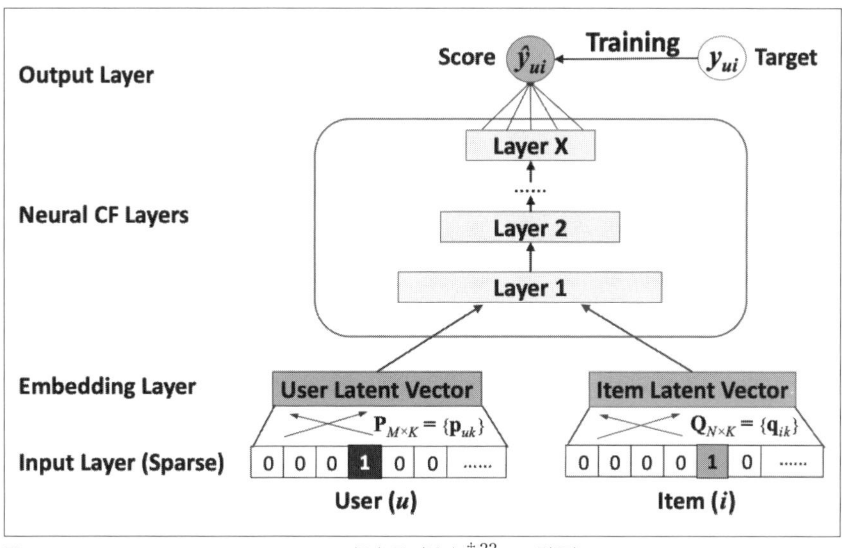

図5-17 Neural Collaborative Filteringの概念図（論文[†33]より引用）

DeepFMは、Factorization Machinesを深層学習化した手法になります。アイテムやユーザーの特徴量に対して、特徴量エンジニアリングが必要なく、そのままモデ

†32 Xiangnan He, et al, "Neural collaborative filtering," Proceedings of the 26th international conference on world wide web (2017).

†33 Xiangnan He, et al, "Neural collaborative filtering," Proceedings of the 26th international conference on world wide web (2017).

ルに入力することができます。モデル内では、高次の各特徴量の組み合わせも学習してくれます。

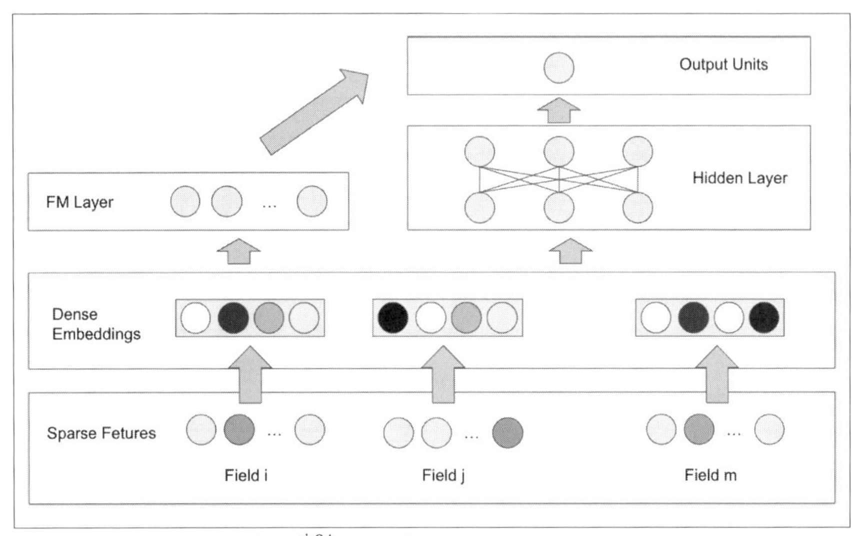

図5-18 DeepFMの概念図（論文[†34]より引用）

最後に、Googleが発表したWide and Deep[†35]という手法を紹介します。**図5-19**のように、ネットワークがWideパートとDeepパートの2つから構成されています。図の左側のWideパートでは、アイテムやユーザーの特徴量を入力として、1層の線形モデルを介しています。こちらのパートでは、よく共起するような特徴量の組み合わせを学習することができます。一方で右側のDeepパートでは、Embeddingの層を組み込み、多層にすることでより一般化した抽象的な表現を取得することができます。この2つのパートを組み合わせたことによって、予測精度を向上しながら多様性のある推薦を可能にしています。実際に、Google Playのアプリ推薦で実装され、学習時間や予測速度の制約を満たしつつ、アプリのインストール数が増加したと報告されています。このアルゴリズムは、GoogleのAI Platform上で利用することが可能です。

†34 Huifeng Guo, et al, "DeepFM: a factorization-machine based neural network for CTR prediction," arXiv preprint arXiv:1703.04247 (2017).

†35 Heng-Tze Cheng, et al, "Wide & deep learning for recommender systems," Proceedings of the 1st workshop on deep learning for recommender systems (2016).

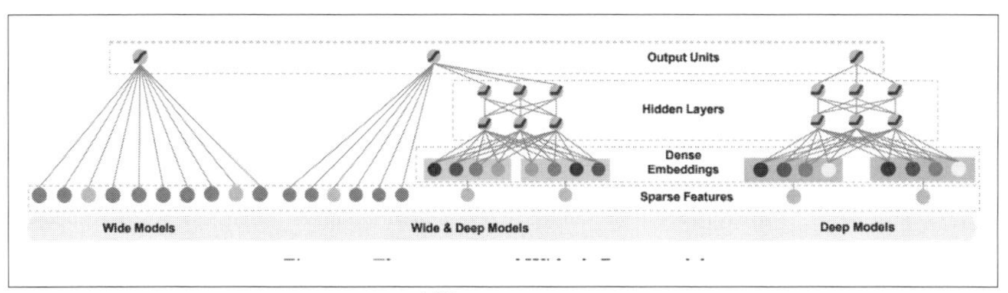

図5-19 Wide and Deepの概念図（論文[†35]より引用）

このように深層学習では、ネットワークを柔軟に設計することで、複雑なユーザーの行動やアイテムの特徴を学習することができます。

時系列データのモデリング

また、RNN（Recurrent Neural Network）[†36]やLSTM（Long Short-Term Memory）[†37]をはじめとする系列の情報の取り扱いに長けた手法が提案されています。RNNやLSTMは、自然言語処理の分野で提案された手法で、単語列を入力すると、次に生成されそうな単語を教えてくれます。前節の、自然言語処理の推薦システム応用の節でも紹介しましたが、ユーザーがクリックしたアイテムのリストを単語の系列とみなすことで、これらの自然言語処理の手法を応用することが可能です。

近年では、YouTubeやSpotifyをはじめとしてユーザー単位ではなくてセッションごとに推薦することの需要が高まっており、これらの系列情報に特化した深層学習の手法が活用されています[†38]。

表5-4は、各自然言語処理手法を行動履歴のデータに適用した推薦アルゴリズムです。

†36 David E. Rumelhart, Geoffrey E. Hinton, and Ronald J. Williams, “Learning representations by back-propagating errors,” nature 323.6088 (1986): 533-536.

†37 Sepp Hochreiter, and Jürgen Schmidhuber, “Long short-term memory,” Neural computation 9.8 (1997): 1735-1780.

†38 Balázs Hidasi, et al. “Session-based recommendations with recurrent neural networks,” arXiv preprint arXiv:1511.06939 (2015).

表5-4　各自然言語処理手法とそれを行動履歴のデータに適用した推薦アルゴリズム

自然言語処理手法	推薦アルゴリズム
RNN	Session-based recommendations with recurrent neural networks. †39
word2vec	item2vec: neural item embedding for collaborative filtering †40. E-commerce in Your Inbox: Product Recommendations at Scale. †41
BERT	BERT4Rec: Sequential recommendation with bidirectional encoder representations from transformer. †42

5.10.2　実装

深層学習の推薦アルゴリズムを実装したPythonのライブラリを紹介します。それぞれのライブラリごとに、学習データのフォーマットや計算時間、GPU利用有無などが異なるので、自社の環境に合わせてライブラリを選定ください。各ライブラリに応じた学習データの前処理などは、前章でのコードをご参考ください。

表5-5　深層学習の推薦アルゴリズムのライブラリ一覧

ライブラリ名	URL	概要
Recommenders	https://github.com/microsoft/recommenders	マイクロソフト社による推薦アルゴリズムのライブラリで、MFやBPRなどの古典的手法から、最新の深層学習の推薦アルゴリズムが多数実装されており、GPUやSparkを利用したモデルも提供されている
Spotlight	https://github.com/maciejkula/spotlight	PyTorchベースの推薦アルゴリズムのライブラリで、深層学習だけでなく、浅い（Shallow）モデルも構築可能で、新しい推薦アルゴリズムのプロタイプの作成が容易
RecBole	https://recbole.io/	PyTorchベースの推薦アルゴリズムのライブラリで、70を超える推薦アルゴリズムが実装されている

†39　Balázs Hidasi, et al, “Session-based recommendations with recurrent neural networks,” arXiv preprint arXiv:1511.06939 (2015).

†40　Oren Barkan, and Noam Koenigstein, “Item2vec: neural item embedding for collaborative filtering,” 2016 IEEE 26th International Workshop on Machine Learning for Signal Processing (MLSP), IEEE (2016).

†41　Mihajlo Grbovic, et al, “E-commerce in your inbox: Product recommendations at scale,” Proceedings of the 21th ACM SIGKDD international conference on knowledge discovery and data mining (2015).

†42　Fei Sun, et al, “BERT4Rec: Sequential recommendation with bidirectional encoder representations from transformer,” Proceedings of the 28th ACM international conference on information and knowledge management (2019).

5.10.3 実務での深層学習の活用

「特徴量抽出器としての活用」と「予測モデルとしての活用」の2点について紹介します。

5.10.3.1 特徴量抽出器としての活用

実務で使う際には、学習済みモデルを探し、それを自社のアイテムに適用して、特徴量を抽出します。たとえば、画像だったらImageNetなどで学習したモデルを利用します。各アイテムの画像に対して、数百次元のベクトルを取得することができます。そのベクトルを単純に使用して、似ているアイテムを探し出すこともできますし、そのベクトルをアイテムの特徴量の1つとして、前章で紹介した回帰モデルを適用することができます。

文章の場合は、Wikipediaなどのデータで学習されたword2vecやBERTのモデルを使用することができます。それを使うことで、アイテムの説明文やユーザーの口コミ文章をベクトル化することができ、アイテムの推薦を行うことが可能です。

学習済みモデルを選ぶ際には、自社のデータに類似するデータで学習したモデルがあれば、それを使うことをおすすめします。たとえば、求人サイトでの求人票の推薦では、求人データで学習したword2vecやBERTのモデルがあれば、それを利用することで、求人票ならではの単語を上手く表現することができます。しかし、そのような学習済みモデルが公開されていることは多くありません。その場合は、自社のデータで、深層学習を使って1から学習させるか、学習済みモデルをファインチューニングすることで対応します。

5.10.3.2 予測モデルとしての活用

次に、予測モデルとしての深層学習の実務での利用方法について紹介します。深層学習は万能で性能が高く見えるかもしれませんが、実務で使用する際には注意が必要です。2019年のRecSysのベストペーパー「Are We Really Making Much Progress? A Worrying Analysis of Recent Neural Recommendation Approaches」という論文[†43]では、近年提案された深層学習の推薦システムのほとんどが、単純なk近傍の推薦システムをハイパーパラメータチューニングしたものより精度が悪いと

†43 Maurizio Ferrari Dacrema, Paolo Cremonesi, and Dietmar Jannach, “Are we really making much progress? A worrying analysis of recent neural recommendation approaches.,” Proceedings of the 13th ACM Conference on Recommender Systems (2019).

いう衝撃の内容を報告しています。その原因として、前処理やハイパーパラメータチューニングや実験設定などが不適切だった可能性を挙げています。このように、最新の論文に載っている手法だからといって、実務で同じ性能を出すとは限らず、古典的な手法をチューニングしたほうが精度が高いこともあります。また、最新の論文に載るような深層学習の手法は、GoogleやNetflix、Amazonなどのデータが大量にある場合に、有効なものが多いです。

そのため、これから推薦システムを導入しようとしている場合には、まずは古典的な手法を検証した上で、深層学習の使用をご検討ください。また、一般的に深層学習では、説明性が低いという課題もあるため、古典的なシンプルな手法のほうが実務では活用できるケースが多々あります。

5.11　バンディットアルゴリズム

強化学習の分野において、新しい知識を増やすために新しい行動を起こすことは、探索と呼ばれ、すでに得られている知識を用いて、利益を大きくするような行動は活用と呼ばれます。推薦システムにおいても、新しいアイテムが他のアイテムに比べ、どれほどユーザーに有用であるかや収益性に貢献するかを素早く把握し、推薦に活用するか、という問題設定は重要です。一般に、ユーザーの行動量には上限があるため、探索量と活用量をあわせた回数にも制限があり、探索と活用にはトレードオフの関係があります。これは、探索と活用のジレンマと呼ばれます。いかに探索と活用を効率的に行い、サービスにおける利益を最大化するかというテーマは、推薦システムの分野において近年盛んに取り組みが行われており、なかでも多腕バンディット問題という枠組みの中で研究が進んでいます。ここで、“腕”というのはテスト対象のアイテムやアルゴリズムのことを指し、ギャンブルにおいて複数の腕でスロットをプレイし、どの台があたり台かを見極める様子の喩えに由来します。

多腕バンディットの目的には、大きく分けて2つあります。1つ目は、ある一定期間で、累積利益の最大化（cumulative reward maximization）または累積リグレット最小化（cumulative regret minimization）を目指す目的です。多腕バンディット問題というと、こちらの問題を指すことが多いです。2つ目は、効率的かつ正確に利益が最大となる腕を識別する目的で、最適腕識別（best arm identification）と呼ばれます。この目的においては、最適な腕を探すことを主眼に置き、基本的には累積の利益の大きさは考慮しない純粋探索問題（pure-exploration problem）となります。この枠組みの中にも、誤り確率を一定以下に抑えるのに必要な試行回数を最小化する問題と、一定の試行回数において誤り確率を最小化する問題があります。

多腕バンディット問題の設定は、しばしばA/Bテストの設定と比較されることがあります。最大の違いは、多腕バンディット問題が利益を最大化することや最も良い腕を見つけることに特化していることに対し、A/Bテスト（3つ以上のアルゴリズムを評価する場合もある）は、テスト終了時に個々の腕の良し悪しを全組み合わせに対して比較が容易であり、さらに統計的な検定が実施しやすい点です。そのため、バンディットは利益最大化の目的を達成しやすい一方で、A/Bテストで得られる可能性がある知見が得にくいというデメリットも存在しています。

多腕バンディット問題に対しては、さまざまな種類のアルゴリズムが考案されています。なかでも特に、代表的なアルゴリズムは次の通りです。

表5-6　代表的な多腕バンディットのアルゴリズム

	概要
ε-greedy アルゴリズム	ある小さい確率 ε で探索行動を取り、確率 $1-\varepsilon$ で活用行動を行うアルゴリズム
UCB アルゴリズム	報酬の信頼区間（confidence interval）の上限が最大となる腕を必ず選択するアルゴリズム。この信頼区間は、腕の試行回数が少ないほど大きくなるため、探索の不確かさを考慮している
トンプソン抽出	各腕から得られる報酬の期待値の事後分布を推論し、その事後分布を用いて乱数を生成し、もっとも大きい値が得られた腕を選択することを繰り返すアルゴリズム

推薦システムにおける、バンディットアルゴリズムが有用な代表的なケースは次の通りです。

- コールドスタート問題への対応
- パーソナライズ
- 広告の推薦

パーソナライズに関しては、ニュースアプリケーションにおいて、個々のユーザーのコンテキストに合わせたバンディットアルゴリズムの活用例が知られています†44。広告の推薦に関しては、各広告アイテムに対する出し分けを工夫することによる利益

†44　L. Li, W. Chu, J. Langford, and Schapire, R. E, "A contextual-bandit approach to personalized news article recommendation," In Proceedings of the 19th international conference on World wide web.

の最大化が強く望まれる推薦領域であることが背景にあります。

バンディット問題に対するアルゴリズムは、テック企業における活用事例が近年で特に増えています。バンディットアルゴリズムをそのままサービスの本番環境に持ち込まずとも、バンディットアルゴリズムの背景にある思想は、探索と活用のジレンマを抱えたサービスにおける、ユーザー体験や収益施策を考える際に参考になります。バンディットアルゴリズムについてさらに詳しく知りたい場合は、『バンディット問題の理論とアルゴリズム』（講談社、2016年）や『ウェブ最適化ではじめる機械学習：A/Bテスト、メタヒューリスティクス、バンディットアルゴリズムからベイズ最適化まで』（オライリー・ジャパン、2020年）やサーベイ論文[†45]をご参照ください。

5.12　まとめ

本章では、具体的に複数のアルゴリズムの実装方法について解説しました。各アルゴリズムの予測精度はデータセットに依存することが多く、ベストなアルゴリズムがデータセットによって異なります。そのため、それぞれのアルゴリズムの長所と短所を把握した上で、自社のデータに適用することが大切です。特に予測計算の仕方はさまざまで、全アイテムと全ユーザーの組み合わせで計算が必要なアルゴリズムや全アイテムのベクトルだけ用意しておけば柔軟にユーザーに対するアイテムリストを生成できるアルゴリズムなどがあるので、用途に応じて使い分けることが必要です。次章では、実際にこれらのアルゴリズムを実システムに組み込む方法について紹介します。

†45　A Survey on Contextual Multi-armed Bandit, https://arxiv.org/abs/1508.03326

6章
実システムへの組み込み

4章と5章では、推薦アルゴリズムについて紹介してきました。それらの推薦アルゴリズムを実サービスへ組み込むためには、データベース、APIを含めた設計が必要になってきます。本章では、次の項目について、推薦システムを構築するために必要な考え方や設計のパターンを紹介します。

- バッチ推薦/リアルタイム推薦
- 推薦システムの設計パターン
- 多段階推薦や近似最近傍探索による工夫
- ログの設計
- ニュースサービスにおける実例

6.1 システム概要

6.1.1 バッチ推薦とリアルタイム推薦

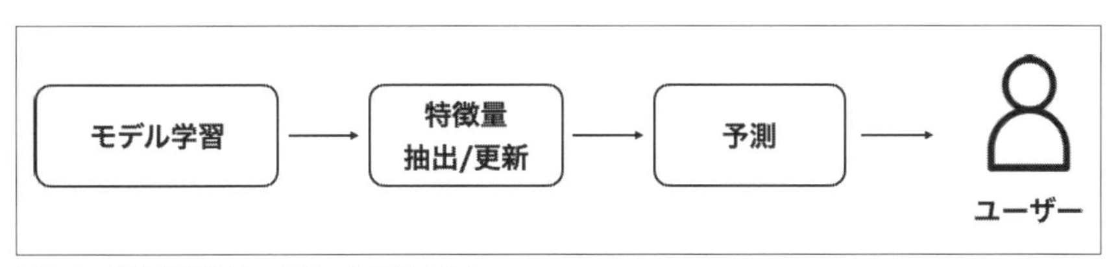

図6-1　機械学習モデルを用いた処理の流れ

機械学習モデルを推薦システムに組み込むには、モデルの学習、特徴量の抽出/更新、予測をどのような頻度やタイミングで行うかが重要です。

本章では、バッチ推薦とリアルタイム推薦の2つを以下のように定義します。

表6-1　バッチ推薦とリアルタイム推薦

	モデルの学習	特徴量の抽出/更新	予測
バッチ推薦	バッチ	バッチ	バッチ
リアルタイム推薦	バッチ or リアルタイム	リアルタイム	リアルタイム

バッチ推薦は、モデルの学習から予測までの処理を決められた時刻に一括で行うものを指します。一方で、リアルタイム推薦は、特徴量の抽出/更新をユーザーのクリックなどをトリガーとしてリアルタイムに随時行い、予測もユーザーのリクエスト時にリアルタイムに行う方式の推薦を指します。

表6-2　バッチ推薦とリアルタイム推薦の使い分け

フレッシュネスの要求レベル	適する推薦方式
日次・時間レベル	バッチ推薦
分・秒単レベル	リアルタイム推薦

バッチ推薦とリアルタイム推薦は、サービスにおけるアイテムやユーザー情報のフレッシュネスの要求レベルに応じて使い分けます。ここで、フレッシュネスの要求とは、新しいアイテム、ユーザー情報、ユーザー行動データなどが利用可能になった時点（たとえば、データベースに最初に格納された時点）から、実際に推薦に活用されるまでの時間差がどれほど小さく要求されるかを表します。

バッチ推薦が適しているのは、アイテムやユーザーの新規追加や更新頻度が少なく、フレッシュネス要求が比較的低い場合です。バッチ推薦が用いられる代表的なケースとしては、アイテムからアイテムへの推薦、プッシュ通知やダイレクトメール配信などがあります。

一方で、リアルタイム推薦が適しているのは、アイテムやユーザーの新規追加や更新が多く、フレッシュネスが高いレベルで求められるサービスになります。リアルタイム推薦が用いられる代表的なケースとしては、ニュースや音楽などのドメインにおけるユーザーに対するパーソナライズです。リアルタイム推薦では、あらかじめ決められた時間に決められた処理を行うバッチ推薦とは異なり、ユーザーのリクエストに応じてリアルタイムにユーザーの興味に合わせた推薦を目指します。たとえば、リアルタイム推薦を用いることで、ユーザーが音楽サービスにおいて曲をスキップしたときに、スキップしたというフィードバックを推薦のモデルにリアルタイムに反映することで、次の推薦機会ではスキップした曲とは類似度の遠い曲を推薦することができます。

6.1.2 代表的な推薦システム概要

次に、概要推薦、関連アイテム推薦、パーソナライズ推薦の代表的かつシンプルな設計パターンを紹介します。

概要推薦

概要推薦は、新規順や人気順でアイテムを表示するものです。最も単純な新規順の推薦の設計は、データベース（DB）にアクセスして新規順にアイテムをソートするクエリを実行する方法です。データベースに直接アクセスするため、リアルタイム性を考慮した推薦を行うことができます。

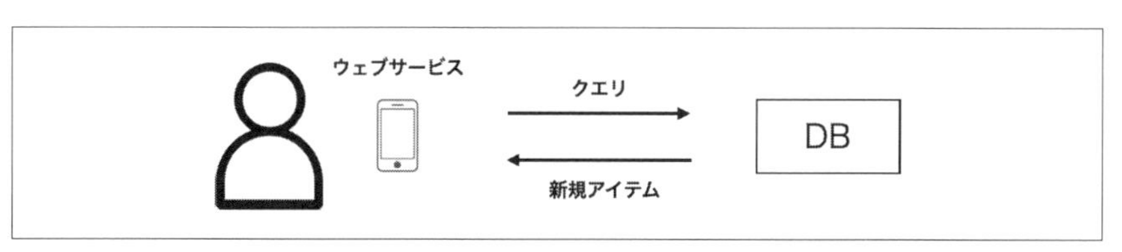

図6-2　概要推薦（新規順）

人気度順に集計を行いたい場合、バッチ型のシステム構成をとるのが一般的です。数時間に1回または1日1回などの頻度で、人気度の集計を行い、その結果をデータベースに格納します。アプリケーション側は、その結果をデータベースを介して取得して、画面に表示します。

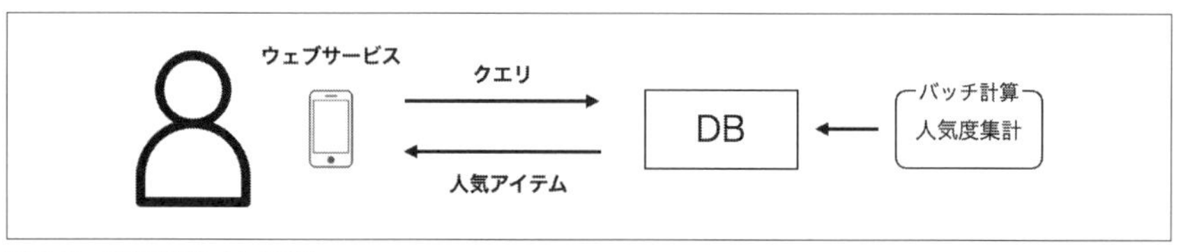

図6-3　概要推薦（人気順）

カテゴリやユーザー属性ごとに人気度を計算し結果をデータベースに格納しておく

ことで、人気順の概要推薦の中でも粒度の細かい推薦を行うことも考えられます。

関連アイテム推薦

関連アイテム推薦の1つの方法は、事前に類似度の計算を行い、類似するアイテム群をデータベースに保存し結果を返却することです。類似アイテムの計算は、前章で紹介したように、行動ログを使うものやアイテムのコンテンツ特徴量を使うものなどがあります。

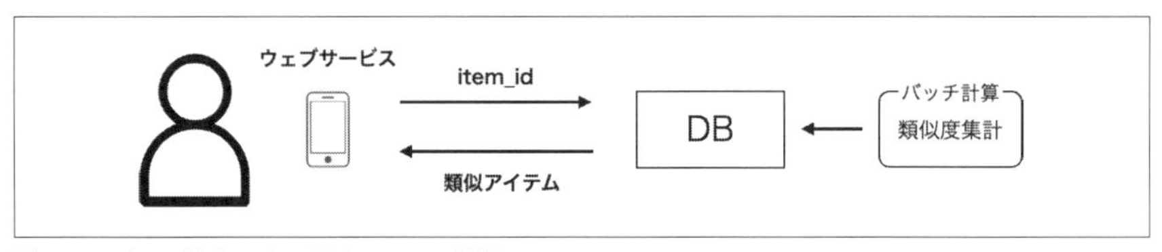

図6-4 バッチ計算による関連アイテム推薦

図6-4の例では、ウェブアプリケーションはアイテムを一意に識別するitem_idを含むクエリをデータベースに発行し、事前に計算されていた類似アイテムをウェブアプリケーションに返却しています。

ウェブアプリケーションとデータベースの間に推薦APIを経由する方法もあります。特定のユーザーに出してはいけないアイテムの除外などの処理をしたい場合には、この推薦API内に除外する処理を組み込みやすくなります。また推薦APIにユーザーを一意に識別するuser_idを渡すことで、ユーザーに応じて類似度算出アルゴリズムを変えるといったA/Bテストが実行可能です。このA/Bテストでは、ウェブアプリケーション側のコードを変更することなく、新しい類似度算出アルゴリズムを試すことができるメリットがあります。

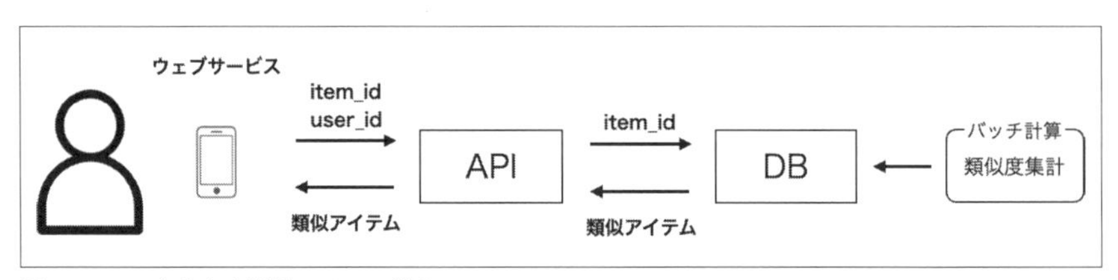

図6-5 APIを介した関連アイテム推薦

パーソナライズ推薦

バッチ型のパーソナライズ推薦では、事前に各ユーザーごとにおすすめのアイテムを計算してデータベースに保存します。前章以前で説明したように、パーソナライズの計算方法には、ユーザーのプロフィールを使うもの、閲覧や購入の行動ログを使うものなどさまざまあります。この設計では、それぞれのパーソナライズアルゴリズムの結果をそれぞれ保存しておくことで、パーソナライズ結果を組み合わせてユーザーに提示できます。

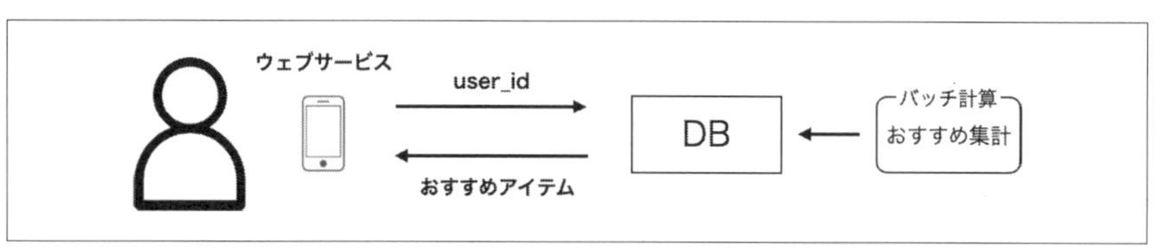

図6-6 バッチ計算によるパーソナライズ

ウェブアプリケーションとデータベースの間に推薦APIを挟む方法もあります。関連アイテムの設計と同様に、この方法では、アイテムの除外ロジックなどを組み込みやすい、A/Bテストがしやすいというメリットがあります。

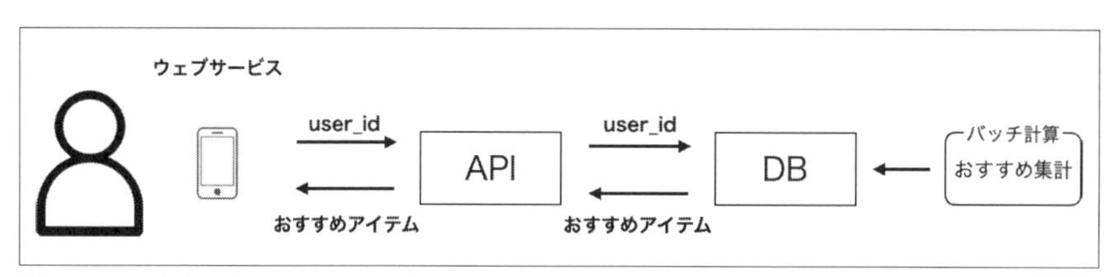

図6-7 APIを介したパーソナライズ

次に、近年活用が増えているベクトルベースのパーソナライズについて紹介します。この設計では、機械学習手法を用いてアイテムとユーザーの特徴をベクトル化し、データベースに保存します。推薦APIは、アプリケーションからuser_idをパラメータにリクエストを受け、アイテムとユーザーのベクトルの類似度を元におすすめアイテムを返却します。

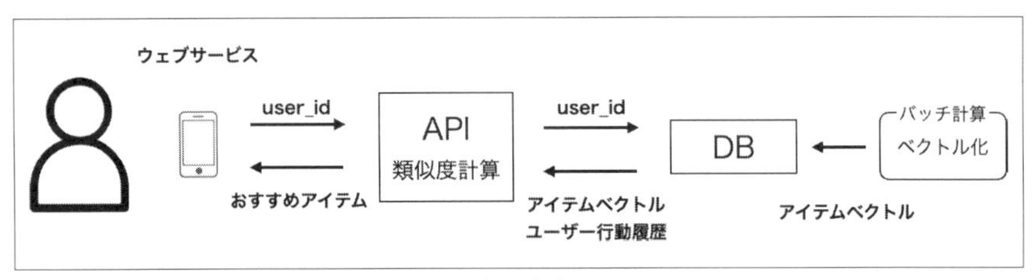

図6-8 ベクトルベースのリアルタイムパーソナライズ

アイテムのベクトル化には、ユーザー行動をitem2vecによってベクトル化する方法や、タイトルなどのコンテンツ情報を深層学習モデルに入力してベクトル化することが考えられます。ユーザーのベクトル化の一番簡単な方法は、ユーザーが過去にクリックした各アイテムのベクトルの平均をユーザーのベクトルとする方法です。近年ではユーザーの過去にクリックしたアイテムのベクトルを時系列にそってRNNモデルへ入力し、ベクトル化することもあります。

ここまでで、サービスに推薦システムを組み込む際の代表的でシンプルな設計をいくつか紹介しました。アイテムやユーザー数が多い場合には、負荷の観点からシステム上の工夫が別途必要になる場合があります。次に、多くの企業で活用されている多段階推薦と近似最近傍探索を紹介します。

6.1.3 多段階推薦

多くの商品、多くのユーザーを抱えるサービスにおける推薦では、システムの負荷を考慮した設計が不可欠です。システム負荷を低く保ちつつ精度の高い推薦を行うために「候補選択」「スコアリング」「リランキング」の多段階に処理を分ける工夫（多段階推薦）があります[†1]。

なお「候補選択」と「スコアリング・リランキング」の2つに分け、二段階推薦（two-stage recommendation）と呼ばれることもあります[†2]。

この多段階の処理では、まずは粗くアイテムの候補を絞り、アイテム候補数が少なくなった段階でよりユーザーや状況に適したアイテムを精度の高いモデルによって厳選するといった処理を行います。**図6-9**は候補選択、スコアリング、リランキングに

†1 https://developers.google.com/machine-learning/recommendation/overview/types

†2 J. Ma, Z. Zhao, X. Yi, J. Yang, M. Chen, J. Tang, L. Hong, and E. H. Chi, "Off-policy learning in two-stage recommender systems," In Proceedings of The Web Conference (2020).

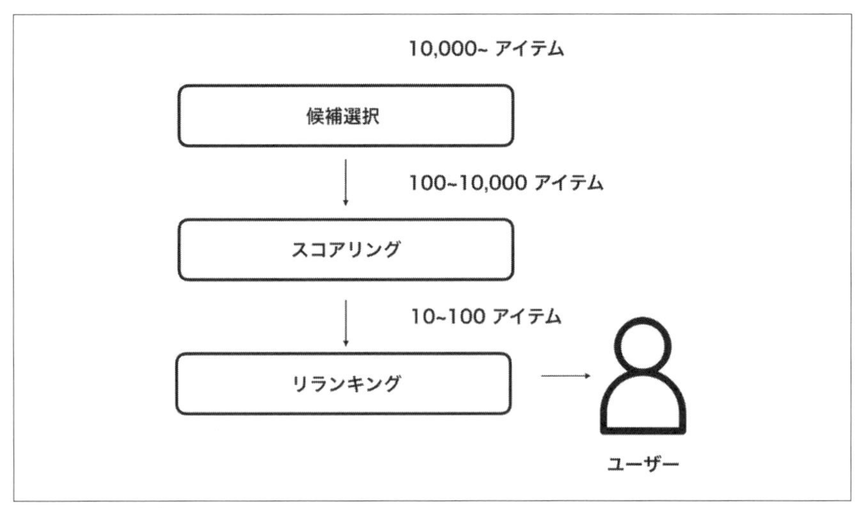

図6-9 多段階推薦

おける処理の流れと、各処理におけるアイテム数のおおよその目安を表しています。以下では各構成要素の説明を行います。

候補選択

第一段階である候補選択は、膨大なアイテムから推薦候補となるアイテムを抽出する処理です。たとえば、動画共有サービスのYouTubeでは、この段階で数十億ある推薦アイテム候補を100〜10,000個に削減します。この候補選択の処理は、各ユーザーリクエストに対し高速にアイテムを返却するための前処理に相当します。この候補選択の処理は、膨大なアイテムに対して実行する必要があるため処理の軽さが求められます。この候補選択のロジックは単一である必要はないため、複数の候補選択ロジックを組み合わせることで、多様な観点から候補アイテムを抽出することもできます。

スコアリング

第二段階であるスコアリングは、実際にユーザーに掲出するアイテムを選択するために、アイテムに対してスコアを与える処理です。このスコアリング処理では、候補選択によってスコアリング対象が十分削減されているので、負荷の高いモデル、特に機械学習モデルによる高精度な推論を活用することが多いです。

たとえば、Instagramの推薦では、候補アイテムを抽出したあとに、複数のスコアリング処理を行い最終的な推薦リストを作成しています[†3]。複数のスコアリング処理では、500の候補があったときに、粗いモデルから精緻なモデルを多段階で順に適用し、150、50、25と候補を絞っていきます。

リランキング

最後のリランキングの処理では、スコアリングで選択されたアイテムを並び替える処理を行います。ここでは、ランキング全体のバランスを考慮して似通ったアイテムばかり並ばないようにする処理や、アイテムの鮮度を考慮して並び替える処理を行います。このように、リランキングは多様性、鮮度、コンテンツ特有の情報を用いて、ユーザー体験やビジネスロジックを考慮した推薦を実現するために行われます。

6.1.4 近似最近傍探索

前章で、推薦システムのアルゴリズムを紹介しましたが、それらの多くのアルゴリズムに共通することは、ユーザーとアイテムをベクトルで表現し、そのベクトルの類似度をもとに、推薦を行っている点です。ユーザーの特徴ベクトルが与えられたとき、そのベクトルに最も近いk件のアイテムを抽出する問題を考えます。この問題は、最近傍探索問題と呼ばれる有名な問題に相当します。最近傍探索において、ユーザーとすべてのアイテムのベクトルの類似度を単純に計算すると、アイテムが大量にある場合には、アイテムの数に応じてレスポンスに時間がかかってしまい、ユーザー体験を損ねる問題が起こります。

最近傍探索における計算速度を高速化する方法の1つに、近似最近傍探索があります。「近似」と付いているように、一部正確性を犠牲にして、入力されたベクトルに近いベクトルを高速に探し出す方法です。ユーザーに対してアイテムを抽出するパーソナライズだけでなく、アイテムから似ているアイテムを抽出する関連アイテムの推薦でも同様にこの近似最近傍探索は利用できます。本節では、実務で利用する際の注意点も交えながら、近似最近傍探索について紹介します。

近似最近傍探索を利用した推薦には、主に次の2つのステップがあります。

1. アイテム（ユーザー）のベクトルにインデックスを張る
2. そのインデックスを用いて、ユーザーに対しておすすめのアイテムを推薦する

---

†3 https://instagram-engineering.com/powered-by-ai-instagrams-explore-recommender-system-7ca901d2a882

まず、ベクトルにインデックスを張る事前計算を行います。直感的なイメージとしては、**図6-10**のようにベクトル空間を複数の領域に分割し、それぞれのアイテムがどの領域に属するかを記録します。各色がインデックスの番号に対応しており、ベクトル間の距離が近いベクトル同士は同じインデックスが割り当てられています。ユーザーに対してアイテムをおすすめする場合は、まずユーザーのベクトルがどの領域に属するかを計算し、その領域内のアイテムだけを対象に類似度計算をしておすすめアイテムを抽出します。このように、すべてのアイテムに対して類似度計算を行うのではなく、領域内のアイテムだけを対象に類似度を計算するので、高速に計算ができます。一方で、領域外のアイテムが、領域内のアイテムよりも類似度が高いことが起こりえるため、一部の正確性が失われます。

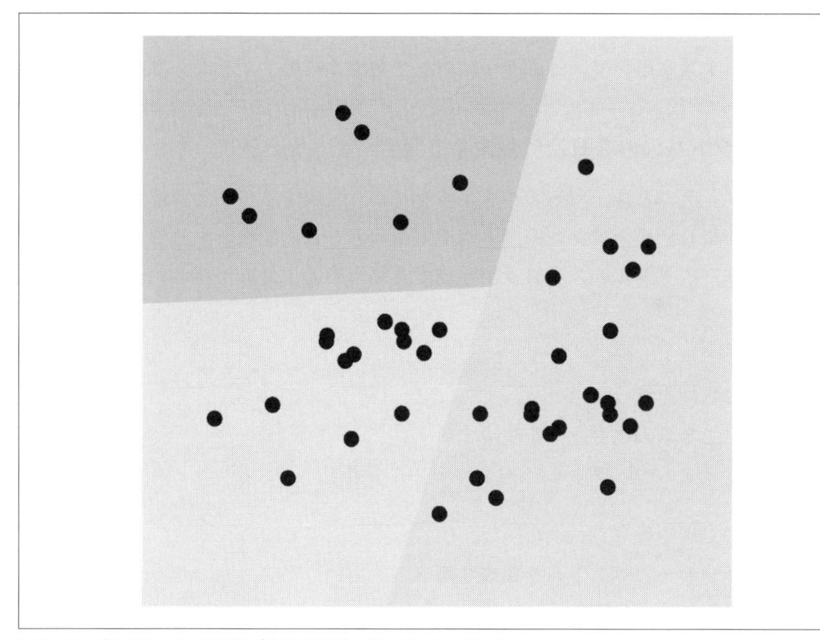

図6-10　各ベクトルを領域ごとに分割しインデックス化する

次に、ベクトルの生成や更新タイミングに応じて、近似最近傍探索を活用する方法を説明します。

すべてのアイテムとユーザーベクトルを日次で生成する場合

行列分解やitem2vecなどの推薦アルゴリズムを動かし、アイテムとユーザーのベクトルを毎日新たに生成する場合を考えます。このとき、注意が必要なのが、アルゴリズムの学習を再実行すると、前日に計算されたベクトルと、今日計算されたベクトルの各次元の意味合いが異なっていることです。たとえば、行列分解では、同じデータを使った場合においても、目的関数の最適化にランダム性がある場合、同じベクトルが得られるとは限りません。そのため、すべてのアイテムとユーザーのベクトルを日次で新たに生成する場合、近似最近傍探索におけるインデックスも次のように日次ですべて張り直す必要があります。

1. アイテムとユーザーのベクトルを生成する
2. アイテムのベクトルにインデックスを張る
3. インデックスを用いて、ユーザーに対しておすすめのアイテムを推薦する

ユーザーベクトルのみを日次で生成する場合

すべてのアイテムとユーザーのベクトルを一から生成するのが計算速度やサーバーコスト観点で難しい場合は、ユーザーベクトルのみを日次で更新することが考えられます。ユーザーベクトルのみを日次で生成する場合の近似最近傍探索の活用方法は次の通りです。

週次で次の処理を行う
  1. アイテムのベクトルを生成する
  2. アイテムのベクトルにインデックスを張る

日次で次の処理を行う
  1. ユーザーのベクトルを生成する
  2. インデックスを用いて、ユーザーに対しておすすめのアイテムを推薦する

日次での計算では、ユーザーのベクトル生成とおすすめ計算だけになるので、システム負荷の軽減が見込めます。一方で、アイテムベクトルの生成は週1回になるため、新規のアイテムは、次回の処理が走るまで、推薦できないという問題点があります。この問題を解決する方法として、次のような処理方法も考えられます。

モデルを保持して日次でベクトルを生成する場合

新しく利用可能になったアイテムとユーザーのベクトルを新たに生成し、推薦に活用することを考えます。

最初に次の処理を行う

1. アイテムとユーザーのベクトルを生成し、このときのモデルを保存しておく
2. アイテムのベクトルにインデックスを張る

日次で次の処理を行う

1. 保持していたモデルを利用して、アイテムとユーザーのベクトルを生成する
2. 新規のアイテムのベクトルにインデックスを張る
3. そのインデックスを用いて、ユーザーに対しておすすめのアイテムを推薦する

この手法の良いところは、全体のインデックスを張る作業が一度で済み、その後は新規のアイテムのインデックスを張るだけという点です。一方で、既存のアイテムに対しては、同じインデックスが付いたままになるので、推薦精度が劣化していく懸念があります。そのため、推薦システムにおいては、前半の2つの手法が用いられることが多いです。最後の手法は、協調フィルタリングベースの推薦システムではなく、類似画像検索やコンテンツベースの推薦システムに対して利用されることが多いです。たとえば、類似画像検索では、学習済みの深層学習のモデルを利用して、初回時には全画像を使ってインデックスを張り、日次では新規に追加された画像のみにインデックスを張ることで、処理を効率化します。このように、実務で近似最近傍探索を利用する際には、インデックスをどのタイミングで張り直すのが良いのかを検討した上で、全体の設計をすることをおすすめします。

具体的な近似最近傍探索の各手法には、LSH、NMSLIB、Faiss、Annoyがあり、どれを使用するかは、自社のデータサイズやサーバーのスペックに適した手法を選択します。手法を選ぶ際には、**図6-11**のフローチャート[†4]が参考になります。

---

†4 https://speakerdeck.com/matsui_528/jin-si-zui-jin-bang-tan-suo-falsezui-qian-xian

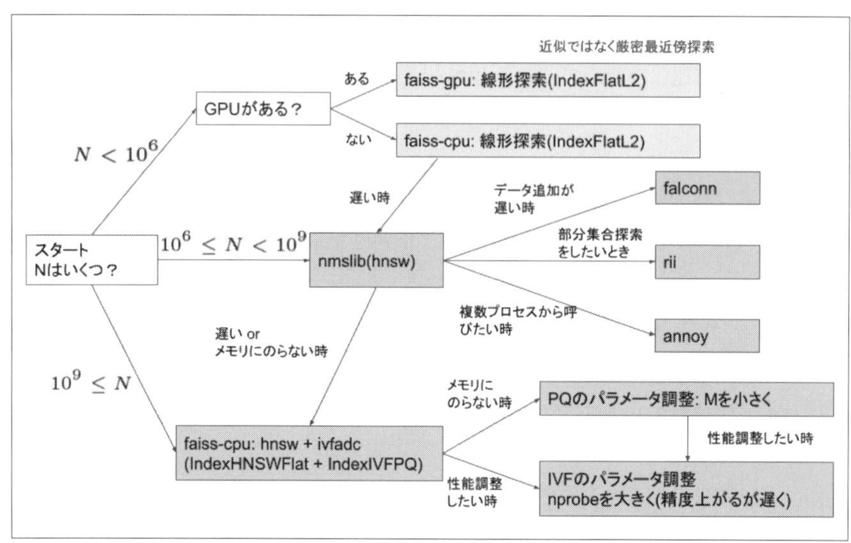

図6-11　近似最近傍探索の選び方フローチャート†5

各近似最近傍探索を実験した**図6-12**のベンチマークも結果が手法を選ぶ際の参考になります。横軸が正確性（Recall）で、縦軸が速度（Query per second）です。各手法で、正確な最近傍結果を得ようとすると速度が遅くなり、速度を早めようとすると正確さが犠牲になることが分かります。

†5　https://speakerdeck.com/matsui_528/jin-si-zui-jin-bang-tan-suo-falsezui-qian-xian を参考に作成。

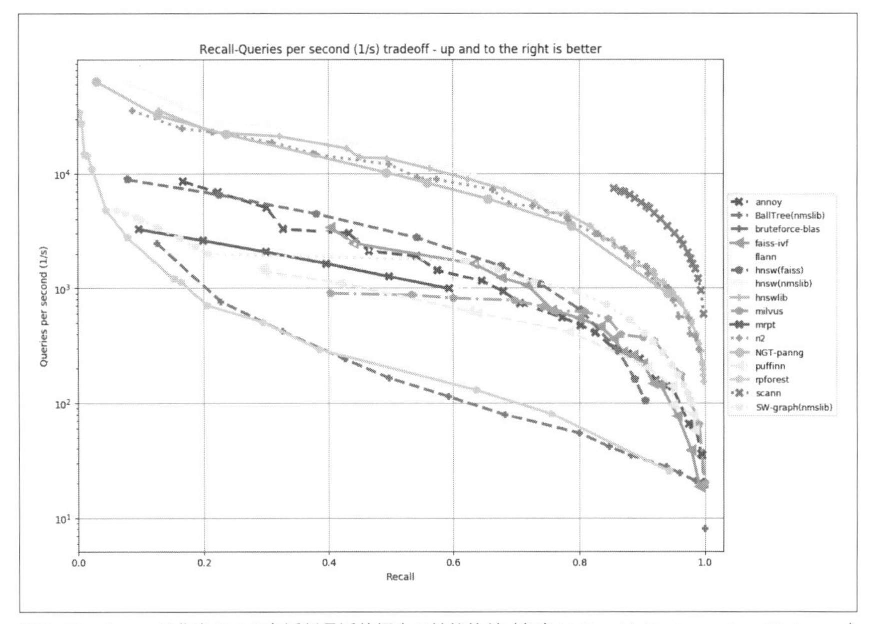

図6-12　Annoyの作者による各近似最近傍探索の性能比較（参考：https://github.com/spotify/annoy）

6.2　ログの設計

この節では、ログに関わるトピックについて紹介します。なお、ここでは「ログとして何を残すべきか」「どのようにログを活用できるか」に焦点を当てて説明します。

推薦システムにも一般的なアプリケーションと同様に、ユーザーが直接サービスに接するクライアントサイド上のログと、レスポンスデータを生成するサーバーサイド上で取得できるログがあります[†6]。

6.2.1　クライアントサイドのログ

クライアントサイドのログは、ユーザーがどのようなアイテムを閲覧し、どのアイテムをクリックしたかといった、ユーザーアクションに至るまでの過程や結果を記録することが主な目的です。以下に、代表的なクライアントサイドのログを示します。

†6　『A/Bテスト実践ガイド：真のデータドリブンへ至る信用できる実験とは』（KADOKAWA、2021年）

ユーザー行動

クライアントサイドのログで代表的なものが行動ログです。行動ログは、ユーザーがサービスにおいて起こした行動を記録したログのことです。具体的には、どこの画面で何のアイテムが何秒ユーザーに表示されたか、どこまでスクロールを行ったかなどです。この行動ログは、モデルの学習用途以外にも、サービス提供者側が意図する行動を、ユーザーが正しく行えているかを確認するために活用されます。

パフォーマンス

パフォーマンスは、ユーザーがリクエストしたページが実際に表示し終わるまでにかかる時間、または操作が可能になるまでの時間を指します。いくら精度の良い推薦モデルの構築が行えても、このパフォーマンスが悪いとユーザーのサービスからの離脱は避けられません。

エラーとクラッシュ

ウェブブラウザやアプリ上で起きたエラーやクラッシュのログも重要です。特定のブラウザ、またスマートフォンのOSバージョン別にエラーやクラッシュが急激に増加するといった現象は頻繁に起こりえます。たとえば、プッシュ通知が特定のOSの特定のバージョンでは送信できていない、といったことがサービス上で起こりえます。そのため、必要に応じてエラー数に関するアラートの設定を行いましょう。iOSやAndroidのアプリでは公式のアプリ管理ダッシュボードからも容易にクラッシュ数を確認することができます。

6.2.2 サーバーサイドのログ

サーバーサイドのログは、クライアントの裏側のシステムの挙動を記録するログです。

パフォーマンス

サーバーサイドのパフォーマンスに関するログは、クライアントからのリクエストに対するレスポンスにどの程度時間がかかったかを記録します。

システム応答

クライアントからのリクエスト数やレスポンス数、または正常レスポンスの割合を記録します。たとえば、関連アイテムのリクエストに対して、返却する関連アイテムが存在しない場合にログを残しておくことで、推薦の幅広さの指標であるカバレッジの測定が行えます。

システム処理情報

キャッシュのヒット率、CPUの負荷、メモリの使用率、発生したエラーや例外の数などシステム処理の過程や状況を記録します。システム処理情報を記録しておくことは、たとえばリアルタイム推薦のレスポンス速度が遅くなっているときに、キャッシュにヒットしていないのか、それともCPUの処理能力が足りていないのかといった原因の切り分けに役立ちます。

6.2.3 ユーザー行動ログの具体例

次に、推薦モデルの学習や分析で最も重要な、推薦したランキングに対する行動ログの一例を、ECサービスを想定して紹介します。

表6-3 ユーザー行動ログの例

user_id	item_id	position	location	logic	action	date
user_id1	item_id2	1	あなたにおすすめ	model_1	クリック	2021-05-30 08:30:01
user_id2	item_id3	10	この商品を買った人はこの商品も買っています	test_model_1	閲覧	2021-05-30 08:32:28
user_id2	item_id3	10	この商品を買った人はこの商品も買っています	test_model_1	クリック	2021-05-30 08:32:35
user_id3	item_id4	2	以前購入した商品一覧	model_2	閲覧	2021-05-30 08:33:49
user_id2	item_id3	10	この商品を買った人はこの商品も買っています	test_model_1	購買	2021-05-30 08:34:51

表6-3はECサービスにおける行動ログの一例です。表の各カラムの意味は以下の通りです。

- user_id：ユーザーを一意に識別するID
- item_id：アイテムを一意に識別するID
- position：推薦したアイテムのランキングにおける位置
- location：サービスにおける推薦枠の名称
- logic：推薦に利用したロジックの名称
- action：クリック、視聴、閲覧（impression）、購買などのアクション
- date：ユーザーがアイテムに接触した時刻

positionに関しては、推薦システムの出力結果は一般的にランキング形式で表示されるため、アイテムがランキングにおいてどの位置でアクションが起こされたかを記録することで、モデル構築や分析に活用できます。

locationについては、ユーザーがアイテムにアクションを起こしたサービスの推薦枠の情報です。推薦枠とは、たとえば、商品を買ったあとに推薦を行う「この商品を買った人はこの商品も買っています」の推薦枠であったり、ウェブサービスを開いて真っ先に表示されることが多い「あなたにおすすめの商品」の推薦枠を指します。

logicは、推薦に利用したロジック名を識別するためのカラムです。このカラムは見慣れない方も多いカラムかもしれません。推薦システムは、実際にユーザーにアイテムを届けるまでに多くの処理を挟むため、最終的にどのロジックでアイテムを推薦したかを確認することが、不具合の発見に役立つことがあります。また、A/Bテストにおいて、ログとしてlogicカラムにテスト対象の名称を入れることによって、テスト対象ユーザーに意図したロジックが適切に割り当てられているかを確認することにも役立ちます。

複数の自社サービスを運営する企業においては、あるユーザーの異なるサービス上での行動を1つに結びつけて分析やモデルの学習を行いたいという要望があがることがあります。異なるサービスでなくとも、ウェブブラウザとモバイルアプリ上での行動を結びつけたいという要望はよくあります。これらの要望に対しては、各サービスで共通するログイン機能をあらかじめ設けておき、ログインを促すことによって異なる環境下の同一ユーザーを結びつけるといった対応が考えられます。

ログに残しておくユーザーのアクション情報は、多ければ多いほどモデルの構築に活用できる可能性が広がります。そのため、基本的に残せるログは残すのが基本的な方針になります。しかし、予算などの都合ですべてを残すことができない状況があります。たとえば、アイテムの表示（impression）に関するログは、ユーザー数が多いサービスでは日々膨大に蓄積されため、すべてのログを残すことは金銭的にコストがかかります。ビジネスの観点から最も優先的に残しておくべきアクションは購買が該当します。一般的なサービスにおいては 表示＞クリック＞購買、の順にユーザーアクションの量は多いです。

一度ログの収集を開始したあとで、後からログの形式を変更するには開発コストが高くつくことがあります。そのため、ログを仕込む開発者とログを利用する人は、早い段階から達成したいことを明らかにして仕様のすり合わせを行うことが望ましいです。

6.3 実システムの例

続いて、バッチ推薦とリアルタイム推薦に分けて、実システムの構成を紹介します。

この節では、まずバッチ推薦の例として、ニュースサービスにおける大規模なプッシュ通知を行うシステムを紹介します。次に、リアルタイム推薦の例として、ニュースサービスにおける記事推薦を行うシステムを紹介します。

6.3.1 バッチ推薦

バッチ推薦の1つの例として、大規模なニュースサービスにおけるプッシュ通知の実例を紹介します。全体の構成は次の通りです（図6-13）。

候補記事選定では、行動ログを用いてクリック率の高い記事をあらかじめデータベースに保存します。モデリングの処理では、ユーザーの過去の行動からユーザーの好みを学習します。スコアリング処理では、学習済みモデルを用いて記事のスコアを与え、スコアの上位の記事をデータベースに格納します。最後にプッシュ送信機構がおすすめ記事をユーザーに送信する処理を担います。以下ではそれぞれの処理を詳しく見ていきます。

候補記事選定

候補記事選定の処理では推薦候補となる記事の選択を行います。ニュースサービス

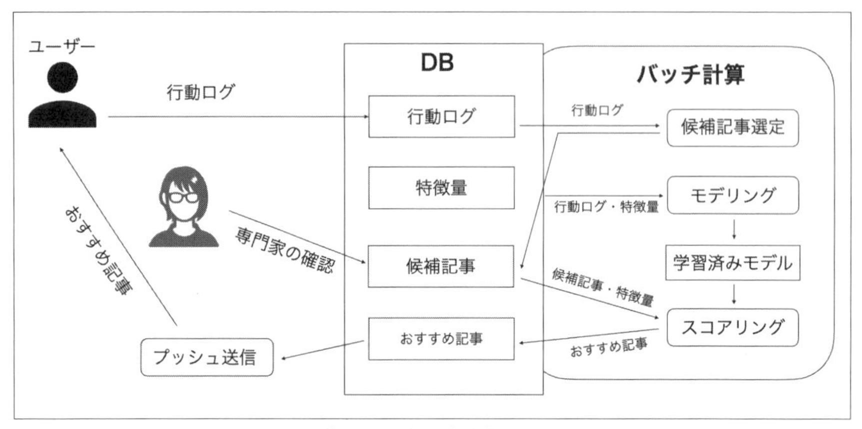

図6-13　ニュースサービスにおけるプッシュ通知の全体像

では、記事の鮮度が重要であるため、入稿されてからN日以内の記事に候補記事を絞ります。また、一度でも過去にプッシュ配信されたことのある記事は候補記事から外します。プッシュ記事の配信は、ユーザーにとって目に入りやすい機能でサービスへの影響も大きいため、どの記事を実際に配信するかは慎重に判断する必要があります。そこで、社内の専門家によって不快な記事や明らかに有害であると判断された記事は、候補記事から除外します。その上で、ユーザーの行動ログを用いて、記事のクリック率（クリック数/閲覧数）の大きい順で上位K件を配信候補記事とします。この候補記事選定の処理は30分ごとに定期的に実施します。

モデリング

モデリングの処理では、ユーザー特徴と記事特徴を用いて、ユーザーがプッシュ記事を開封するか否かを予測するモデルを構築します。モデルの学習は、1日に1度、記事の新規配信数の少ない深夜帯に行い、学習したモデルを保存しておきます。

スコアリング

スコアリング処理では、学習済みモデルにユーザー特徴量と記事特徴量を入力し、各ユーザーに対して各候補記事へのスコアを算出します。この各候補記事へのスコアをデータベースに保存します。このスコアリングの処理は、ユーザーにプッシュ通知を送信する時刻までに余裕を持って完了させておきます。

プッシュ送信

プッシュ送信処理では、各ユーザーに対しておすすめ記事を送信します。ユーザーが設定した時間に合わせて、送信処理を行います。

以上が、ニュースサービスのプッシュ通知をバッチ処理を用いて行う実例になります。

6.3.2 リアルタイム推薦

次に、ユーザーのリクエストに応じてリアルタイムにユーザーの興味に合わせた推薦を行うニュース配信システムの一例を紹介します。全体の構成は次の通りです。

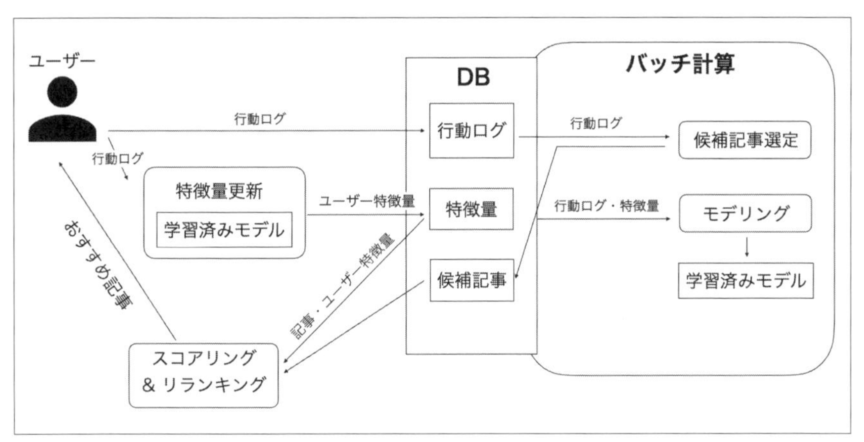

図6-14 ニュースサービスにおけるリアルタイム推薦の全体像

候補記事選定では、行動ログや記事情報を用いてクリック率の高い記事をあらかじめデータベースに保存します。モデリングの処理では、ユーザーの過去の行動からユーザーの好みを学習します。スコアリング&リランキング処理では、記事特徴量とユーザー特徴量の類似度を計算し、ユーザーに記事を配信します。このユーザー特徴量は、ユーザーが記事をクリックするたびに特徴量更新を行います。以下ではそれぞれの処理を詳しく見ていきます。なお候補記事選定とモデリングはプッシュ通知のシステムと同様のため説明を割愛します。

スコアリング&リランキング

スコアリングではユーザー特徴量と記事特徴量をデータベースから読み込み、リクエストがあったユーザーに対する候補記事のスコアを算出します。ここで、ユーザー体験を毀損しないように、レスポンスタイムに気をつけて処理のパフォーマンスをチューニングする必要があります。

スコアリングはユーザーに対して各記事で独立に計算できるため、単純に並列に計算することで処理の高速化が期待できます。それでもレスポンスタイムをサービスの要求水準まで削減できない場合は、近似最近傍探索を導入します。

キャッシュを導入することも、レスポンスタイムを高速化することに繋がります。特に、データベースへのアクセス結果をキャッシュすることで、データベースへのアクセスが減り、レスポンスタイムの改善に大きな効果が期待できます。記事情報は、そのまま一定期間キャッシュするだけで問題ありませんが、ユーザー特徴量のキャッシュ期間には注意が必要です。たとえば、ユーザー情報のキャッシュ期間が長過ぎる場合、更新したユーザー特徴量が推薦に活用されず、逆に短すぎるとキャッシュの効果が薄れてしまいます。

リランキング処理は、ユーザーが過去に明示的に行ったフィードバック（たとえば、ある単語を含む記事は表示しないといった意思表示）と入稿時間に応じた記事の鮮度を考慮し、記事の並び替えを行います。

特徴量更新

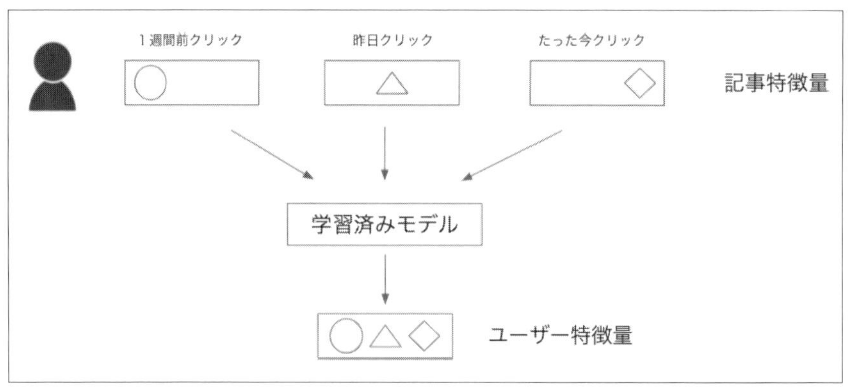

図6-15　特徴量更新

ニュース推薦では、ユーザーの興味関心は短期間で大きく変化することがあるため、ユーザーの行動が行われる度にその結果をユーザーの興味（ユーザー特徴量）として反映することが望ましいです。そこで、ユーザー特徴量の更新は、ユーザーが記事をクリックしたタイミングで随時行います。この特徴量更新のための入力は、ユーザーが過去にクリックした記事特徴量と新たにクリックした記事特徴量です。これらの入力を、学習済みモデルを通してユーザー特徴量に変換し、データベースに格納します。

以上が、ニュースサービスにおけるリアルタイム推薦の実例になります。

6.4 まとめ

本章では、はじめにバッチ推薦/リアルタイム推薦の説明を行いました。そのうえで、代表的な推薦システムの設計パターン、多段階推薦や近似最近傍探索による工夫について紹介しました。次に、推薦システムを構築、運用する上で利用するログについて、行動ログを中心に説明しました。そして、最後に実サービスを想定したシステム例を紹介しました。

推薦システムは、作ったらそこで終わりではなく、継続的にユーザーに対して価値を提供することが求められます。シンプルな設計から始め、意図した処理がユーザーに届いているかパフォーマンスに影響はないかをログで確認しつつ、安定的なシステムの導入や改善を目指しましょう。

7章
推薦システムの評価

推薦システムを活用したサービスの成長のためには、評価が欠かせません。推薦システムの評価には大きく分けて、オフライン評価とオンライン評価、ユーザースタディがあります。それぞれに長所と短所が存在し、どの評価手法もそれぞれ重要な役割を持っています。本章では、それぞれの推薦システムの評価について理解を深め、ユーザーに価値を届けるための正しい意思決定を行えるようになることを目的とします。

7.1　3つの評価方法の概要

オフライン評価

オフライン評価では、実際のサービス上での閲覧や購買などのユーザーの行動履歴から得られた過去のログ（サービスログ）を用いてモデルの予測精度などを評価します。サービスログを用いたオフライン評価のメリットは、評価のコストが低いことや、データ量が豊富なため評価結果のばらつきが小さいことにあります。一方で、オフラインで性能が良かった推薦モデルを実際にリリースしてみても、ビジネス目標であるユーザー満足度や売上に貢献しないこともあります。そのため、オフライン評価ではビジネス目標の代替指標となるオフライン評価指標を適切に設定することが重要です。本章で評価指標とは学習したモデルの性能や予測値の良し悪しを測る指標のことを指します。

オンライン評価

オンライン評価は、新しいテスト対象の推薦モデルや新しいユーザーインタフェイスを一部のユーザーへ実際に掲出することを通して評価を行います。そのため、売上などのビジネス目標にどのくらい貢献したかを直接知ることができ、オフライン評価よりも正確な評価が行いやすいです。一方で、リリースまで行う実装コストが高く、また新規の推薦モデルの性能が悪かった場合にはユーザー体験を毀損してしまうリスクがあります。

ユーザースタディ

ユーザースタディによる評価は、ユーザーにインタビューやアンケートを行うことで、推薦モデルやユーザーインタフェイスの定性的な性質を調査します。推薦モデルの予測精度だけでなく、アイテムの提供のされ方や使いやすさなどのユーザー体験に関するフィードバックを直接得ることができ、サービスログのみからは知り得ない改善点が分かることがあります。近年では、AmazonのMechanical Turkなどのクラウドソーシングを介したユーザースタディが活発に行われています。しかしながら、アンケートやインタビュー調査によって得られた回答は主観に基づくものであるため、個人の趣向による回答のばらつきが大きく、またデータ量を十分に得ることが難しいため、再現性に欠けるという問題もあります。

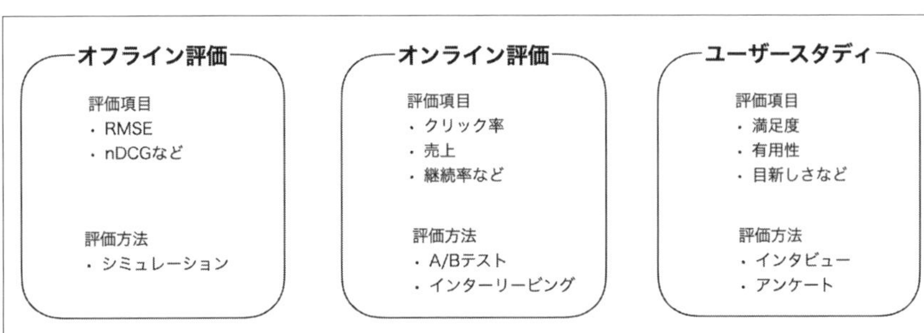

図7-1　推薦システムの３つの評価方法

表7-1　３つの評価方法の利点と欠点

	利点	欠点
オフライン評価	実装のコストが低い	ビジネス指標との整合性がとれないことがある
オンライン評価	ビジネス指標を直接評価できる	実装のコストが高い。ユーザー体験を損なうリスク有り
ユーザースタディ	ユーザー体験を直接調査できる	調査結果の再現性を担保するのが難しい

図7-1と**表7-1**に、評価手法の分類と各評価手法の利点と欠点をまとめています。次節から、それぞれの評価方法について詳しく見ていきます。

7.2 オフライン評価

推薦モデルの精度評価に必要なモデルのバリデーション、パラメータチューニング、評価指標について説明します。

7.2.1 モデルの精度評価

推薦システムにおけるモデルの主な目的は、過去のユーザー行動を学習し、未知のユーザー行動に対して高い精度で予測を行うことです。この未知のデータに対する予測能力は、モデルの汎化性能と呼ばれます。

7.2.2 モデルのバリデーション

ウェブ上に公開されている推薦システムのサービスログは、ユーザーの行動ログのみが1つ与えられるケースと、あらかじめ学習データセットとテストデータセットが別々に与えられるケースがあります。実際に稼働しているサービスの未加工のログは、行動ログのみが与えられるケースに相当します。このような学習データとテストデータに分かれていないデータセットは、まずデータを学習データとテストデータに分割します。

推薦システムのサービス形態によっては、アイテムの消費に関した時系列の情報が推薦の精度に大きく寄与する場合があります。たとえば、ニュースサービスやSNSなどのサービスでは、時間に関する情報が学習に重要となります。そのような場合、実サービスの運用の際にはモデル学習時において得ることのできないはずの未来の情報を用いた学習（リーク）を避ける必要があります。具体的には、ある時点を定め、ある時点より前のデータからなる学習データセットと、ある時点より後のデータからなるテストデータに分割するなど、適切なデータセットの構築が求められます。

図7-2は、時系列を考慮した評価データの分割例です。trainは学習に使用するデータを表し、validは学習データにおける精度検証データを表します。データの量に応じて、train:valid:test=6:2:2やtrain:valid:test=8:1:1程度の割合でデータセットを分割することが多いです。

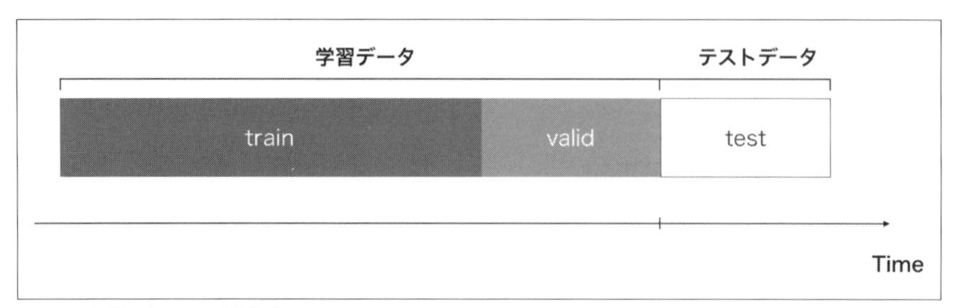

図7-2 評価データの分割例

未知のデータに対する汎化性能を検証することは、バリデーションと呼ばれます。バリデーションの手法はここで紹介した時系列を考慮した方法以外にもさまざま存在し、『Kaggleで勝つデータ分析の技術』(技術評論社、2019年) に詳しく紹介されています。

7.2.3 モデルのチューニング

モデルのチューニングとは、予測性能が高くなるようにモデルが持つパラメータを調整することです。このチューニングは、学習データ内のバリデーション (valid) データに対するバリデーションを通して行い、決してテストデータでチューニングを行わないように注意してください。テストデータでチューニングを行ってしまうと、本来の目的である「未知のデータに対する」汎化性能が評価できなくなってしまうためです。

パラメータのチューニングには、手動で行う方法/グリッドサーチ/ベイズ最適化で行う選択肢があります。手動で行う方法は、モデルの作成者がパラメータを手動で動かしながらチューニングを行う方法です。グリッドサーチは各パラメータの候補をあらかじめ絞ったうえで、各パラメータのすべての組み合わせに対して評価を行う方法です。ベイズ最適化は、パラメータチューニングの過程において、以前の検証結果を用いて、以降のパラメータをベイズ確率の枠組みから選択する方法です。このベイズ最適化を用いたパラメータチューニングは、OptunaやHyperoptといったライブラリを用いることで容易に行うことができます。

7.2.4 評価指標

表7-2 代表的な評価指標

指標の分類	利用目的	代表的な指標
予測誤差指標	学習モデルがどれほどテストデータの評価値に近い予測ができるかを測る。	・MAE ・MSE、RMSE
集合の評価指標	モデルが出力したスコアの高いk個のアイテム集合に関する抽出能力を測る。クリックや購買の有無などの二値分類の精度の評価や、推薦の幅広さを測るために利用される。	・Precision ・Recall ・F1-measure
ランキング評価指標	アイテムの順序を考慮したランキングの評価に用いられる。モデルが出力したスコアの高いk個のアイテムがどれほど正しく並んでいるかを測る。	・nDCG ・MAP ・MRR
その他の評価指標	クリックの有無のような予測精度以外で、ユーザーの満足度を間接的に測る。	・カバレッジ ・多様性 ・新規性 ・セレンディピティ

評価対象のデータセットを設計し、モデルの学習が終わったあとは、評価指標を用いて推薦モデルの評価を行います。評価指標とは、学習したモデルの性能や予測値の良し悪しを測る指標です。推薦システムにおける代表的な評価指標を**表7-2**に示し、以降で各指標の詳細を説明します。

7.2.4.1 予測誤差指標

ユーザーがアイテムに付与した評価値と、システムが予測した評価値の誤差を評価することを例に、予測誤差指標を紹介します。以下では、次の記法を使用します。

- r_i：実際の評価値
- $\hat{r_i}$：予測した評価値
- n：アイテム数

Pythonの実装例では、以下の値を用います。

```
r = [0, 1, 2, 3, 4]
r_hat = [0.1, 1.1, 2.1, 3.1, 4.1]
```

MAE（Mean Absolute Error）

$$\mathrm{MAE} = \frac{1}{n}\sum_{i=1}^{n}|r_i - \widehat{r_i}|$$

MAEは、予測値と実測値の差の絶対値の平均で表現される指標です。

```
from sklearn.metrics import mean_absolute_error

print(mean_absolute_error(r, r_hat))
# 0.09999999999999998
```

MSE（Mean Squared Error）

$$\mathrm{MSE} = \frac{1}{n}\sum_{i=1}^{n}(r_i - \widehat{r_i})^2$$

MSEは、予測値と実測値の差の2乗の平均で表される指標です。2乗することで差の負の符号を打ち消し、予測値と実測値のずれが大きい場合はより大きく、ずれが小さい場合はより小さい値を表現しています。

```
from sklearn.metrics import mean_squared_error

print(mean_squared_error(r, r_hat))
# 0.009999999999999995
```

RMSE（Root Mean Squared Error）

$$\mathrm{RMSE} = \sqrt{\frac{1}{n}\sum_{i=1}^{n}(r_i - \widehat{r_i})^2}$$

RMSEは、MSEに平方根をとり、予測値や実測値との次元を合わせた指標です。

```
from sklearn.metrics import mean_squared_error
import numpy as np

mean_squared_error(r, r_hat)
print(np.sqrt(mean_squared_error(r, r_hat)))
# 0.09999999999999998
```

以上が、代表的な予測誤差指標です。

推薦システムの発展は、まず評価値のような明示的なフィードバックを対象にすることから始まりました。しかし、近年のウェブサービスは多岐にわたり、必ずしも評価値が得られるようなサービスばかりではありません。そこで、ユーザーのクリック情報などの暗黙的なフィードバックを対象に評価を行うことが現在では主流になりつつあります。

7.2.4.2 集合の評価指標

以下では、モデルがユーザーにクリックされると予測したアイテム集合（予測アイテム集合）と、ユーザーが実際にクリックしていたアイテム集合（適合アイテム集合）を入力として、Precision、Recall、F1-measureの指標を紹介します。ここでは、あるユーザーのみに対する値を算出する例を紹介しますが、一般に推薦システムの評価では、各ユーザーに対して指標を算出し、評価対象の全ユーザーに対して平均を取って評価します。

Pythonの実装例では、ユーザーにクリックされると予測したアイテム集合をpred_items、ユーザーが実際にクリックしていたアイテム集合をtrue_itemsとして入力に与えます。以下の説明では、ユーザーが実際にクリックしていたアイテムを適合アイテムと呼び、クリックしていたアイテムの集合を適合アイテム集合と呼びます。なおpred_itemsは予測スコアの高い順にアイテムが並んでいるものとします。

```
# 予測アイテム集合。予測スコアの高い順に並べる
pred_items = [1, 2, 3, 4, 5]
# 適合アイテム集合
true_items = [2, 4, 6, 8]
```

Precision（適合率）

$$\text{Precision@}K = \frac{|\mathcal{C} \cap \mathcal{R}_K|}{K}$$

ここで、$\mathcal{C}$は適合アイテム集合、Kはランキングの長さ、$\mathcal{R}_K$は予測アイテム集合のK番目以内のアイテムを表します。

Precisionは、予測アイテム集合の中に存在する適合アイテムの割合です。ランキングの長さがKの場合、Precision@Kと表現されます。たとえば、入力例に対するPrecision@3は予測アイテム集合の上位3つの中で1つのアイテムが適合なので、Precision@3=1/3となります。

```
def precision_at_k(true_items: List[int], pred_items: List[int],
                   k: int) -> float:
    if k == 0:
```

```
        return 0.0

    p_at_k = (len(set(true_items) & set(pred_items[:k]))) / k
    return p_at_k

print(precision_at_k(true_items, pred_items, 3))
# 0.3333333333333333
```

Recall（再現率）

$$\text{Recall@}K = \frac{|\mathcal{C} \cap \mathcal{R}_K|}{|\mathcal{C}|}$$

ここで、$\mathcal{C}$は適合アイテム集合、Kはランキングの長さ、$\mathcal{R}_K$は予測アイテム集合のK番目以内のアイテムを表します。

Recallは、予測アイテム集合の要素がどれくらい適合アイテム集合の要素をカバーできているかの割合です。たとえば、ユーザーに対するRecall@3は、適合アイテムが4つあり、予測アイテム集合の上位3つの中ではアイテムBの1つが適合アイテムなので、Recall@3=1/4となります。

```
def recall_at_k(true_items: List[int], pred_items: List[int],
                k: int) -> float:
    if len(true_items) == 0 or k == 0:
        return 0.0

    r_at_k = (len(set(true_items) & set(pred_items[:k]))) /
              len(true_items)
    return r_at_k

print(recall_at_k(true_items, pred_items, 3))
# 0.25
```

なお、本章の実装例では、適合アイテム集合の要素が1つもない場合、例外として0を返します。

PrecisionとRecallは、どちらかの数値が上がると一方の数値が下がるトレードオフの関係がよく見られます。たとえば、Recall@KのKを大きくしていくと、予測アイテム集合に含まれる適合アイテムは増えていくので、Recallは向上していきます。一方で、ユーザーにとって適合しないアイテムの割合も増えていくケースでPrecisionは低下します。

そこで、PrecisionとRecallの両方を加味して評価する指標にF1-measureがあります。

F1-measure

$$\mathrm{F1} = \frac{2 \cdot \mathrm{Recall} \cdot \mathrm{Precision}}{\mathrm{Recall} + \mathrm{Precision}}$$

F1-measureは、PrecisionとRecallの調和平均として表現されます。たとえば、ユーザーのF1@3は、Precision@3が1/3でRecall@3が1/4なので、$\mathrm{F1} \approx 0.286$となります。

$$\mathrm{F1@3} = \frac{2 \cdot \frac{1}{3} \cdot \frac{1}{4}}{\frac{1}{3} + \frac{1}{4}} \approx 0.286$$

```
def f1_at_k(true_items: List[int], pred_items: List[int],
            k: int) -> float:
    precision = precision_at_k(true_items, pred_items, k)
    recall = recall_at_k(true_items, pred_items, k)

    if precision + recall == 0.0:
        return 0.0

    return 2 * precision * recall / (precision + recall)

print(f1_at_k(l, 3))
# 0.28571428571428575
```

7.2.4.3 ランキング評価指標

推薦システムは、推薦対象のアイテムにスコアを与え、そのスコアが高い順にアイテムを並べたランキングを生成することが一般的です。そのランキングにおいて、各アイテムの並び順を考慮して良し悪しを評価する指標がランキング評価指標です。

PR曲線

Top@KをTop@1、Top@2、...、Top@Nと変えていくと対応するRecallとPrecisionの組み合わせが複数得られます。これらの点について、Recallを横軸に、Precisionを縦軸にプロットし、各点を結んだものがPR曲線になります。

Top@Kの閾値を変えて (Recall, Precision)の点をプロットする

Top@K	ランキング	クリック有無		Recall	Precision
				0.0	1.0
1	アイテムA	1	→	1/4=0.25	1/1=1.0
2	アイテムB	1	→	2/4=0.5	2/2=1.0
3	アイテムC	0	→	2/4=0.5	2/3=0.66
4	アイテムD	1	→	3/4=0.75	3/4=0.75
5	アイテムE	1	→	4/4=1.0	4/5=0.8
6	アイテムF	0	→	4/4=1.0	4/6=0.66
7	アイテムG	0	→	4/4=1.0	4/7=0.57
8	アイテムH	0	→	4/4=1.0	4/8=0.5

図7-3　Precision と Recall のプロット①

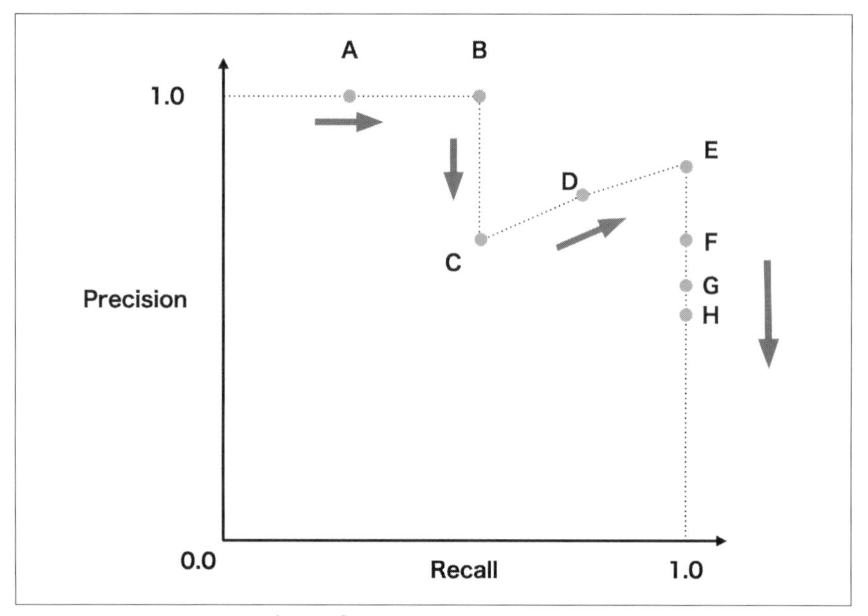

図7-4　Precision と Recall のプロット②

この例では、曲線のようなプロットではありませんが、データ数を増やすと曲線のようなプロットを描くことができます。ここでは、慣例的にRecall 0.0、Precision

1.0に始点をおいています。PrecisionもRecallも高い領域はプロットの右上に位置するため、この曲線が右上に位置するほど精度が高い推薦であると言えます。このPR曲線とRecallとPrecisionの各軸で囲まれる面積がPR曲線のAUC（Area Under Curve）です。このAUCは0から1の間の値を取り、1に近いほど精度が高いと言えます。

なお似たようなプロットにROC曲線のAUCがあります。一般に、ROC曲線のAUCは負例と正例が同じような比率で存在するデータセットの評価に適すると考えられます。一方で、推薦システムのデータセットのように負例のほうが正例よりも多い場合はPR曲線のAUCを見るほうが適切であると考えられます。

MRR@K（Mean Reciprocal Rank）

$$\mathrm{MRR@}K = \frac{1}{|\mathcal{U}|}\sum_{u\in\mathcal{U}}\frac{1}{k_u}$$

ここで、$\mathcal{U}$はユーザー全体の集合、k_uはランキングK番目以内の最初の適合位置を表します。

MRRは、ユーザーのランキングにおける最初の適合アイテムが、どれほどランキングの上位に位置しているかを評価する指標です。たとえば、ユーザーuに提示したランキングの最初の適合アイテムの位置が2番目だった場合、$k_u = 2$となります。MRRはすべてのユーザーについて、ランキングにおける適合位置の逆数を合計してユーザー数で割った値として定義されます。MRRはランキングにおける位置の逆数を用いるため、ランキング上位の結果が指標に大きな影響を与えます。たとえば、ランキングの12番目における適合よりも、2番目における適合のほうが評価指標への寄与は大きくなります。

```
def rr_at_k(user_relevances: List[int], k: int) -> float:
    nonzero_indices = np.asarray(user_relevances).nonzero()[0]
    if nonzero_indices.size > 0 and nonzero_indices[0] + 1 <= k:
        return 1.0 / (nonzero_indices[0] + 1.0)
    return 0.0
print(rr_at_k([0, 1, 0], 2))
# 0.5

def mrr_at_k(users_relevances: List[List[int]], k: int) -> float:
    return float(
        np.mean(
            [rr_at_k(user_relevances, k) for user_relevances in
             users_relevances]
```

```
        )
    )

print(mrr_at_k([[1, 0, 0], [0, 1, 0], [0, 0, 1]], 2))
# 0.5
```

AP@K（Average Precision）

$$\mathrm{AP}(u)@K = \frac{1}{\sum_{k=1}^{K} c_{u,k}} \sum_{k=1}^{K} c_{u,k} \cdot \mathrm{Precision}@k$$

ここで、

- Kはランキングの長さ
- $c_{u,k} = \begin{cases} 1: \text{ユーザー}u\text{の}k\text{番目のアイテムが適合} \\ 0: \text{それ以外} \end{cases}$

を表します。

AP@Kは、ランキングのK番目までにおける各適合アイテムまでのPrecisionを平均した値になります。

たとえば、ユーザーuに対するランキングの5番目以内のアイテムについて、2番目のアイテムと4番目のアイテムの2つが適合である場合、次のようになります。

$$\begin{aligned} \mathrm{AP}(u)@5 &= \frac{1}{2}(\mathrm{Precision}@2 + \mathrm{Precision}@4) \\ &= \frac{1}{2}\left(\frac{1}{2} + \frac{2}{4}\right) \\ &= 0.5 \end{aligned}$$

```
def ap_at_k(user_relevances: List[int], k: int) -> float:
    if sum(user_relevances[:k]) == 0:
        return 0.0
    nonzero_indices = np.asarray(user_relevances[:k]).nonzero()[0]
    return sum(
        [sum(user_relevances[: idx + 1]) / (idx + 1) for idx in
         nonzero_indices]
    ) / sum(user_relevances[:k])

print(ap_at_k([0, 1, 0, 1, 0], 5))
# 0.5
```

MAP@K（Mean Average Precision）

$$\mathrm{MAP}@K = \frac{1}{|\mathcal{U}|}\sum_{u\in\mathcal{U}}\mathrm{AP}(u)@K$$

MAPはAPを各ユーザーに対して平均をとった値になります。

```
def map_at_k(users_relevances: List[List[int]], k: int) -> float:
    return float(
        np.mean(
            [ap_at_k(user_relevances, k) for user_relevances in
             users_relevances]
        )
    )

print(map_at_k([[1, 0, 0], [0, 1, 0], [0, 0, 1]], 3))
# 0.611111111111111
```

MAPとMRRはどちらも違う式の形をしていますが、次の形式に一般化することができます（「検索評価ツールキットNTCIREVALを用いた様々な情報アクセス技術の評価方法」[†1]、『情報アクセス評価方法論：検索エンジンの進歩のために』（コロナ社、2015年）参照）。

$$\mathrm{M}(u)@K = \frac{1}{|\mathcal{U}|}\sum_{u\in\mathcal{U}}\sum_{k=1}^{K}P_u(k)G_u(k)$$

ここで、$P_u(k)$はユーザーが位置kで停止する確率、$G_u(k)$は位置kで得られる利得、Kはランキングの長さを表します。

ユーザーが位置kで停止する、とはユーザーがランキングの位置kでアイテム閲覧をやめ、ランキングから離脱することを意味します。この式は確率と利得の積になっているため、MAP、MRRは利得の期待値であると解釈できます。MAP、MRRでは確率と利得の定義がそれぞれで異なります。

この一般化された式では、ユーザーに対して次の仮定をおきます。

- 線形横断：横断ユーザーは最上位から順に1件ずつアイテムを閲覧する
- 横断停止：ユーザーは確率的または決定的にあるアイテムのクリック後に満足し、停止する

†1 https://www.slideshare.net/kt.mako/ntcireval

- 利得獲得：ユーザーは行動意図に応じて、クリックしたアイテムから適合度に応じた利得を得る

MAPとMRRにおけるユーザーの行動仮定は以下の通りです。

表7-3　MAPとMRRのユーザー行動の仮定

	MAP	MRR
横断停止	全適合アイテムについて確率的に一様に停止	最上位の適合アイテムで停止
利得獲得	位置rで停止した際に、上位r以内のランキングのPrecisionと等しい利得を得る	位置kで停止した際に、上位r以内のランキングのPrecisionと等しい利得を得る

nDCG（normalized Discounted Cumulative Gain）

今まで紹介してきたランキング指標は、クリックの有無のような二値に対する指標でした。サービスによっては、各アイテムがクリックされた後の購買の有無など、クリック以外の行動まで含めて重みを付け、多値の評価を行いたい状況もあると思います。

そこで登場するのがnDCGです。

$$\mathrm{nDCG@}K = \frac{\mathrm{DCG@}K}{\mathrm{DCG_{ideal}@}K}$$

nDCGは、DCG（Discounted Cumulative Gain）という値をランキングを理想的に並べた際のDCGで割る（normalization：正規化）ことによって定義されます。DCGは、ランキングの位置に対して利得（gain）を分母のlogの項によってディスカウントさせます。

$$\mathrm{DCG@}K = r_1 + \sum_{i=2}^{K} \frac{r_i}{\log_2 i}$$

ここで、rはランキングの各アイテムの利得を表します。

そのため、ランキング上位で正解するとDCGへの寄与が大きく、ランキング下位で正解してもDCGへの寄与は小さくなります。nDCGにおけるユーザーの仮定は次の通りです。

- 利得獲得：ユーザーはクリックしたアイテムから適合性に応じて利得を得る。その利得は累積する。
- 利得減衰：利得はそれまでにユーザーがランキング上で閲覧したアイテムの数に応じて減損する。

計算の具体例として、ユーザーがアイテムをクリックしたときの利得を1、さらに購入したときの利得を2、クリックしない場合を0とします。

表7-4 nDCGの入力ランキング

入力ランキング	利得（not click=0, click=1, conversion=2）
アイテムA	0
アイテムB	2
アイテムC	0
アイテムD	1
アイテムE	0

表7-5 nDCGの理想的なランキング

理想的なランキング	利得（not click=0, click=1, conversion=2）
アイテムB	2
アイテムD	1
アイテムA	0
アイテムC	0
アイテムD	0

このときのnDCG@5は、

$$\mathrm{DCG} = 0 + \frac{2}{\log_2 2} + \frac{0}{\log_2 3} + \frac{1}{\log_2 4} + \frac{0}{\log_2 5} = 2.5$$

$$\mathrm{DCG}_{\mathrm{ideal}} = 2 + \frac{1}{\log_2 2} + \frac{0}{\log_2 3} + \frac{0}{\log_2 4} + \frac{0}{\log_2 5} = 3.0$$

$$\mathrm{nDCG} = \frac{\mathrm{DCG}}{\mathrm{DCG}_{\mathrm{ideal}}} = \frac{2.5}{3.0} = 0.833$$

となります。

```
def dcg_at_k(user_relevances: List[int], k: int) -> float:
    user_relevances = user_relevances[:k]
    if len(user_relevances) == 0:
        return 0.0
```

```
        return user_relevances[0] + np.sum(user_relevances[1:] /
        np.log2(np.arange(2, len(user_relevances) + 1))
        )

    def ndcg_at_k(user_relevances: List[int], k: int) -> float:
        dcg_max = dcg_at_k(sorted(user_relevances, reverse=True), k)
        if not dcg_max:
            return 0.0
        return dcg_at_k(user_relevances, k) / dcg_max

    print(ndcg_at_k([0, 2, 0, 1, 0], 5))
    # 0.8333333333333334
```

以上で代表的なランキング評価指標の紹介は終わりです。

7.2.4.4 その他の指標

今まで紹介してきた指標は、すべてユーザーがクリックするアイテムをなるべく上位に出すための推薦システムの指標でした。しかしながら、精度ばかりを追求することは、似通った商品ばかりを推薦してしまうフィルターバブル問題をはじめとして、サービスにとって望ましくない副作用を引き起こすリスクがあります。また、映画や音楽などの娯楽に関わるドメインでは、ユーザーが予期せぬ未知の推薦によって得られた満足度はより大きいと考えられています。

精度以外を測る指標には、カバレッジ、新規性、多様性、セレンディピティの指標があります。これらの指標は各々でさまざまな定義があるため、各指標について1つ具体的な定義を紹介します。

カタログカバレッジ（Catalogue Coverage）

$$\text{Catalogue Coverage} = \frac{|\widehat{\mathcal{I}}|}{|\mathcal{I}|}$$

ここで、$\widehat{\mathcal{I}}$は実際に推薦が行われたアイテムの集合、$\mathcal{I}$は全アイテムの集合を表します。

カタログカバレッジの分子は、実際に推薦した商品の数で、分母が全商品の数です。このように、カバレッジは推薦の幅広さを測る指標です。このカタログカバレッジを測定することで、人気商品に偏った推薦の検出が行えます。近年では、推薦システム内のユーザー満足度に加えて、推薦システムに関わる複数の利害関係者（マルチステークホルダー）を含めて推薦システムを改善する取り組みが増えています。カタログカバレッジは、たとえばある企業から提供された推薦アイテムが、実際にどの程度の割合で推薦に利用されたかを計測することに使用されます。

ユーザーカバレッジ（User Coverage）

$$\text{User Coverage} = \frac{|\widehat{\mathcal{U}}|}{|\mathcal{U}|}$$

ここで、$\widehat{\mathcal{U}}$は実際に推薦が行えたユーザー集合、$\mathcal{U}$は全ユーザーの集合を表します。

ユーザーカバレッジは、どれくらいのユーザーに対して推薦が行えたかを測る指標です。分子は、実際に推薦が行えたユーザーの数で、分母が全ユーザーです。

ユーザーカバレッジはコールドスタート問題の検出に利用できます。サービスを利用して間もない初期ユーザーに絞ってユーザーカバレッジを測定することで、初期ユーザーにどれほど推薦が行えているかを測定できます。この初期ユーザーに対するユーザーカバレッジが低い場合、初期ユーザーに対して推薦が行えていないコールドスタート問題が起きていることを意味します。

カバレッジを日次的に測定することは、システムの異常検出にも役立ちます。たとえば、カバレッジがある日突然低下した場合、ログの欠損やモデルの更新の不具合が起きていることが考えられます。

新規性（Novelty）

$$\text{Novelty}(\mathcal{R}) = \frac{\sum_{i \in \mathcal{R}} -\log_2 p(i)}{|\mathcal{R}|}$$

ここで、

- $\mathcal{R}$はランキング
- $p(i) = \frac{\sum_{u \in \mathcal{U}} \text{imp}(u,i)}{|\mathcal{U}|}$
- $\text{imp}(u,i) = \begin{cases} 1: \text{ユーザー}\ u\ \text{にアイテム}\ i\ \text{が過去に推薦された場合} \\ 0: \text{それ以外} \end{cases}$

を表します。

Noveltyは、ランキングにおける推薦アイテムの真新しさを表します。$p(i)$は全ユーザーに対して過去にそのアイテムが推薦された確率を表しています。この定義に従うと、ユーザーに表示されにくいアイテムを幅広く表示するとNoveltyが大きくなります。

多様性（Diversity）

$$\mathrm{Diversity}(\mathcal{R}) = \frac{\sum_{i \in \mathcal{R}} \sum_{j \in R \setminus i} \mathrm{sim}(i, j)}{|\mathcal{R}|(|\mathcal{R}| - 1)}$$

ここで、$\mathcal{R}$はランキング、$\mathrm{sim}(i, j)$はアイテムiとアイテムjの類似度の距離を表します。

ランキング$\mathcal{R}$における多様性は、ランキングの各アイテム間の類似度の距離の平均値によって定義されます。たとえば、類似度としては二乗誤差が考えられます。この定義によると、ランキングの各アイテム間の類似度の距離が遠い場合（類似度が低い場合）、多様性は大きくなります。この定義は、ランキングのみに依存する多様性の指標（individual, intra-list diversity）です。

セレンディピティ（Serendipity）

$$\mathrm{Serendipity}(\mathcal{R}, u) = \frac{|\mathcal{R}_{\mathrm{unexp}} \cap \mathcal{R}_{\mathrm{useful}}|}{|\mathcal{R}|}$$

ここで、$\mathcal{R}$はユーザーに対するランキング、$\mathcal{R}_{\mathrm{unexp}}$はランキング$\mathcal{R}$で意外性のあるアイテム集合、$\mathcal{R}_{\mathrm{useful}}$はランキング$\mathcal{R}$で有用なアイテム集合を表します。

このように、セレンディピティはランキングにおける意外であり、かつ有用なアイテムの割合を測定します。

これまで紹介してきた評価指標は基本的にサービスログから算出可能なものでした。一方でセレンディピティの定義に含まれる意外性や有用性の判定には、後述するユーザースタディを用いて判定することがあります。

7.2.4.5　評価指標の選定方法

評価指標には、予測精度、多様性、新規性などいくつもの観点があります。では結局どの指標を使えばよいでしょうか。

適切なオフライン評価指標の選び方の1つの方法としては、オンライン評価と相関するオフライン指標を見つける方法があります。Precision@K、Recall@K、MAP@K、nDCG@Kなどのそれぞれの指標で最も良かったモデルを実際にリリースして、売上などの指標が高かったモデルを調べます。そうすることで、どのオフライン指標がそのサービスにおけるビジネス指標に適しているかを知ることができます。また、オンライン評価に一致するように、複数のオフライン指標を組み合わせて新しいオフライン指標を作るというアプローチ[†2]もあります。この研究ではニュースサイトの推薦システムを分析しており、予測精度の評価指標単体を用いるより、セレンディピティやカバレッジのオフライン指標を組み合わせたほうが、実サービスにおけるクリック率の高い推薦モデルを構築できたと報告しています。

もう1つの方法として、ユーザーの行動意図を仮定し、指標を選ぶ方法もあります。これには、ウェブ検索におけるユーザーの行動意図を次の3つに分類した、Broderによる研究[†3]が参考になります。

- **誘導型（Navigational）**：ある特定のサイトを訪れたいという意図
  - 1つの適合アイテムを得たい場合——たとえば、時刻表のウェブサイトを検索する場合
- **情報収集型（Informational）**：1つ以上のウェブページに書かれていると思われる情報を取得したいという意図
  - 1つ以上の適合アイテムを得たい場合——たとえば、温暖化の原因を調査するために検索する場合
- **取引型（Transactional）**：ウェブを仲介としたアクションを実行したいという意図
  - ——たとえば、居酒屋を予約する場合

これらの分類は、推薦システムの評価時にも有用です。たとえば、1つ以上の適合アイテムを重視して評価したい場合、Average PrecisionやnDCGなどの情報収集型意図に適した指標を用いれば良く、1つの適合アイテムを評価したい場合は、Reciprocal RankやERRといった誘導型意図に適した指標を用いることが考えられます。ランキング指標を行動意図ごとに分類すると次のようになります。

---

†2 Andrii Maksai, Florent Garcin, and Boi Faltings, "Predicting online performance of news recommender systems through richer evaluation metrics," Proceedings of the 9th ACM Conference on Recommender Systems (2015).

†3 Andrei Broder, "A taxonomy of web search," SIGIR Forum 36, vol.36, pp.3-10, ACM (2002).

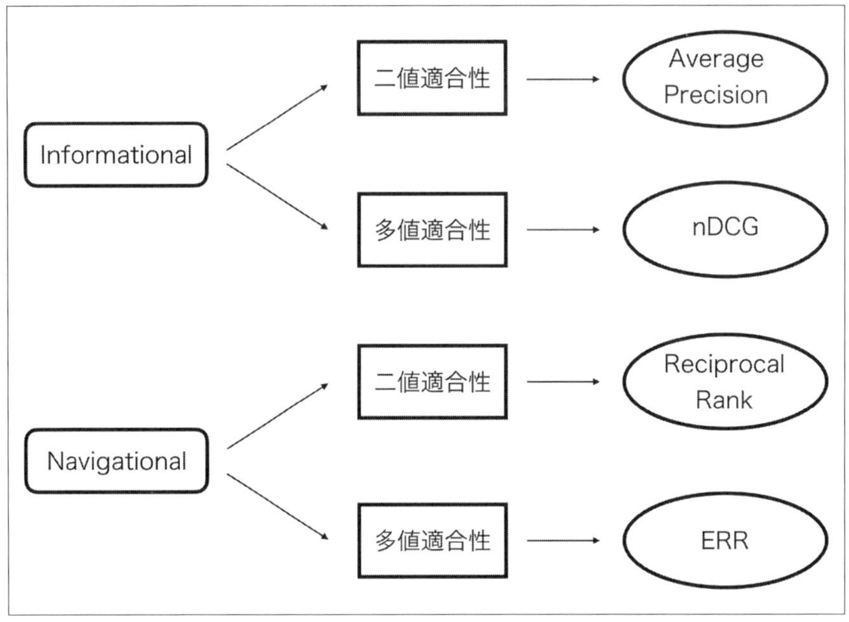

図7-5 評価指標に対する行動意図での分類

なお、ERR（Expected Reciprocal Rank）は紹介しませんでしたが、情報検索の分野では有名な指標の1つです。ERRは、着目するアイテムのランキングにおける位置に加えて、そのアイテムより上にあるアイテムから定義される停止確率に依存する指標です[†4]。

筆者の経験では、評価指標の実装にはバグが非常に入りやすいです。そのため、評価には多くの人に検証されている実装を用いることを推奨します。本章で紹介した評価の実装の最新版はhttps://github.com/oreilly-japan/RecommenderSystemsに記載しているので、本書の内容と合わせてご確認ください。

7.3 オンライン評価

オフライン評価は、実サービスのユーザーに影響を与えることなく評価が行える方法でした。しかしながら、すべての評価が、オフラインで正確に行えるわけではあり

†4 O. Chapelle, T. Joachims, F. Radlinski, and Y. Yue, “Large-scale validation and analysis of interleaved search evaluation,” ACM Transactions on Information Systems(TOIS).

ません。たとえば、ECサイトにおける商品の画像サイズを調整するようなテストを行いたい場合、実際のユーザーに与える影響を評価することはオフライン検証では困難です。このような場合、UIの変更を行う場合のUIと変更を行わない場合のUIを、それぞれ別々のユーザーに提示し、その変更の効果を検証することが考えられます。このように、システムの変更点を実際にユーザーに提示して評価する方法は、オンライン評価と呼ばれます。

7.3.1 A/Bテスト

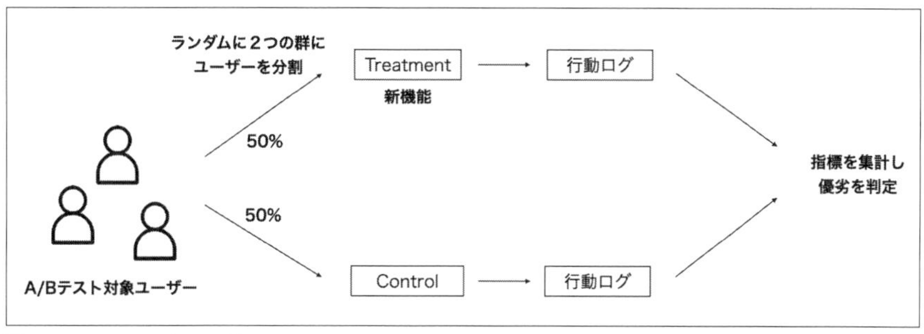

図7-6　A/Bテストの一例

オンライン検証の代表的な手法はA/Bテストです。A/Bテストは、ランダム化比較試験（Randomized Controlled Trial：RCT）と呼ばれる評価手法の1つです。A/Bテストは、テスト対象の機能に対して、変更を加えた結果を見せるTreatmentユーザー群と、変更を加えない結果を見せるControlユーザー群の2つにユーザーを分割して評価を行う手法です。ここでTreatmentとControlへの分割は乱数を用います。なお複数の変更を同時に行う場合は、変更の数だけユーザー群を分割します。ここでは、このA/Bテストの設計や進め方、注意点について記述します。

7.3.1.1 仮説

A/Bテストを始める際には、テスト対象の効果の仮説を立てることをおすすめします。たとえば、次のような仮説テンプレートが利用できます。

表7-6 仮説テンプレートの例

項目	例
コンテキスト	旅行の宿を簡単に見つけられないユーザーがいる
変更点	新しい推薦アルゴリズムを導入する
対象	ヨーロッパ地域のドイツ語話者のユーザー
指標目標	宿泊予約を1%向上させる
ビジネス目標	宿泊予約経由の売上を向上させる

各項目の意味は次の通りです。

- コンテキスト：実験の背景は何か？
- 変更点：何をどう変えるか？
- 対象：対象ユーザーはだれか？
- 指標影響：変更点が指標にどのような影響を与えるか？
- ビジネス目標：施策によって達成したい最終的なビジネスのゴールは何か？

こうした形で仮説をあらかじめ明文化することが、組織において正しい意思決定をするためには重要です。このテンプレートでは、事前に指標を定義し、そしてビジネス目標との接続を明確にすることが求められます。そのため、このテンプレートを用いることで仮説とビジネス目標の接続が明確になり、ビジネスの観点から施策の優先順を決めることができます。また実験が終わったあとに目標数値を変えるなど間違った意思決定に通じる行為を避けることにも繋がります。さらに、型を決めて明文化することは、チームを跨いで施策の効果を確認する際のコミュニケーション負荷を下げる効果も期待できます。

進め方

上記の仮説テンプレートが決まったら、実装を行いテストを実施します。TreatmentとControlのユーザー群の分割には、乱数を用います。たとえば、ユーザーIDをハッシュ関数に入れて出てきた値に応じて分割する方法が考えられます。A/Bテストは、実際にユーザーに変更点を見せるため、ユーザー体験を損なうリスクが伴います。そこで、まずは実装した内容が意図通りに動いているかを少ないユーザー数に対して確認するとよいでしょう。そして、意図通りの挙動が確認できたあとで、定義した指標が集計できるユーザー数に拡大していくことをおすすめします。

注意点

A/Bテストは、ユーザー群を分割して評価を行う方法でした。そのため、仮にテスト前から群に差がある場合、正しくテストの評価が行えない懸念があります。たとえば、片方のユーザー群が極端に普段からクリックの多いユーザーばかりに偏っていると、クリック数の測定はA/Bテストで正しく行えません。このような影響は群バイアスと呼ばれます。この群バイアスは、A群とB群に同じ施策を行ってその評価指標の間に差が見られないことを確認するA/Aテストによって確認できます。

ログの混合にも注意が必要です。学習モデルA/学習モデルBをユーザー群A/ユーザー群Bでテストを行う状況を考えます。理想的には、学習モデルAはユーザー群Aの行動ログのみによって、学習モデルBはユーザー群Bの行動ログによってのみ学習が行われるべきです。しかし、学習データの不足などの理由によって、混合した行動ログによって学習せざるを得ない場合もあるかと思います。このような場合に、仮にモデルAがモデルBにA/Bテストで勝利した場合でも、モデルAを全ユーザーに適用した時に比べ、モデルBを全適用した場合のほうが、実は効果が良いケースがあります。たとえば、モデルAはモデルBによって生み出された行動ログがない場合に、効果が悪くなるようなケースです。具体的には、モデルAが**5章**で紹介したバンディットアルゴリズムの文脈でいう活用のみを行うモデルで、モデルBが探索と活用の両方を行うようなモデルだとこのような問題が起こりえます。

集計期間にも注意が必要です。たとえば、ユーザーは新しい変化に過度に反応を起こす場合があります。このような場合、短期間でテストを行った場合と長期間でテストを行った場合で異なる結果を示す場合があります。さらに、特定の曜日や季節の条件でのみ大きく効果が変化するようなテスト対象がテストに含まれる場合、短期間で集計を行った場合には誤った結論を導くリスクがあり注意が必要です。

7.3.1.2 指標の役割

A/Bテストの評価では、どのような指標を用いればよいでしょうか。ここでは、テストの成功/失敗を最終的に判断するOverall Evaluation Criteria（OEC）指標と、テスト時に対象ユーザーに悪影響を与えていないかを測るガードレール指標について説明します。次に、具体的な指標を設計する指針について紹介します。

OEC指標

A/Bテストの成功/失敗を最終的に判断する指標は、Overall Evaluation Criteria

(OEC) 指標と呼ばれます。OEC指標は、サービス/ビジネスの成功に向けてシステムが動くのを助けるために定義された指標です。OEC指標は長期的なサービスのKPIと相関し、かつ短期的にはチームが行動を起こすのに十分な感度を持つべきです。さらに、チーム単位ではなく、組織全体でOEC指標は合意を得ていることが望ましいです。

OEC指標は、ユーザーに焦点を当てて設計します。これは、"Focus on the user and all else will follow" というGoogleの1つ目の哲学と合致します。ユーザーがサービスやプロダクトを通して何を達成し、何を体験したいかに対して焦点を当てたOEC指標を改善することが、企業にとっての長期的な成功に繋がると考えられます。

ユーザー体験を測定する指標を設計するための観点としては、次のようなものがあります。

- Happiness：ユーザーのサービスに対する感覚です。これらは、満足度、視覚的魅力、使いやすさなど、ユーザーの主観的な側面に関連します。なお行動ログから推定が難しい場合は、ユーザースタディを追加で実施することもあります。
- Engagement：ユーザーのプロダクトへの関与のレベルです。たとえばある期間におけるサービスの起動頻度やインタラクションの深さなどです。
- Adoption：ある期間に何人の新規ユーザーが製品を使い始めたかです。
- Retention：ある期間のユーザーのうち何人が、その後のある期間にまだサービスの利用を継続しているかです。
- Task success：効率性（タスク完了までの時間など）、有効性（タスク完了率など）、エラー率など、従来のユーザー体験に関してです。

これらの観点は、各観点のアルファベットの頭文字をとってHEARTというフレームワークとして知られています。

ガードレール指標

OEC指標は、改善したい指標に関するものでした。一方で、ガードレール指標は、劣化させてはいけない制約を表します。ガードレール指標は、ページ閲覧数、サービス稼働率、レスポンス速度、週間アクティブユーザー数、収益額などがあります。特に、レスポンス速度は重要で、たとえばMicrosoft社のbing検索（https://www.bing.com/）

において100msの違いが0.6％の収益額の違いを生んだとの報告があります。

ユーザー行動には、さまざまなトレードオフが存在することに注意が必要です。たとえば、サービス内のパーソナライズモジュールのクリック精度が上がった結果、関連アイテムモジュールのクリック数が減少するといったケースは頻繁に起こります。そのため、最終的なある施策の効用をOEC指標で測定しつつ、サービス全体のトレードオフを考慮してガードレール指標を設計することがA/Bテストにおいては重要です。

7.3.1.3 指標の設計方針

さまざまなOEC指標やガードレール指標が考えられる場合、どのような指標を採用すべきでしょうか。

"Challenges, Best Practices and Pitfalls in Evaluating Results of Online Controlled Experiments"[†5]では、良い指標を下記5つの特性（STEDI）から説明しています。

Sensitivity

指標は、感度良くあるべきです。Sensitivityは2つの要素からなります。1つは変更に対して指標がどれだけの頻度で変動するかというMovement Probabilityです。良い指標は、大きな変動が起きる確率が小さく、安定して計測できます。もう1つの要素は効果の変動がある場合に、それをどれだけ正確に特定できるかというStatistical Powerです。なお、このStatistical Powerは検出力と呼ばれ、A/Bテストにおける検出力は最低限80％が業界水準として求められます。

Trustworthiness

指標は、高い信頼性があるべきです。指標の値を得ることは容易ですが、信頼できる指標を得ることはそう簡単ではありません。たとえば、サーバーのトラブルなどで数値が欠損することは珍しくありません。またログの仕様と実装に乖離があることもしばしばあります。このような状況で測定した指標の信頼性は低いと言えます。さらに、ウェブサービスの場合は検索エンジンのクローラーなどのボット（Bot）のアクセスは施策の評価にはノイズであり、それを取り除いて指標を計測する必要があ

†5 https://sites.google.com/view/kdd2019-exp-evaluation/

ります。「興味深かったり違いが明確なデータは大抵誤りである」というTwyman's lawのように、具体的には強い結果が出たときは、まずなんらかの外的要因や集計のミスを疑い、信頼性を確認しましょう。残念ながら、すでに色々な施策が実施されたウェブサービスにおいて明確に良い施策を打ち出すのは、容易ではありません。

Efficiency

指標は、効率の良い意思決定に繋がるべきです。組織が成熟して、実験の体制が整ってくると、数十、数百と行うテストの数は増えていきます。成熟した組織において、評価の効率は重要です。効率には時間、複雑性、コストの3つがあります。Ronny Kohaviは"An approximate answer today is worth much more than a (presumed) better answer three months out."と述べています。つまり3ヶ月後に得られる正確な答えより、今日得られる大雑把な答えのほうが遥かに価値があるということです。Netflixは再生時間を1ヶ月継続率の代理変数として使っており、Courseraはコースマテリアルへのインタラクションとクイズの利用率をコース完走率の代理変数として使っています。このように、大雑把でもより早く結果を得られる変数を探すことは重要です。また複雑な指標も効率性を欠きます。たとえばアイトラッキングやアンケートを用いて測定する認知的な指標は、スケールさせることが難しいです。そして、データを得るコストも重要です。メールのスパム判定や広告の適合性の判定を人手で行うこともスケールさせることが難しく、コストが大きくなります。

Debuggability and Actionability

デバッグに繋がる指標も用意しましょう。テストに異常があった場合に、その異常の原因を追跡し、修正することに繋がる指標も用意しておくべきです。オンライン実験を行う場合にはどうしてもバグが発生することがあります。特にユーザーごとに出し分けたり、特定の条件でしか発生しない施策の場合、それを検知するのは難しいです。そのため、バグやクラッシュを検知できる仕組みを指標として設計しておく必要があります。先述した通り、数字が大きく変動したときはバグの可能性があります。

Interpretability and Directionality

指標は、解釈が容易であるべきです。たとえば、ユーザーの不満を集計したい場合に、満足度を5段階で評価したときに、5段階評価の平均をとる行為は解釈が難しいです。この場合、不満があると答えたユーザーの割合を集計するほうが解釈が容易です。Directionalityは、その数値が改善したときにビジネス目標が達成されるのかを指します。たとえばニュースアプリでユーザーエンゲージメントの向上を目的とした機能をテストするとき、ある単体の機能のクリック率が向上していても、全体のクリック率が低下していては目的を達成したとはいえません。

A/Bテストの説明については以上です。ここでは、代表的な概念について説明を行いました。より詳しくA/Bテストについて知りたい場合、『A/Bテスト実践ガイド：真のデータドリブンへ至る信用できる実験とは』（KADOKAWA、2021年）をおすすめします。

7.3.2 インターリービング

オンライン評価のもう1つの手法にインターリービングがあります。A/Bテストでは、テスト対象の数だけユーザー群を分ける必要があります。そのためテスト対象の増加に応じて、テストユーザーの数も線形に増加するため、評価の効率が問題になることがあります。

インターリービングは、ランキングの評価がA/Bテストよりも10〜100倍効率的に評価できることが知られています。インターリービングは、評価時にA/Bテストのようにユーザー群の分割は行いません。代わりに、評価対象の各ランキングを1つのランキングに混ぜてユーザーに提示します。その混ぜたランキングへのクリックから元のランキング同士の評価を行います[†6†7]。

なお、2つのランキングを混ぜて評価する手法はインターリービングと呼ばれ、3つ以上のランキングを混ぜて評価する手法はマルチリービングとして知られています。マルチリービングは、多くのモデルやパラメータを同時にテストしたい場合に、A/Bテスト実施前のテスト対象の絞り込みに利用されることがあります。

インターリービングの各手法は、ランキングの混ぜ方とユーザーのクリックの集計の種類に応じてさまざまあります。代表的なインターリービング（マルチリービング）手法の特徴は次の通りです[†8]。

---

†6 O. Chapelle, T. Joachims, F. Radlinski, and Y. Yue, "Large-scale validation and analysis of interleaved search evaluation," ACM Transactions on Information Systems(TOIS).

†7 A. Schuth, F. Sietsma, S. Whiteson, D. Lefortier, and M. de Rijke, "Multileaved comparisons for fast online evaluation," In Proceedings of the 23rd ACM International Conference on Conference on Information and Knowledge Management.

†8 https://qiita.com/mpkato/items/99bd55cc17387844fd62

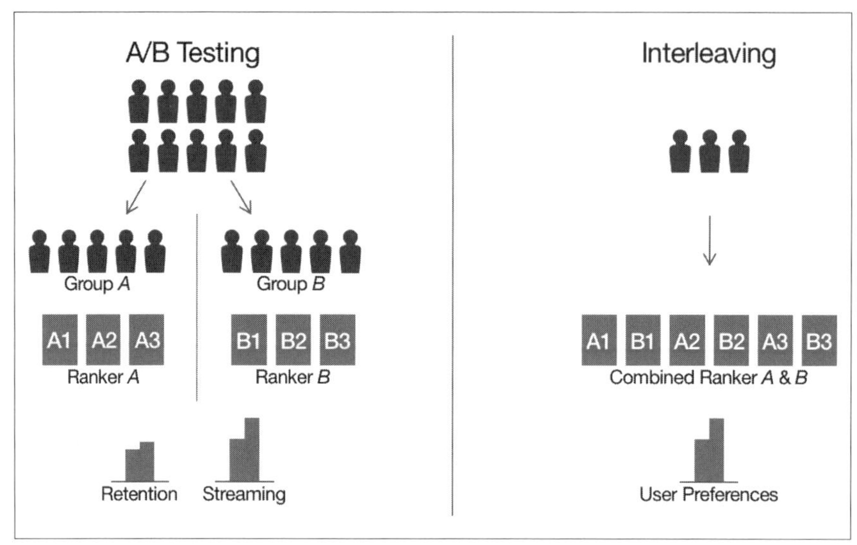

図7-7 A/Bテストとインターリービング（出典：netflixtechblog.com）

- Team Draft Multileaving（TDM）：2つの検索結果を選ぶごとに先攻・後攻をランダムで決めながら、両ランキングから1つずつ、まだ用いられていない検索結果を上位から順に選択する
- Probabilistic Multileaving（PM）：できるだけ各ランキング中の検索結果の順序を保持しつつも、相対的に低い確率で任意の順序での検索結果選択を許容する
- Optimized Multileaving（OM）：まず、出力候補となるランキングを複数用意する。次に、最適化問題を解くことによって出力候補のランキングの出力確率を調整する
- Pairwise Preference Multileaving（PPM）：高速かつConsiderateness、Fidelityという理論的な保証がある手法。Considerateness は「混ぜ合わせたランキングは、もとの入力ランキングより質が悪くない」という性質のこと。言い換えると、Considerateness はテスト時に入力ランキング以上にはユーザー体験を毀損しないことを保証する。Fidelity は「ランダムなクリックが与えられた場合にはすべてのランキングのスコアの期待値が同じになる」かつ「より優れたランキングのスコアの期待値はより高くなる」という性質を表す

Considerateness、Fidelityの観点で各手法を比べると次のようになります。

表7-7 代表的なインターリービング手法のメリット・デメリット

	Considerateness	Fidelity	実装の容易性
TDM	○		○
PM		○	○
OM	○		
PPM	○	○	

PPMは高速かつ理論保証である一方で、やや実装と集計が複雑であるため、まずはじめにインターリービングを試すときにはTDMから導入することをおすすめします。TDMは実装が容易かつ集計も容易です。インターリービングの各手法の実装例の参考になるGitリポジトリがあります[†9]。

インターリービングは評価が効率的である一方で、UIなどの評価は行うことができません。また、A/Bテストに比べて実装のコストがやや高いです。A/Bテストとインターリービングのメリットとデメリットは次の通りです。

表7-8 A/Bテストとインターリービングのメリット・デメリット

	A/Bテスト	インターリービング
評価対象	推薦モデルやUIを含む	推薦モデルによって生成されたランキング
評価の効率	多くのユーザーが必要	少ないユーザーで評価可能
実施コスト	低い	高い

このように、インターリービングにも長所と短所が存在するため、実施したいテストの内容に応じて利用を検討する必要があります。

7.4 ユーザースタディによる評価

ここまでは、オフラインとオンラインでの推薦システムの評価方法を紹介しました。しかしながら、これらの指標は、ユーザー満足度に関する「実際にユーザーが推薦システムをどのように感じたか」というサービスにとって重要な視点が不足しています。そこで、ユーザーに直接インタビューやアンケート調査を行うユーザースタ

†9 https://github.com/mpkato/interleaving/

ディを行うことで、推薦システムが人々の感覚に与える影響について、定性的な示唆を得ることができます。

7.4.1 調査の設計

ここでは、ユーザースタディの設計を行う際のポイントを紹介します†10。

参加者の選定

ユーザースタディの対象者は、基本的にはできる限り実際の利用者に近い人を選ぶことが推奨されています。たとえば、とあるECサイトの推薦システムのユーザースタディを行う際には、できればそのECサイトを利用しているユーザーや、もしくは他のECサイトをよく利用するユーザーを対象するとよいでしょう。一般のユーザーではなくても、開発者自身に調査を行うことでも、自社のサービスに足りていない機能や画面の改善点などを把握できる場合もあります。

さまざまなタイプのユーザーを対象に知見を得たいという場合には、次のような項目に応じて対象者を集めることが考えられます。

- テスト対象の専門知識レベル（初級、中級、上級）
- サービスの利用頻度（サービスの合計利用回数、特定期間の利用回数）
- ユーザー属性情報（性別、年齢、居住地域、家族構成など）

ユーザースタディの重要な観点の1つに、サンプルによって得られた結果が母集団に対しても適用できることがあります。ここで、母集団とはユーザースタディによって知見を得たい全対象のユーザーで、ユーザースタディでは母集団の中の一部のユーザーをなんらかの方法でサンプルして行います。サンプリングにもいくつか種類があり、評価の目的ごとに適切なサンプリングを行う必要があります。代表的なサンプリング手法は以下の通りです。

- **単純無作為抽出法**：母集団に含まれるユーザーをランダムに抽出する手法。言い換えると、母集団に含まれるすべてのユーザーは等確率で抽出される。
- **系統的抽出法**：母集団に含まれるユーザーに番号をつけ、1番目の調査対象ユーザーをランダムに選び、2番目以降のユーザーをユーザーにつけた番号に

†10 『ユーザーエクスペリエンスの測定：UXメトリクスの理論と実践』（東京電機大学出版局、2014年）

対して一定間隔で抽出する手法

- **層化抽出法**：すでに分かっている母集団の情報（年齢や性別など）を用いて、いくつかの層を作り、それらの層に対して、必要なサンプル数が得られるまでランダムに抽出を行う手法
- **便宜的抽出法**：調査に参加したい人に参加してもらう方法。たとえば、対象ユーザーを広告で募集したり、過去のテストの参加者の名簿を使って呼びかけて参加してもらう。便宜的に抽出したユーザーがどれほど母集団を反映しているかを理解し、調査結果にどの程度偏りが発生するか把握する必要がある。

参加者の数

ユーザースタディの参加者の数は、調査の目的と誤差の許容度合いから決定します。たとえば、ユーザビリティに関する不具合を発見することが目的である場合、5人程度の人数で80％以上の問題が発見できるという主張があります†11。一方で、システムのさまざまな側面に対するフィードバックが得たい場合や調査タスクがたくさんある場合においては、少数の意見を見落としたくないため、なるべく多くの人に対して調査する必要があります。一般的には、システムの初期段階では少数の参加者を集めて比較的重大な問題を見つけ、システムが完成に近づくにつれてより多くの参加者を集めて残りの小さい問題を見つけることが理想的なユーザースタディの活用方法です。

誤差の許容度合いとは、得られる結果がどれほど確かである必要があるかという観点です。得られた結果の誤差を見積もる方法としては、統計量に対する信頼区間を図示したり、統計的検定を行うことが挙げられます。なお調査の目的に応じて誤差の許容度合いも変わってくることが自然です。

調査のタイミング

ユーザースタディを行うタイミングはさまざま考えられます。スタートアップなどで新規のサービスの需要を事前に見積もる際、サービスの最小限の機能を実装したあと、サービスの全体機能が完成したあとなどが考えられます。規模の大きい企業で成熟したと思われるサービスにおいても1年に1度は定性的なユーザー調査を行うことが望ましいです。これは、さまざまな短期的な改善施策を行った結果、気づかない問

†11 https://www.nngroup.com/articles/why-you-only-need-to-test-with-5-users/

にサービス全体を通したユーザー満足度の低いプロダクトに仕上がってしまうケースが少なくないためです。たとえば、規模の大きい企業では、各機能ごとにチームがあるため、それぞれのチームが独立に部分最適を行った結果、全体を通してユーザーにとって使いづらいサービスに変化することがあります。また時間を経たことで、ユーザーのサービスに対する満足度の感覚が変化することもあります。これらの事象を検知するために、定性的なアンケートを取ることで、全体としてユーザー体験が良いものとなっているかの確認ができます。

被験者内測定/被験者間測定

ユーザースタディでデータを集める際には、参加者ごとに複数得られたデータを比較する被験者内実験、特定の参加者のデータを他の参加者のデータと比較する被験者間測定を行うパターンがあります。

被験者内測定は、参加者間の特性の違いを考慮する必要がなく、比較的小規模のサンプルサイズで十分なことが多いです。一方で、ある参加者が複数の評価を順に行っていくため、評価をこなしていく過程で学習が進んだり、疲労によってパフォーマンスや感覚が変化することがあります。このような効果はキャリーオーバー効果と呼ばれます。このキャリーオーバー効果を軽減させる方法としては、カウンターバランスがあります。最も単純なカウンターバランスの方法は、各参加者がタスクを行う前にタスクの順序をランダムにシャッフルすることです。これによって、特定の評価が常にあとのほうで回答されるといった順序に起因する影響を、被験者全体で見たときに軽減することができます。

被験者間測定は、参加者を年齢別や熟練度に応じて測定を行う方法です。一般に同一の被験者内のデータよりも、異なる参加者間のデータを比較する場合のほうが分散が大きくなるため、大きなサンプルサイズが必要になります。被験者間測定では、キャリーオーバー効果が小さいというメリットがあります。

7.4.2 アンケートの一例

次に、アンケートによってユーザーを中心にした評価を行うフレームワークResQue[†12]を紹介します。**図7-8**は、評価のフレームワークの全体像を表しています。大項目が4つあり、それぞれ次のように分類されます。

---

†12 Pearl Pu, Li Chen, and Rong Hu, "A user-centric evaluation framework for recommender systems," In Proceedings of the 5th ACM Conference on Recommender Systems, 157-164 (2011).

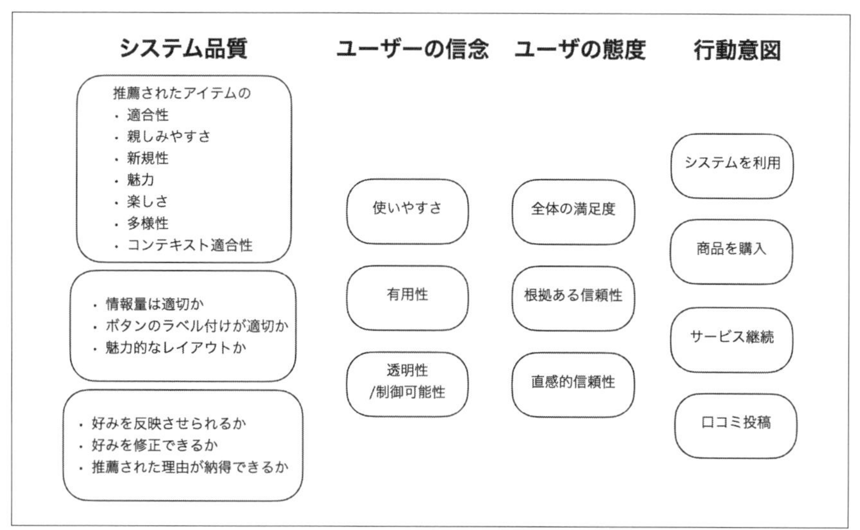

図7-8 ユーザー中心評価フレームワークResQueの全体像（論文†12を参考に作成）

1. システム品質：ユーザーがシステムの品質をどのように感じたか
2. ユーザーの信念：使いやすさなどシステム品質の結果として得られたユーザーの信念
3. ユーザーの態度：信頼度や満足度といったユーザーの主観的なシステムに対する態度
4. 行動意図：ユーザーが起こす行動

使い勝手や満足度などのユーザー体験に関する質問が中心で、サービスのログデータからは見えづらかった推薦システムを含むサービス全体に対する示唆を得ることができます。

アンケートの回答者は、次のそれぞれの質問項目に1（全く賛成しない）から5（強く賛成する）までの尺度で回答を行います。

1. システム品質
   a. 適合性
      i. 推薦されたアイテムは自分の興味にあっている
   b. 新しさ

        i. 推薦されたアイテムは新しく、興味のあるものである
    c. 多様性
        i. 推薦されたアイテムには多様性がある
2. ユーザーの信念
    a. 推薦システムのインタフェイスのレイアウトは魅力的であり十分である
    b. 自分にとって理想的なアイテムの発見を推薦システムが効果的に手助けしてくれた
3. ユーザーの態度
    a. 全体を通して、推薦システムに満足である
    b. 推薦されたアイテムに納得感がある
    c. 推薦されたアイテムを好きになれる確信がある
4. 行動意図
    a. 継続性と頻度
        i. もう一度この推薦システムを使いたい
    b. 友人への推薦
        i. この推薦システムを友人に紹介したい

より細かなアンケート項目を利用したい場合は、元の文献[†12]を参照してください。

推薦システムの評価は、予測精度にばかり目が行きがちで、推薦システムを含むサービス全体でユーザー体験を向上させるという観点を忘れてしまうことがあります。予測精度はもちろん大事ですが、インタフェイスに推薦理由を表示するなどの、精度以外の改善のほうが大きな事業インパクトをもたらすこともあります。このように推薦システムの精度だけでは評価することができない領域、特に推薦システムに関するユーザー体験であったり、推薦システムに関わる周辺の仕組みに関する課題を発見するために、ユーザースタディは活用できます。

7.5 まとめ

本章では、推薦システムの評価にまつわるトピックを紹介しました。オフライン評価とオンライン評価、ユーザースタディはそれぞれに役割があり、限界もあります。「1つの正確な測定は、1000の専門家の意見よりも価値がある（Grace Hopper）」という格言にもある通り、推薦システムの改善も正確な指標の計測からはじまります。評価というと地味な印象もありますが、推薦システムの成熟度に応じて適切な評価を行うことが、サービスの成長速度の向上と健全な成長に繋がります。

8章 発展的なトピック

本章では、他の章で取り扱えなかった発展的なトピックを紹介します。

8.1 国際会議

推薦システムに関する最新の学術的な取り組みは、国際会議を通して追うことができます。

ACM Conference on Recommender Systems（RecSys）は、推薦システムに関する話題を扱う代表的な国際会議の1つです。RecSysの特徴として、査読で採録する研究発表とは別に、企業の研究者や技術者が運用中のシステムに関する講演を行うインダストリアルセッションがあり、企業の推薦システムを扱うエンジニアにとっても有益な情報が多い点が挙げられます。さらに、RecSysではワークショップという形式で、ファッションやニュース、食などの各ドメインに特化した推薦について、研究者やエンジニアが議論する場があります。そこでは、理論的な研究だけでなく、実サービスへの応用に関しても議論されています。そのため、自社のビジネスドメインに近いワークショップを調査することで、そのドメインにおける最新の話題を確認することができます。

推薦システムに関する研究は、情報検索やデータマイニングといった他の関連領域から派生してきた経緯から、RecSysに限らず多くの学会でも扱われています。近年は多くのウェブサービスで推薦システムが活用されるようになった背景もあり、推薦にまつわるトピックは、多くの国際会議を通して増加傾向にあります。

情報検索のトップカンファレンスであるSpecial Interest Group on Information Retrieval（SIGIR）においては、とりわけ推薦に関するトピックの比率が大きくなってきています。そのほかの推薦に関するトピックを扱う主要な国際会議としては、データマイニングに関するKnowledge Discovery and Data Mining（KDD）、Web Search and Data Mining（WSDM）や広くウェブ技術に関するトピックを扱うThe Web Conference（旧称：WWW）などがあります。

これらの国際会議は、Google、FacebookやAmazonをはじめとしてSpotifyやNetflixなど世界的なテックカンパニーがスポンサーとして参加しており、産業界からの注目も高いことが伺えます。

8.2 バイアス

ここでは、推薦システムにおいて発生するバイアスの問題点と、その対応策について簡単に紹介します。

これまでの章で紹介した通り、推薦システムにはユーザーの過去の行動ログを収集し、なんらかの推薦モデルによって推薦アイテムを選定し、ユーザーに表示することで新たなユーザーの行動が発生するというプロセスがあります。このプロセスの各段階において、選択バイアスや人気バイアスをはじめとしたさまざまなバイアスが発生することが知られています（図8-1）。

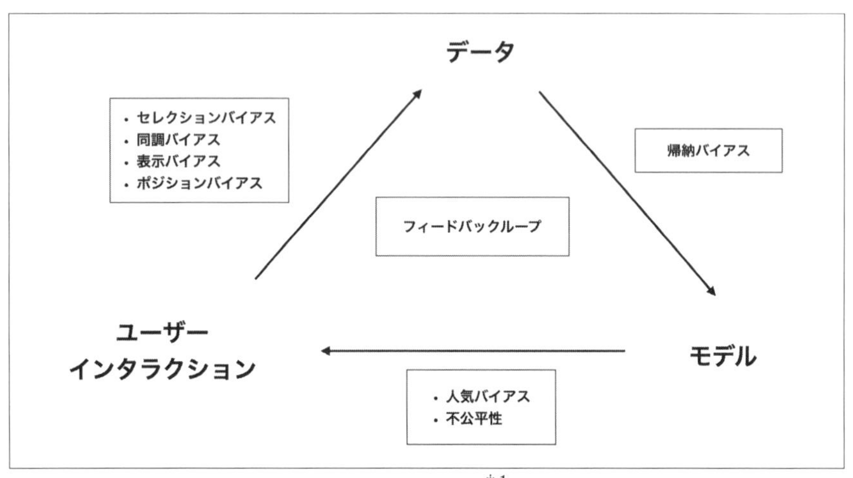

図8-1　推薦システムのフィードバックループとバイアス[†1]

†1　J. Chen, H. Dong, X. Wang, F. Feng, M. Wang, and X. He, “Bias and Debias in Recommender System: A Survey and Future Directions,” arXiv preprint arXiv:2010.03240.

もし、これらバイアスに対して適切な対処を行わない場合、オフライン評価とオンライン評価が乖離することで精度の高いモデルが本番環境に投入できないことや、偏った推薦を行うことでユーザー満足度ならびに信頼性の低下を招くリスクが生じます。さらに、それぞれのバイアスは互いに独立しているわけではなく、互いに影響し合うことで、バイアスは増幅することさえあります。

ここでは、推薦システムにおける代表的なバイアスの概要と対応策を紹介します。

8.2.1 セレクションバイアス

セレクションバイアス（Selection Bias）は、ユーザーはすべてのアイテムに評価値を付与するのではなく、自分の好みで評価対象を選ぶことに起因するバイアスです。このバイアスにより、評価値が付与されるアイテムが一部に偏り、評価値が歪んだ分布になります。

言い換えると、多くの評価値データはランダムに選択されたアイテムに対する評価値ではありません。このランダムなデータが欠損する状態は、特にMissing Not At Random（MNAR）と呼ばれます。

対策としては以下の通りです。

- Data imputation：欠落したユーザーのアイテムに対する評価値を予測して埋める
- 傾向スコアの活用：アイテムの評価値が付与される確率の傾向スコアを用いて、アイテムごとの評価値の分布の歪みを補正する（ランダムに観測された状況に近づける）

8.2.2 同調バイアス

同調バイアス（Conformity Bias）は、他のユーザーが付与した評価値に影響され、自分の付与する評価値を変えてしまうバイアスです。そのため、ユーザーが付与した評価値は必ずしも本人の好みを反映したものとは限りません。

対策としては以下の通りです。

- アイテムの評価値を人気度に応じて補正する
- ユーザーの好み、ユーザーの評価値の付与状況など、ユーザー自身の特徴を捉える補助情報を学習や予測の際に利用する

8.2.3 表示バイアス

表示バイアス（Exposure Bias）は、ユーザーに表示されるアイテムは、推薦候補のアイテムのうちの一部であることに起因するバイアスです。ユーザーがアイテムに対して行動を起こさないことは、必ずしもユーザーがそのアイテムを好まないことを示すわけではない点に、評価や学習モデルを構築する際に注意が必要です。

対策としては以下の通りです。

- 評価のための対策：アイテムを推薦する確率の傾向スコアを用いて評価指標に重みをつける
- 学習のための対策：サービスにおけるドメイン知識などを駆使して、ヒューリスティックに学習損失に重みつける。ユーザーやアイテムの補助情報などを活用して、ヒューリスティックにダウンサンプリングを行う

8.2.4 ポジションバイアス

ポジションバイアス（Position Bias）は、ユーザーがランキング上位のアイテムに対し、より多くの行動を起こすバイアスです。そのため、ランキング上位のアイテムに対する行動だけが、必ずしもユーザーに適したアイテムであることを示すわけではありません。

対策としては以下の通りです。

- クリックモデルと呼ばれる情報検索の分野で用いられるユーザーのクリックに関する行動モデリングを活用する
- ランキングにおける位置に関するアイテムの表示確率に関する傾向スコアによる補正を行う。この表示確率の算出には、アイテムをユーザーにランダムに表出させるResult Randomizationがシンプルかつ有効であることが知られている（Result Randomizationはユーザーにとって興味のないアイテムを推薦することで満足度を下げるような悪影響もあることに留意する）

8.2.5 人気バイアス

人気バイアス（Popularity Bias）は、人気のアイテムが、他のアイテムに比べてより推薦される機会が多くなるバイアスです。

対策としては以下の通りです。

- 学習に人気バイアスに関する正則化項を組み込む
- ニッチなアイテムの推薦機会を増やすことを狙った学習を行う

8.2.6 不公平性

不公平性（Unfairness）は、他の集団と比べ、特定の個人や個人のグループが有利または不利になるよう不当に区分するバイアスです。たとえば求人に関する推薦システムにおいて、これまで短期間に働く仕事に対して女性のほうが男性よりも多く就労していたからという理由で、今後も女性に対して短期間に働く仕事を推薦し続けるといったケースが挙げられます。

対策としては以下の通りです。

- 学習データのラベルや推薦結果の多様性のバランスを調整する
- 学習に公平性の基準に関する項を組み込む
- 人種や性別などのセンシティブな属性をなるべく利用しないような学習を行う

8.2.7 フィードバックループによるバイアスの増幅

推薦システムの各プロセスにおけるバイアスは、互いに影響を及ぼし、バイアスを増幅させることがあります。

対策としては以下の通りです。

- 推薦対象のアイテムの一部をランダムに選択することで、バイアスのループを軽減させる
- 強化学習のフレームワークを用いて、効率的にバイアスのないアイテムの探索をユーザーに行ってもらうことを通して、バイアスを軽減させる

以上のように、推薦システムにおけるバイアスは至るところに存在し、多くの対策が考案されています。

8.3　相互推薦システム

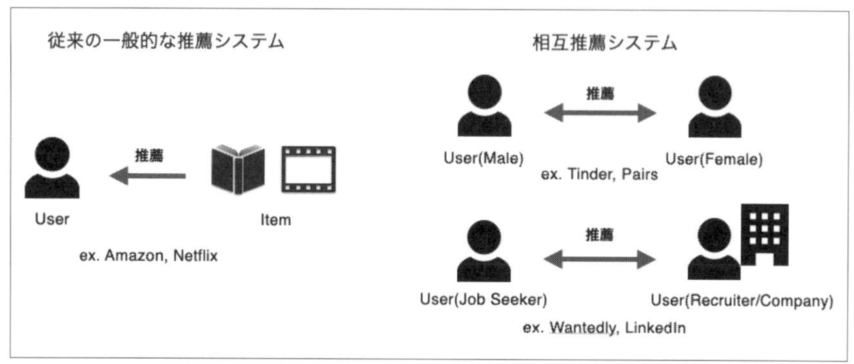

図8-2　相互推薦システムの概要

従来の一般的な推薦システムは、たとえばAmazonなどのECサービスやNetflixなどの動画配信サービスのように、商品や動画といったアイテムをサービスの利用者であるユーザーに一方的に推薦するという、Item-to-Userな形式のサービスにおける推薦システムのことを指します。一方で、TinderやPairsなどのオンラインデーティングサービスであったり、WantedlyやLinkedInなどのビジネスSNS、あるいはジョブマッチングサービスのように、サービス内のユーザーを互いに推薦する、User-to-Userな形式のサービスにおける推薦システムを**相互推薦システム**（Reciprocal Recommender Systems）と言います（図8-2）。

相互推薦システムの最大の特徴は、そのシステムにおける推薦が成功したかどうかの基準にあります。従来のItem-to-Userな推薦システムにおいては、ユーザーがサービス上で推薦されたアイテムを気に入って購入するなどのアクションを取った時点でその推薦は"成功"したものとなります。アイテム側が気に入らないユーザーからの購入を拒否するというようなことは通常ないでしょう。つまり、ユーザーがどのアイテムを好むかという、ユーザーからアイテムへの嗜好のみを考慮すれば、良い推薦ができることとなります。一方で、User-to-Userな相互推薦システムにおいては、一方のユーザーがサービス上で推薦された相手のユーザーを気に入っていいねを送ったり求人への応募をするといったアクションを取ったとしても、相手のユーザーもそのユーザーを気に入っていいねを返したり応募に対して面談日程調整のためのメッセージを返信したりといったアクションを取らなければ、推薦を受けたユーザーはサービスを利用する目的を果たすことができません。つまり、推薦を受けるユーザーと推薦され

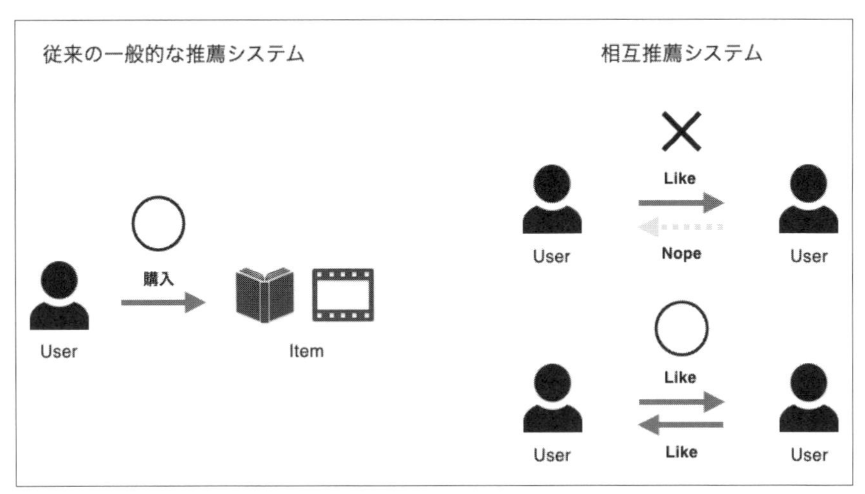

図8-3 相互推薦システムにおける推薦の"成功"の定義

るユーザーの**お互いの嗜好が一致してはじめて推薦が"成功"したとなること**が、相互推薦システム最大の特徴です（図8-3）。

8.3.1 従来の推薦システムと相互推薦システムの比較

その他にも、従来の推薦システムと相互推薦システムにはいくつか興味深い違いがあります。Luiz Pizzato氏たちは、これら2つの推薦システムを複数の観点で比較しています[†2]。その中からいくつかをピックアップして紹介します。

サービス内におけるユーザーの役割

従来の推薦システムのサービスにおいてはユーザーが能動的にアイテムを探し、気に入ったものがあれば購入などのポジティブなアクション/好意をアイテムに対して行います。アイテムからユーザーに対して好意を伝えたりすることはできません。つまり、ユーザーは常に好意の送り手でありアイテムは常に受け手となります。しかし、相互推薦システムのサービスではユーザーは状況に応じて送り手にも受け手にもなります。あるユーザーが他のユーザーの推薦を受け取った際には、推薦されたユー

†2 Luiz Pizzato, Tomasz Rej, Joshua Akehurst, Irena Koprinska, Kalina Yacef, and Judy Kay, "Recommending people to people: the nature of reciprocal recommenders with a case study in online dating," User Model User-Adap Inter (2013) 23: 447.

ザーが自身のことを気に入ってくれるかということも考慮しつつ、そのユーザーに興味があると伝えるかどうかを送り手として決定します。一方で、あるユーザーから好意/興味があると伝えられたユーザーは受け手となり、送り手のユーザーは自分に興味があるということはすでに分かっているため、単純に自分の好みだけに基づいてそのユーザーに興味があると伝えるかどうか決定できます。

サービス上でのユーザーのプロフィールや好みについての情報

従来の推薦システムのサービスでは通常、明示的なユーザーのプロフィール情報は必須でなく、わざわざ自身の好みのアイテムについての詳細な情報をサービスに提供したがるユーザーは少数です。さらには、ユーザーは自分自身が一体何を必要としているのか、欲しているのかを分かっていないこともあります。そのため、ユーザーが明示的に提供する自身のプロフィールや好みについての情報だけで十分な推薦を行うことは難しいです。また、情報の提供をユーザーに強いることもサービスとして望ましくありません。

一方で相互推薦システムのサービスにおいては、ユーザーは積極的に自身のプロフィールや好みのユーザーの情報を詳細に提供してくれる傾向にあります。ただ、ユーザーは自身をより魅力的に見せるために、無自覚な場合も含めて、正しくない情報を提供してしまうことがあるのでその点を留意する必要があります。自身の好みについても、無自覚な場合も含めて、本当の好みを提供しているとは限りません。たとえば、デーティングサービスにおいて、自分の好みの傾向を性格重視と記載しているが、実際は容姿と年収を最重要視しているなどです。

ユーザーが明示的に提供するプロフィールや好みについての情報と、ユーザーの本当の好みの間にギャップがあることを理解した上でシステムを設計するのは重要です。サービスを利用することで暗黙的に得られるユーザーの好みについての情報を利用すれば、ある程度ユーザーの本当の好みについて推定することが可能となります。そうすることで、ユーザーにプロフィール情報の訂正を促したり、ユーザーが自身では気づけていない本当の好みについて気づかせてあげることなどが可能となります。

性能評価と成功基準

従来の推薦システムの性能評価では、サービス上でアイテムの推薦を受け取るユーザーのみに着目して、ユーザーがアイテムを購入したといった場合の正解率などの尺度で評価することが多いです。一方で、相互推薦システムにおいては3つの観点で性能評価を考えることができます。まず最初に、サービスから他のユーザーを推薦として受け取り、好意の送り手となるユーザーに着目すると、推薦された他のユーザーの中にどれだけ好意を送ることにしたユーザーがいたかという観点で性能を評価することができます。次に、送り手から好意を伝えられた受け手のユーザーに着目すると、受け取った好意に対してどれだけの割合で好意を伝え返したかという観点で考えることができます。最後に、サービス内のユーザーの推薦の結果どれくらいのユーザーがお互いに好意を送り合って最終的にマッチングが成立したかという観点でも性能評価を考えることができます。

推薦の精度に対する捉え方についても、その必要性およびユーザーからの期待値が従来の推薦システムと相互推薦システムでは異なります。前者ではある程度推薦の精度が悪くとも（もちろん悪い体験には変わりないが）ユーザーはサービス上でアイテムを購入しないという判断をするだけです。また、たくさんのさまざまな良いアイテムを推薦してもらいたいと考えているので、多少良くないものでも受け入れてしまう（購入してしまう）ことさえもあります。一方後者では、好意の送り手にとっては魅力的だが受け手にとって送り手が魅力的でないというような推薦が多くなってしまうと、送り手は何度も自分の好意が送り手に断られるというサービスとしてかなり悪い体験をしてしまうことになります。また、サービスの性質上ユーザーは少数の（あるいはたった1人の）本当に自分に合ったユーザーを探しています。そのような状況において精度の低い推薦をしてしまうことはユーザーにとって受け入れがたいことになるでしょう。

ここまで、相互推薦システムの概要と、従来の推薦システムと比較した特徴について簡単に紹介してきました。相互推薦システムは近年その注目度が大きくなってきている一方、取り扱うサービスがオンラインデーティングサービスや求人サービスなどの比較的センシティブな性質のものが多いためか、実データを用いて実験を行った研究や実サービスにおける応用の詳細が公開されていないように思います。一方で、センシティブで人の人生に大きく作用するようなテーマだからこそ、研究や応用が適切に進んでいき、多くの人が公平にその利益を享受できるようになっていってほしいと願っています。

8.4 Uplift Modeling

従来のECサイトにおける推薦モデルの多くは、推薦経由で商品が購入される精度を最大化することを目的としていました。しかし、推薦経由の商品の購入を最大化するようなモデルを作成した際に、「推薦されなくても購入が発生するような商品を推薦すること」が見かけ上の推薦経由の商品の購買の増加に繋がってしまうことがあります。たとえば、ミネラルウォーターのような日用品などは、在庫が切れる度にユーザーが定期的に購入することが考えられ、ミネラルウォーターを推薦することが見かけ上推薦経由の購買の増加に見える場合があります。

Upliftは、「推薦されてはじめて購入の増加が発生した」という状況をとらえるための概念です。Upliftの枠組みにおいて、商品の購入パターンは以下のように分類します[†3]。

- True Uplift (TU):推薦されれば購入されるが、推薦されなければ購入されない
- False Uplift (FU):推薦されているかどうかに関わらず購入される
- True Drop (TD):推薦されていない場合は購入されるが、推薦されている場合は購入されない
- False Drop (FD):推薦されているかどうかに関わらず購入されない

Upliftの評価指標の基本的な考え方は、

$$\text{Uplift Score} = \text{推薦時の購入平均確率} - \text{非推薦時の購入平均確率}$$

です。

なお、推薦されたときの購入平均確率や推薦されなかったときの購入平均確率をなんらかの推薦モデルの出力から得られるログで測定すると、推薦モデルの出力の偏りによって真の平均確率(ランダムに商品を推薦するモデルによって得られたログから測定した値)から外れた値が得られてしまうことがあります。そこで、因果推論の枠組みである傾向スコア(各ユーザーに対する各商品が推薦される確率)を用いて、値を補正する対策が考えられます。

Upliftにおける最終的な目標は、TUの割合を増やすことです。しかし、TU、FU、TD、FDは、実際には観測できない問題があり、実際の学習のラベルに何を用いればよいか不明瞭です。そこで、観測可能である「推薦を行ったか否か」「購入が起きた

†3 Masahiro Sato, Janmajay Singh, Sho Takemori, Takashi Sonoda, Qian Zhang, and Tomoko Ohkuma, "Uplift-based evaluation and optimization of recommenders," RecSys2019.

か否か」という二軸によって各ラベルが取りうる割当を次のように細分化します。

- R-P（Recommend-Purchase）：推薦して、購入が起きた場合。TU、FUが存在する
- R-NP（Recommend-Not Purchase）：推薦して、購入が起きなかった場合。TD、FDが存在する
- NR-P（Not Recommend-Purchase）：推薦されず、購入が起きた場合。FU、TDが存在する
- NR-NP（Not Recommend-Not Purchase）：推薦されず、購入が起きない場合。TU、FDが存在する

この、R-P、R-NP、NR-P、NR-NPのクラスに応じて、学習ラベルの正負を与えます。通常の購入確率を最大化するモデルにおいては、正のラベルは購入が起きたR-PとNR-Pと考えられます。一方で、Upliftを最大化する場合は、TUを含むクラスであるR-PとNR-NPを正のラベルと考えます。ここで、NR-NPのデータは他のクラスのデータに比べて膨大であるため、学習が上手くいかないことが懸念されます。そこで、NR-NPのデータからサンプルする確率を小さくした上で学習を行うといった工夫が考えられます。

推薦システムの導入の際には、目的に合ったモデルの評価と学習が重要になります。Upliftは、単にクリックや購入の確率を最適化するという従来の考え方に対して、推薦システムによってはじめて生まれる効果を測定し、ユーザーに届ける1つの考え方です。

8.5 ドメインに応じた特徴と課題

この節では、推薦システムにおける音楽やファッションといったドメイン特有の特徴や課題について紹介します。

8.5.1 楽曲推薦

ここ20年の間に、音楽を聴く手段、新しいアーティストやアルバムを探す方法は大きく変化しました。現代では、数百万もの楽曲がオンラインストリームサービス上で簡単に聴けます。たとえば、Spotifyをはじめとして GoogleやAmazonはオンラインで楽曲を推薦する機能を提供しており、多くのユーザーが推薦システムを通して楽曲

を視聴しています。

楽曲の推薦には、次のような特徴や課題があります[†4]。

- **エンドレス再生**：ユーザーは1つの楽曲を聞き終えた際に、新しい楽曲の再生を望みます。また、ユーザーはいくつ楽曲を視聴したいか明確な答えをもっているケースが少ないです。そのため、楽曲の再生はユーザーが明示的に停止を行うまで連続して再生する必要がある点が他の推薦ドメインと異なる楽曲推薦の特徴です。
- **カタログの問題**：過去のクラシックの名曲から最新のポップカルチャーの楽曲まで、数千万スケールの楽曲が推薦対象となります。たとえば、Spotifyでは2018年の時点で3500万もの楽曲が推薦対象となっています。その中で、特定のジャンルでは、楽曲の鮮度が重要となります。さらに、すべての楽曲情報を推薦を行う企業が制作するわけではないことから、入稿される楽曲のメタデータには誤った情報や欠損が含まれます。そのため、データの整形に多大な労力が必要になります。
- **ユーザーの好みの反映**：ユーザーが満足する楽曲の推薦を行うためには、ユーザーがサービス利用開始時に明示的に行う好みのフィードバックに加えて、ユーザーのアクション情報（スキップなど）を使って好みを把握することが重要となります。一方で、一度把握した楽曲の好みは時間とともに大きく変化することがあります。特に、幼少期から青少年に成長する際には、短い時間の間に音楽の好みが大きく変化する可能性があります。そのため、ユーザーの好みの変化を素早く正確に汲み取ることが課題になります。
- **繰り返される消費**：ユーザーがお気に入りの楽曲は、何度も再生されることがあります。同様の現象は、日用品を何度も購入するようといったようなオンラインショッピングで起こりえます。しかし、楽曲特有の課題としてオンラインショッピングの商品に比べて、どの楽曲がいつ複数回消費されるのかを特定することが難しい点があります。
- **ニッチな楽曲の需要**：楽曲は他の推薦ドメインの商品（たとえば映画）よりもニッチな場合があることが知られています[†5]。そのため、人気の曲だけを推薦

†4 Shlomo Berkovsky, Ivan Cantador, Domonkos Tikk, “Collaborative Recommendations: Algorithms,” Practical Challenges and Applications.

†5 C. Johnson, “Algorithmic Music Discovery at Spotify,” https://de.slideshare.net/MrChrisJohnson/algorithmic-music-recommendations-at-spotify, (2014).

するとユーザー体験を損なうことがあります。

- **コンテキスト依存性**：どのような楽曲をユーザーが聴きたいかは、ユーザーの気分、日時、一人で聴くか複数人で聴くかといったコンテキストに依存します。そのため、推薦する際に、ユーザーのコンテキストをどれほどうまく捉えられるかが、推薦した楽曲をユーザーが受け入れるか否かに大きく関わってきます。
- **社会的な影響**：どのような楽曲を聴くかは、ユーザーの趣味嗜好に加え、社会的環境にも影響を受けます。たとえば、SNSで自分の聴いている楽曲を共有する際には、どのように他人に見られたいかが反映されています。

8.5.2 ファッション推薦

オンラインファッションショップは、ユーザーが複数の店舗に実際に訪れて、待ち時間なしで多くのファッション商品を探し、購入できるため近年人気となっています。その中でも特に、ファッション商品を推薦するシステムは、この分野のさまざまな問題を解決するために使われます。

ファッション推薦には、次のような特徴や課題があります[†6]。

- **インフルエンサー経由の購入**：たとえばInstagramのようなSNSでファッショントレンドを確認し、好きなインフルエンサーと同一ブランドの商品を購入する機会が近年増えています。また、著名なインフルエンサーに限らず、数百から数千程度のフォロワーを持つマイクロインフルエンサーからの影響を受けることもあります。これは、マイクロインフルエンサーは一般ユーザーにより近い感覚を持っているため参考にしやすいことに起因します。しかしながら、ユーザーがインフルエンサーを経由して商品の購入意識を持ったあとに、実際に購入に至るまでには課題があります。たとえば、予算、体型の都合から商品を購入できない場合があります。
- **類似商品の購入**：ユーザーが好む類似する商品群には、異なるブランドの商品を含めて大量の商品があります。そのため、商品の購入履歴のみから得られるデータでは、これらの大量の商品に関して、次に購入する商品と購入されない商品を区別するための情報が不足する場合があります。そこで、ファッション

†6 Shatha Jaradat, Nima Dokoohaki, Corona Pampin, Humberto Jesus and Reza Shirvany, “Second Workshop on Recommender Systems in Fashion--fashionXrecsys2020”.

推薦においてはコンテンツ自体のデータを最大限に活用する取り組みが盛んに行われています。たとえば、自然言語処理の技術によって説明文の内容を汲み取ることや、特にコンピュータビジョンの技術を用いて商品の画像からフィット感や商品の雰囲気を汲み取って商品やユーザーを深く理解する取り組みがあります。ファッション商品に画像認識技術が積極的に活用されている背景には、ファッション商品は他の推薦対象のドメインに比べて、商品画像の活用が推薦の精度に大きく関わることが挙げられます。このような状況の中で、企業が独自に持つファッション推薦に関するデータセットの公開の需要が高まっています。

- **商品のサイズやフィット感を考慮した商品の選択**：ユーザーは試着なしに靴や洋服を購入する必要があります。さらに、実際に商品が配送されてオンラインショップにフィット感などのレビューのフィードバックを返すまでには時間差が生じます。そのため、はじめてオンラインショップを訪れるユーザーに適切なサイズやフィット感のある商品を推薦をするのは困難です。そもそも、ブランドによってサイズの定義がオンラインショップ上で異なるケースがあることに加えて、ユーザーごとにサイズがフィットしているか否かという主観的な感覚が異なります。これらの課題に起因して、アパレル製品の返品の3分の1以上は、正しい商品サイズの注文が行えていないという報告があります。

8.5.3 ニュース推薦

近年ウェブ上で取得できる情報が爆発的に増えており、ウェブ利用者は情報の取捨選択が難しくなっています。このような中で、ニュース推薦システムはユーザーと世の中の情報を引き合わせる役割を担っています。たとえば、Yahoo!ニュース、SmartNews、Gunosyなどは日々集まるニュースの中から誰にでも価値のあるニュースからユーザーの趣向に合うニュースを含めてリアルタイムに配信を行っています。

ニュース推薦には、次のような特徴や課題があります[†7]。

- **コールドスタート問題**：ニュースの配信候補となる記事は、日々新たに蓄積されていきます。ユーザーに一度も掲出していない新しいニュースを評価し配信することや、ニュースサービスにはじめて訪れるユーザーに対して、ユーザー

†7 Ozlem Ozgobek, Jon Atle Gulla, Riza Cenk Erdur, "A Survey on Challenges and Methods in News Recommendation".

の趣向に合った記事を配信することは難しいです。一般にこれらの問題はコールドスタート問題と呼ばれ、他の推薦ドメインに共通する課題である一方で、ニュースサービスにおいて特に強い課題として知られています。

- **適時性**：ニュースの価値は、時間の経過とともに変化します。たとえば、明日雨が降るというニュースと、去年の今頃雨が降ったというニュースでは、ユーザーが感じる価値も異なるでしょう。そのため、ニュースサービスでは、ニュースの情報価値の変化を捉えてユーザーに配信する必要があります。基本的には、新しいニュースの価値を多めに見積もって配信する対応が取られる一方で、トピックやユーザーのコンテキストによっては古い情報に価値がある場合にもあるためニーズに応じた臨機応変な対応が求められます。
- **構造化されていない文書**：コンテンツの内容を深く理解することは良い推薦に繋がります。しかしながら、ニュース記事は書き手によって統一された形式を持たないことや、文書が意味ごとのまとまりを持っていないこともあります[†8]。
- **重複排除**：ニュース記事はニュースの書き手によって、異なった記述が行われます。そのため、推薦システムは同一の内容を扱っているニュースを異なるニュースと捉えてしまうことがあります。ユーザーにとっては、同様の内容を扱ったニュースに何度も目を通すメリットは少ないです。ニュース推薦システムはニュースの内容を理解し、ユーザーに記事を配信する際に内容の重複を排除することが求められます。
- **フェイクニュースやクリックベイト**[†9]：ニュースはユーザーの閲覧数に応じて対価が支払われることがあります。そのため、ユーザーの接触数を増やすために情報を偽ったり、情報を誇張したニュースが世の中には存在しています。情報の真偽や内容をすべて正確に把握することは容易ではありませんが、ニュースサービスには世の中の情報の質を担保する責任があります。関連する用語として、ディスインフォメーション（disinformation）は、悪意を持って作成された虚偽の情報を表します。一方で、ミスインフォメーション（misinformation）は、確認不足などが原因で悪意を持たず生まれたご情報のことを指します。クリックベイト（clickbait）は、作成者が閲覧者の注意を惹くために情報を過度に誇張することを表す用語です。仮にユーザーが誤情報を含む記事や問題があ

†8 KG Saranya, G Sudha Sadhasivam, "A personalized online news recommendation system," International Journal of Computer Applications.

†9 悪意のある情報操作や人為的ミスのこと。

ると感じた記事を見つけた場合は、速やかにサービス側に報告しサービス側もフィードバックを反映できるような仕組みが必要です。

8.5.4 動画推薦

多くの家庭において、動画はエンターテイメントの中心的存在であり、テレビの視聴者は余暇の半分をテレビの前で過ごしていると報告されています。動画を見るという体験には、リアルタイムのテレビ番組を見る他に、DVDをレンタルして番組や作品を視聴することに加え、近年では、オンデマンドに動画を見ることができるNetflixなどの動画配信サービスを利用することも増えています。

動画の推薦には、次のような特徴や課題があります[†10]。

- **グループ視聴**：1つの家庭におけるテレビを利用するユーザーは、複数人存在する場合があります。複数人に対する推薦は、一見まとまりのないジャンルの動画が1つのテレビで再生されるため、次に何を推薦すればよいか特定することが1人の場合の趣向と比較して難しい場合があります。一見まとまりのないジャンルの動画が視聴される場合には、特定の視聴のパターンを見つけることが重要になります。たとえば、ある家庭において、ある日の最初に再生された動画のジャンルは一貫してその日に消費されやすいことや、曜日によって異なるジャンルの消費があったり、時間帯によって視聴のジャンルが異なるパターンがあります。このようなパターンを見つけることが、今テレビの前にいるユーザーに視聴されやすい推薦に繋がります。
- **説明の重要性**：動画の視聴には多くの時間がかかります。YouTubeなどで短時間の動画を見る場合を除いて、映画は2、3時間かかるものが多く、またいくつものシリーズが連続ドラマになっている作品などもあります。時間は、すべての人にとって共通のコストであり、お金を多く払えば短縮できるものでもありません。多くの時間を費やして好みの作品ではないと分かった場合に、サービスへの不信感や後悔に繋がる可能性があります。そのためユーザーが安心して動画の視聴を始められるように、適切な説明を提供することが重要となります。代表的な説明は「あなたにおすすめ」です。この説明によって、ユーザーは自分が過去に視聴した動画と同様の期待をその動画に対して持つことができ

†10 Shlomo Berkovsky, Ivan Cantador, Domonkos Tikk, "Collaborative Recommendations: Algorithms," Practical Challenges and Applications.

ます。「他の人も見ています」という説明からは、その動画を見ることは他の人と共通した話題を持つことに繋がる、という期待が持てます。たとえば、疫病の流行によって外出が自粛され、実世界との接点が持ちにくい状況においては、多くの人が視聴している作品を見ることを通して話題を共有したいと思う人もいるでしょう。このようなニーズを持つユーザーには「他の多くの人が視聴している」という情報が視聴のきっかけになると考えられます。

- **パーソナライズ**
  - **サムネイル画像**：動画の一場面を切り取った画像は、ウェブサービスにおける動画のサムネイル画像として使用することができます。DVDなどのパッケージは単一サムネイルで男女や年齢問わず全員に対してアプローチしマーケティングを行わなければいけなかった一方で、オンラインのウェブサービスであれば個人に合わせたサムネイルを動的に変更することができるようになりました。そのため、個々のユーザーに合ったサムネイル画像を選択したり、時間や季節といったコンテキストに応じた魅力的なサムネイルを生成することが可能となり、ユーザーの視聴を促すことができます。
  - **検索**：動画配信プラットフォームは、PCやスマートフォンの他に、ゲーム端末やテレビのコントローラで操作することがあります。コントローラの操作は自由度が比較的低く、少ない操作回数で目的の操作が実行できることが望まれます。たとえば映画でアクション映画の「アナ/ANNA」とディズニー作品である「アナと雪の女王」があるときに「アナ」と入力すると、アクション好きな大人なら前者、子供なら後者を推薦することで、少ない操作回数でユーザーが動画を視聴することに繋がります。

8.5.5 食の推薦

映画や音楽といった娯楽に近いジャンルの推薦に対して、食の推薦は人々の健康に直接大きな影響を与えます。たとえば、肥満や糖尿病をはじめとした食に起因する病は人々の死因の60％と言われており、これらの病は、適切な食事を選択することで予防や改善することができます。健康を考慮した食に関する推薦は、適切な食事を選択することを手助けする役割として期待されています。

食の推薦には、次のような特徴や課題があります[†11]。

- **暮らしの背景の影響**：ユーザーが何を食べたいかは、曜日や日時、場所といったコンテキストに加え、文化的な背景など複雑な要因が関係します。たとえば、アレルギーの有無であったり、ビーガンやベジタリアンなどライフスタイルの趣向、宗教上の理由、家族構成といった人々の生活に根ざした価値観や状況によって、食の消費に強い制約がある場合があります。
- **事前の準備**：食の推薦には、既製の食品を推薦することに加えて、調理のレシピを推薦するケースもあります。この場合、事前の準備という点で推薦された食事が必ずしも消費可能でない場合があります。たとえば、推薦されたメニューの中で、食材が不足している場合や、説明された調理の知識が不足している場合、調理器具が不足している場合には、推薦された食を調理することができません。
- **画像活用の難しさ**：食の推薦において、カロリー、食材、ジャンルなどのメタデータは重要である一方で、SNS上でシェアされた食にはそのようなメタデータが欠落している場合があります。このような場合において、食の画像からメタデータを補完するような取り組みが行われています。しかし、食の画像分析は容易ではありません。たとえば、食材から食品に調理を行う過程で、物体の形は変形し、焼き加減や調味料によって色合いは複雑に変化するためです。このように、画像において構造的なパターンを汲み取ることが難しいといった特徴があります。

8.5.6　仕事の推薦

求職者が仕事を探したり、逆に企業が求職者をスカウトすることで求職者と仕事（企業）のマッチングが行われる求人サービスも近年広く利用されています。たくさんの求職者と仕事をサービス内でうまくマッチングさせるために仕事の推薦（Job Recommendation）を適切に扱うことは、求人サービスを運営するにあたって重要な要素の1つでしょう。

仕事の推薦には、次のような特徴や課題があります。

†11　Weiqing Min, Shuqiang Jiang, Ramesh Jain, “Food Recommendation: Framework, Existing Solutions, and Challenges,” IEEE Transactions on Multimedia.

- **相互推薦システム**：仕事の推薦を行うシステムは、「8.3 相互推薦システム」で紹介した相互推薦システムの枠組みとなることが多いです。そのため、推薦を受け取る側のユーザーと推薦をされる側のユーザーの両方の嗜好がマッチしてはじめて推薦が成功したことになるという相互推薦システムの最大の特徴や、「8.3 相互推薦システム」で紹介したその他の特徴を考慮した上で設計する必要があります。たとえ求職者がある企業に転職したいと強く思ったとしても、その企業の求める要件に合わなければ採用には至りませんし、企業がある求職者にどうしても入社してほしいと願っても、その求職者が求める条件や業界と合わなければ採用に至るのは難しいでしょう。
- **公平性**：仕事の推薦において公平性は大変重要な観点です。たとえば、求職者の性別や年齢、学歴などのみで採用・不採用が判定されるようなことは決して許されません。そのため、推薦モデルの構築においてはそのようなセンシティブな情報は入力データから取り除かれることが一般的です。一方で、そのようなデータを直接入力していなくても、その他のデータが組み合わせられることで間接的にセンシティブなデータを表現してしまい、結果として公平性に欠ける推薦を行ってしまうリスクは常にあります。そのため、推薦システムの出力が性別や年齢によって偏りがあり過ぎないかなどを別途モニタリングする必要があります。
- **ユーザーの嗜好データの獲得**：仕事の推薦がうまくいったかどうかは、サービス上で求職者と企業がマッチした上で実際にその仕事に就いたか（転職したか）で判断できるでしょう。しかし、一般的に、推薦システムによってはじめて仕事を推薦されてから、実際に就職するまでの期間は数ヶ月ほどかかることが多いです。また、1人のユーザーがシステムを使って転職する回数には限りがあるでしょう。この獲得するのに大変時間がかかるし量も少ないフィードバックのみからユーザーの嗜好情報を得ていては、システムの改善はなかなかうまく進みません。そもそも、転職に成功した時点でそのユーザーはシステムから離脱してしまいますので、その前にユーザーの嗜好情報を利用してシステムをアップデートする必要があります。そのため、実際に転職するより前段階の行動、たとえば面接に至ったかどうかや求人応募に対して企業が返信したか、求人に応募したかなどをもって推薦が成功したかどうかを定義し、ユーザーの嗜好情報を獲得することが多いです。一方で、これらの行動のすべてがユーザーとシステムの最終的な目的である転職に繋がるわけではありません。基本的に嗜好データの質と量はトレードオフになるため、サービスの性質などに応じて適切な設計を行う必要があります。

以上のように、推薦システムの個々の応用領域によって、特徴や課題がさまざまあります。一見異なるドメインの特徴でも、自社サービスの推薦の改善に役立つことがあるため、幅広いサービスの推薦システムの特徴を知り、実際の工夫に触れてみることをおすすめします。

8.6　まとめ

本章では、推薦システムにおける発展的なトピックをいくつか紹介しました。本章がより深く推薦システムの周辺技術を理解するための入り口となれば幸いです。

付録A Netflix Prize

Netflixは、スマホやPCがあれば、どこでもいつでも、映画やドラマを見放題で楽しむことができます。週末にNetflixを満喫されている方も多いのではないでしょうか。2022年1月時点で、会員数は全世界で2億2000万人を超えています[†1]。

Netflixをいくつかの数字で見てみると、さらにその凄さに驚かされます。

- 全世界のインターネット通信量（下り）の15％をNetflixが占めており、YouTubeを超える世界一の動画サービス
- 時価総額が20兆円超え
- サブスクリプション収入が月々約1500億円

そんな多くのユーザーを有するNetflixの魅力の1つに、推薦システムがあります。Netflixのホーム画面には、今話題の作品やユーザーにパーソナライズ化されたおすすめの作品が並びます。

Googleの検索と違って、Netflixではユーザーが作品を探さなくても、ユーザーの視聴履歴などを使ってユーザーが好みそうな作品を教えてくれます。実際に、視聴される作品は、80％が推薦経由で20％が検索経由になっています。

このコラムでは、Netflixの核となる推薦システムについて、Netflixの歴史を振り返りながら、どのように開発されてどのような価値をユーザーに届けてきたのか解説していきたいと思います。

†1　https://japan.cnet.com/article/35182412/

図A-1　Netflixのホーム画面の推薦システム（出典：https://www.netflix.com/）

A.1　Netflixの創業

Netflixは1997年にランドルフとヘイスティングスによって創業され、1998年にオンラインでのDVDの販売やレンタルサービスが始められました。アメリカでは、そのころはVHSが主流で、1997年にDVDプレイヤーが商用化されたばかりで、1998年はまだまだDVDが普及していませんでした。そこで、ランドルフはDVDプレイヤーのメーカーに狙いを定め、一緒にキャンペーンができないかを、ソニー、東芝、パナソニックに提案しに行きました。CESという家電の見本市で、各会社のCEOと交渉しましたが反応はよくありませんでした。

しかし、後日、東芝のCEOから連絡があり、東芝と共同でプロモーションキャンペーンを行えることになりました。東芝が販売するDVDプレイヤーすべてに、Netflixで無料で3枚のDVDをレンタルできるクーポンをつけました。東芝が創業間もないスタートアップ企業と提携するのは、大きなリスクでしたが、背景には、ソニーに次いで業界2位という事情がありました。このおかげもあり、ユーザーは増えていきました。

サービス開始から2ヶ月後にAmazonのCEOジェフ・ベゾスから呼び出しがあり、千数百万ドルほどでの買収の提案を受けましたが、事業のポテンシャルを信じ、提案を断っています。今後AmazonがDVDのオンライン販売に参入してくる可能性を懸念し、NetflixはDVD販売をやめ、DVDレンタルに集中していきます。

しかし、DVDレンタル事業でなかなかユーザーが定着していませんでした。プロモーションキャンペーンで新規ユーザーは増えるものの再訪問してくるユーザーは多くありませんでした。ユーザーの定着を目指し、さまざまなテストを行い、結果のデータを分析し、良い施策を見つけていきました。ランドルフはもともとマーケティングの出身で、オフラインでのA/Bテストをいろいろ試していました。

そして、ついにユーザーが離脱しない仕組みを生み出しました。それは、「延長料金なし」「月額定額料金」「お気に入りリストの作品を自動発送」というものでした。月々定額で、一度に4枚のDVDを借りることができ、1枚見終わって返却すると、お気に入りリストに入っているDVDが自動的に1枚送られてきます。サブスクリプションの仕組みは今となっては、至るところに普及していますが、その当時は珍しく、Netflixの代名詞にもなりました。

図A-2 NetflixのDVDがポストに投函されている様子（出典：CNBC、“What it’s like to work at Netflix’s dying DVD business”、https://www.cnbc.com/2018/01/23/netflix-dvd-business-still-alive-what-is-it-like-to-work-there.html）

A.2 推薦システムの開発

サービス開始から1年ほど経つと、取り扱う作品が数千本になりました。最初は、手動でスリラーを探している人向けのトップ10リストなどを作っていましたが、作品数が多くなるにつれ、限界がきました。ユーザーが愛する映画を見つけるお手伝いをするのがNetflixの本当の目標でした。そこで、ヘイスティングスは、トップページに、複数の枠を表示して、各枠内に複数の映画を表示する構造を提案し、おすすめの作品を自動で選択するアルゴリズムを開発していきました。この表示形式は今のNetflixにも引き継がれています。

おすすめの作品を出すことには、他にも理由がありました。物理的なDVDを配送する仕組みであるため、人気新作映画のDVDの在庫がないということがたびたび起きました。そこで、新作ではないがユーザーが気に入る映画をおすすめすることで、人気の映画を大量に仕入れることを避けコストを抑えました。

推薦のアルゴリズムは、最初は、映画のジャンルや俳優、公開年などの入手可能なデータを使ういわゆるコンテンツベースの推薦を試しましたが、あまり納得感がある推薦になりませんでした。というのもジャンルや出演俳優が似ていても、視聴するユーザー層が全く違うということが多々あるからです。

そこで、Amazonが採用していた協調フィルタリングという手法を使って、推薦エンジンを作っていきます。Amazonでは共通の購買行動をもとに、「この商品を買った人はこんな商品も買っています」というおすすめを出します。

この手法をNetflixに適用すると問題点が出てきました。2つの作品を見たからといって、その2つが好きであったかは分かりません。仮に、片方の作品は好きだけど、もう片方はイマイチだった場合に、単純にレンタル履歴のデータだけを使って、推薦エンジンを作ると、片方の作品を見た人には、もう片方の作品がおすすめされてしまいます。

そこで、ユーザーに映画を星で5段階評価してもらい、そのデータをもとに推薦エンジンを作ることになりました。ユーザーは協力的で推薦に必要なデータは、すぐに集まりました。

そして、2000年に「CineMatch（シネマッチ）」という推薦エンジンが完成しました。ユーザーのレンタル履歴やお気に入り作品から、その人が気に入りそうで、かつ、在庫にある映画を薦めてくれる推薦エンジンになりました。

2006年には、Netflixのユーザー数が400万人を超えました。そして、ユーザーの増加に伴い、レビューも増えていき、推薦エンジンの性能も向上していきました。Netflixユーザーの予約リストに入っている映画のうち実に70％がシネマッチによる推薦作品でした。興味深いことに、CEOであるヘイスティングス自身もシネマッチのアルゴリズムを改良していました。ヘイスティングスは、大学では数学を大学院ではコンピュータサイエンスを学んでおり、人間行動の数値化に興味を寄せていました。ヘイスティングスのアルゴリズムに対する熱の入れようは次のエピソードからも知ることができます。

> ヘイスティングス自身が後年語ったところによれば、当時はアルゴリズムに熱を入れ過ぎてほとんど休むことがなかった。クリスマス休暇の家族旅行でユタ州のスキーリゾート地パークシティーを訪ねたときのことだ。スイスシャレー風のホテル内に閉じこもり、ノートパソコンでシネマッチのアルゴリズムと格闘していた。妻のパティは「子供のことを無視して、せっかくのバカンスを台無しにしている」と不平をいった。
> ――『NETFLIX コンテンツ帝国の野望：GAFAを超える最強IT企業』（新潮社、2019年）から引用

A.3　Netflix Prize

ヘイスティングスは、シネマッチのアルゴリズムを一段と飛躍させるために、優勝賞金100万ドルのアルゴリズムコンテストを2006年に開催することを決定しました。

アルゴリズムコンテストは、公開されたNetflixの5つ星評価のデータを使って、推薦エンジンを作るというものです。そして、シネマッチの推薦精度より10％向上することができたチームに賞金100万ドルが授与されます。10％が達成されなくても、毎年、1位のチームにはプログレス賞と呼ばれる賞金5万ドルが払われます。

5つ星の評価データは匿名化されており、量としては1億件にも及んでいます。各チームは1日1回結果を投稿することができ、スコアボード上でスコアを確認することができます。この仕組みは、今でいうデータ分析コンペのKaggleの先駆けと言えるかもしれません。

コンテストを開始すると反響は大きく、ニューヨーク・タイムズの一面で掲載され、海外の報道機関でも報じられました。開始日だけで、5000以上のチームや個人が参加登録しました。そして、開始から1週間以内にシネマッチのスコアを超える成績を2つのチームが出しました。1年目の結果は、10％には届かないもののシネマッチを8.4％上回る成績を収めたAT&Tの研究者のチームが、プログレス賞を受賞し賞金5万ドルを受け取りました。

2年目は、精度向上のスピードが鈍化し、1年目と比べて1ポイントしか向上しませんでした。受賞したチームは1年目と同じくAT&Tの研究者チームでした。3年目は、各チームが大規模に連携して、それぞれの手法を組み合わせて精度を上げていきました。AT&Tの研究者チームもオーストリアの良さそうなチームを見つけてメール

を送り、国際電話をかけて、力を合わせていきました。

2009年6月26日に、10％を超える最新版アルゴリズムをAT&Tの研究者チームが提出しました。規定により、30日以内にそれを上回る成績を出せば、そのチームが優勝となります。この30日間に熱いドラマがありました。

AT&Tの研究者チーム以外の上位のチームがいくつか集結して「アンサンブル」というチームをつくりました。各チームのアルゴリズムを組み合わせてアップデートし投稿すると、AT&Tのチームをわずかに0.04ポイント上回りました。これは、2009年7月25日の出来事でした。AT&Tのチームには、24時間しか逆転のチャンスが残されていませんでした。AT&Tのチームはオーストリアのチームとも連携しながら、あとスコアが0.1～0.2だけでも良くなるように、ラストスパートをかけ、コンテスト終了間際に改良版を提出しました。

Leaderboard

Showing Test Score. Click here to show quiz score

Rank	Team Name	Best Test Score	% Improvement	Best Submit Time
Grand Prize - RMSE = 0.8567 - Winning Team: BellKor's Pragmatic Chaos				
1	BellKor's Pragmatic Chaos	0.8567	10.06	2009-07-26 18:18:28
2	The Ensemble	0.8567	10.06	2009-07-26 18:38:22
3	Grand Prize Team	0.8582	9.90	2009-07-10 21:24:40
4	Opera Solutions and Vandelay United	0.8588	9.84	2009-07-10 01:12:31
5	Vandelay Industries !	0.8591	9.81	2009-07-10 00:32:20
6	PragmaticTheory	0.8594	9.77	2009-06-24 12:06:56
7	BellKor in BigChaos	0.8601	9.70	2009-05-13 08:14:09
8	Dace_	0.8612	9.59	2009-07-24 17:18:43
9	Feeds2	0.8622	9.48	2009-07-12 13:11:51
10	BigChaos	0.8623	9.47	2009-04-07 12:33:59
11	Opera Solutions	0.8623	9.47	2009-07-24 00:34:07
12	BellKor	0.8624	9.46	2009-07-26 17:19:11

図A-3　最終結果のスコアボード（出典：Netflix Technology Blog、"Netflix Recommendations: Beyond the 5 stars (Part 1)"、https://netflixtechblog.com/netflix-recommendations-beyond-the-5-stars-part-1-55838468f429）

アンサンブルのチームも終了間際に改良版を提出しており、なんと、最終スコアはAT&Tのチーム（BellKor's Pragmatic Chaos）とアンサンブルのチームが同列で並びました。そして、規定により、20分ほど早く提出していたAT&Tのチームが優勝することになりました。

A.3.1 Netflix Prizeの影響

Netflix Prizeは推薦システムの分野に大きな影響を与えました。コンテストには最終的に、世界186ヵ国から4万チーム以上が参加登録しました。

Netflix Prizeでは、1億件にも及ぶ5つ星評価のデータが公開されたことで、さまざまな新しい推薦手法が生み出されました。その中でも、優勝したAT&Tのチームが提案したMatrix Factorization（行列分解）[†2]とよばれる手法は、推薦システムの分野において、大きな変化点になりました。それ以降から現在に至るまで、行列分解をベースにした手法が数多く提案され、BigQuery[†3]やSpark[†4]などでの推薦システムは、行列分解をベースにしています。

優勝したアルゴリズムは、100を超えるアルゴリズムを組み合わせた複雑なものであり、実際にNetflixではそのアルゴリズムは用いられていません。また、使用されていない他の理由として、ストリーミングサービスの登場があります。2007年からNetflixではストリーミングで映画を見られるサービスを提供しています。ストリーミングサービスでは、ユーザーがどのデバイスで、いつ、どのくらい、映画を見ていたかなどのよりリッチなデータを知ることができます。DVDのオンラインレンタルのときの5つ星評価より豊富なデータが取れるようになったことで、それらのデータを使った新しい推薦エンジンの開発が重要になってきました。また、5つ星評価を予測するというタスクを解くのではなく、推薦する作品群が多様であるようにするなどの正確性以外の指標も重要になってきました。

最近のNetflixでは、5つ星評価の仕組みがなくなり、良い/悪いの2段階評価になっています。作品をおすすめするときは、マッチ度を表示しています。

話はNetflix Prizeに戻り、第2回目となるNetflix Prizeコンテストが開催されることが発表されていたのですが、プライバシーの問題でキャンセルになりました。テキサス大学の研究者がNetflix Prizeのデータの匿名化は脆弱で復元できてしまうことを指摘する論文[†5]を公開したためです。

---

†2 https://datajobs.com/data-science-repo/Recommender-Systems-%5BNetflix%5D.pdf

†3 https://cloud.google.com/bigquery-ml/docs/bigqueryml-mf-implicit-tutorial

†4 https://spark.apache.org/docs/latest/ml-collaborative-filtering.html

†5 https://arxiv.org/abs/cs/0610105

図A-4 Netflixの動画にはマッチ度が表示される（出典：https://www.netflix.com/）

A.4 Netflixでの推薦システムの具体例

Netflixでの推薦システムの具体例をいくつか見ていきます。

ホームページの推薦

Netflixのホームページでは、1つのテーマに沿った横に長い枠が、複数配置されています。

図A-5 Netflixのホーム画面（出典：https://www.netflix.com/）

枠には、「視聴中コンテンツ」や「Netflixで人気の作品」、「気軽にみよう」などのタイトルがつけられています。

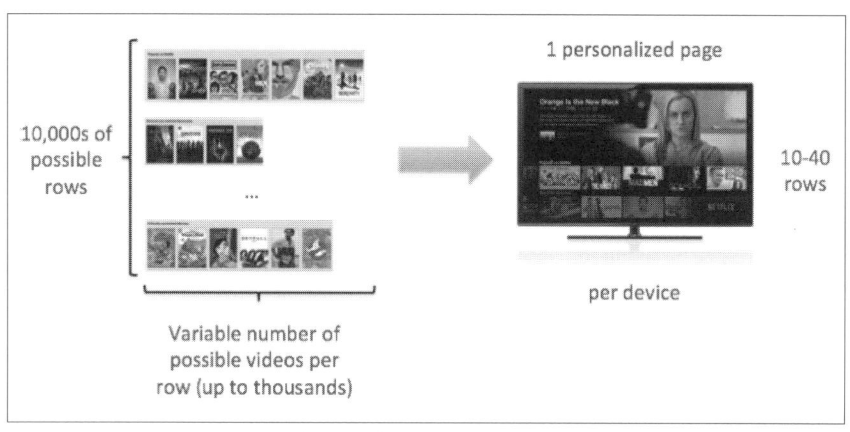

図A-6 Netflixのホーム画面の最適化の仕方（出典：Neflix Technology Blog、"Learning a Personalized Homepage"、https://netflixtechblog.com/learning-a-personalized-homepage-aa8ec670359a）

この枠の候補は数万あり、そこからユーザーに最適な枠を選び、さらに、その枠内でユーザーに適した作品を並び替えて表示しています。枠が1つだけで作品が大量に並べられているだけだと、作品1つ1つを吟味する必要があります。一方で、枠が複数あると、そのときに興味がある枠に着目して、その枠内の作品だけを吟味すれば、素早く好みの作品に出会うことができます。この仕組みを達成するには、さまざまな機械学習の技術が組み合わされています。たとえば、枠のタイトルの選び方、枠や作品の並べ方、各枠で重複する作品があったときの削除の仕方、そしてアルゴリズムを変更したときの評価の仕方などです（詳しくは、Netflix Technology Blog[†6]をお読みください）。

サムネイル写真の最適化

サムネイル画像は、作品の雰囲気を瞬時にユーザーに伝えるのに大切です。

Netflixでは作品ごとにどのサムネイル画像を見せたら、ユーザーがエンゲージしてくれるかをA/Bテストで検証して、反応が良いサムネイルを選んでいます。

†6 https://netflixtechblog.com/learning-a-personalized-homepage-aa8ec670359a

たとえば、子供向け作品やアクション作品では、悪役が写るサムネイルのほうが反応が良いそうです。

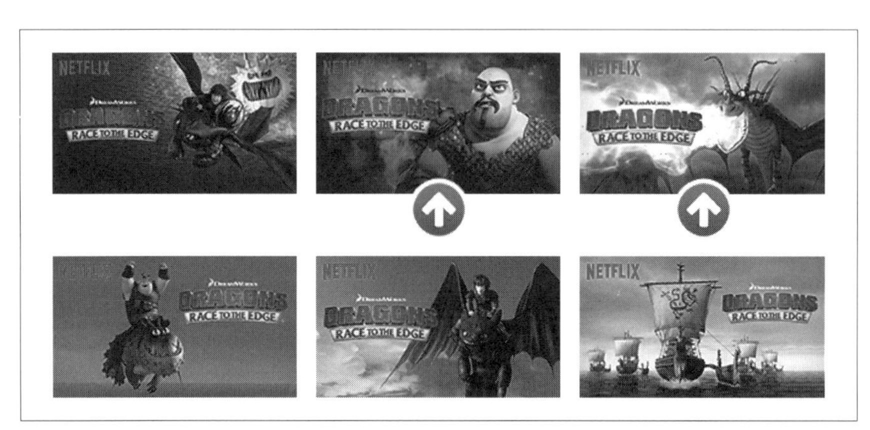

図A-7　Netflixのサムネイル画像の最適化（出典：Neflix Technology Blog、"Selecting the best artwork for videos through A/B testing"、https://netflixtechblog.com/selecting-the-best-artwork-for-videos-through-a-b-testing-f6155c4595f6）

また、面白いことに、国ごとに反応されやすいサムネイル画像は違ってきます。

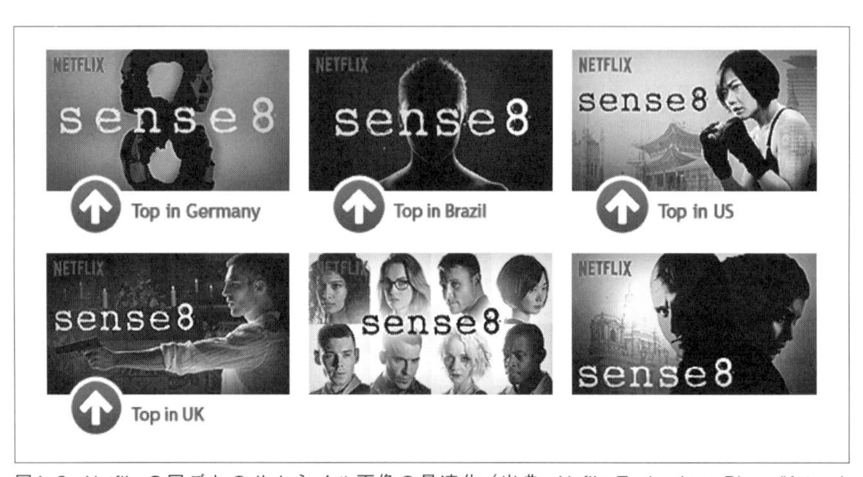

図A-8　Netflix の国ごとのサムネイル画像の最適化（出典：Neflix Technology Blog、"Artwork Personalization at Netflix"、https://netflixtechblog.com/artwork-personalization-c589f074ad76）

さらに、Netflixでは個人ごとに最適なサムネイル画像を計算して提示しています。たとえば、「Good Will Hunting」という作品をユーザーにおすすめするときに、ロマンスものが好きなユーザーには、主人公の2人が顔を寄せている画像を見せます。一方で、コメディーが好きなユーザーには、有名なコメディアンの出演者を使った画像を見せます。

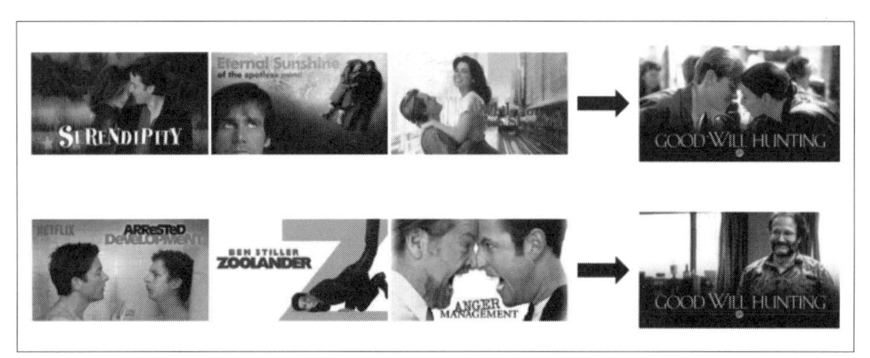

図A-9　Netflixの個人ごとのサムネイル画像の最適化（出典：Neflix Technology Blog、"Artwork Personalization at Netflix"、https://netflixtechblog.com/artwork-personalization-c589f074ad76）

この個人ごとの画像最適化には、contextual banditsという手法が使われています。ユーザーが過去にどの作品を閲覧したか、どの国でどのデバイスを使っているかなどの特徴量を使って、各作品ごとに数十ある画像から最適な画像を選ぶように学習します（アルゴリズムの詳細やreplayという手法を使ってのオフラインでの評価の詳細は、Netflix Technology Blog[†7]をご参考ください）。

コールドスタート問題の解決

コールドスタート問題とは、ユーザーやアイテムの情報がないときに適切に推薦できない問題を指します。Netflixでは会員登録時に、好きな作品を複数選択するように誘導することで、この問題を解決しています。これをスキップしたユーザーに対しては、人気のある作品などを幅広くおすすめし、実際の視聴履歴などの蓄積されるデータを使って、パーソナライズします。

†7　https://netflixtechblog.com/artwork-personalization-c589f074ad76

図A-10　Netflixの会員登録直後の画面（再掲）（出典：https://www.netflix.com/）

A.5　まとめ

Netflixの推薦システムの歴史を振り返りつつ、いくつかの具体例をとりあげました。NetflixではCEO自らが推薦システムのアルゴリズムの改良を行い、また、賞金100万ドルの推薦システムのアルゴリズムコンテストを開催するなど、推薦システムがビジネスの核になっていることが窺い知れます。

付録B ユーザー間型メモリベース法の詳細

ユーザー間型メモリベース法の代表的な手法であるGroupLensの手法[†1]を例に数式も用いながら詳細なアルゴリズムを説明します。

	アイテムA	アイテムB	アイテムC	アイテムD	アイテムE	アイテムF
ユーザー1	5	3	4	4	?	?
ユーザー2	4	2	5	3	5	3
ユーザー3	3	5	2	2	2	-
ユーザー4	4	1	3	4	2	4
ユーザー5	2	1	1	2	-	2

図B-1　ユーザー1のアイテムE、アイテムFへの評価値を予測する

ここでは、**図B-1**のような評価値行列が与えられている上で、ユーザー1が未評価であるアイテムEとアイテムFのうちどちらを好むのかを予測するという問題を考えます。つまり、すでに得られているユーザー1と他のユーザーの評価値から、ユーザー1のアイテムEとアイテムFへの予測評価値を計算することになります。

ここで、アルゴリズムの説明に用いる記号について説明します。まずシステム内の全ユーザーの集合をX、全アイテムの集合をYとします。**図B-1**の例では、ユーザー

†1　P. Resnick, N. Iacovou, M. Suchak, P. Bergstrom, and J. Riedl, “GroupLens: An open architecture for collaborative filtering of Netnews,” In Proc. of the Conf. on Computer Supported Cooperative Work, pp. 175-186 (1994).

はユーザー1からユーザー5までの5人いるので $X = \{1, 2, 3, 4, 5\}$、アイテムはアイテムAからアイテムFの6種類あり $Y = \{A, B, C, D, E, F\}$ と表されます。評価値行列はユーザー $x \in X$ の、アイテム $y \in Y$ への評価値 r_{xy} を要素とする行列となります。たとえばユーザー1からアイテムBへの評価値は3なので $r_{1B} = 3$ と表されます。また、今回の例では評価値が1から5の5段階評価なので、r_{xy} の定義域は $R = \{1, 2, 3, 4, 5\}$ となります。また、ユーザー x が評価済みのアイテムの集合を Y_x と表すことにします。

では、ユーザー間型メモリベース法の過程を以下に示します。

1. すでに得られている評価値を用いてユーザー同士の類似度を計算し、推薦を受け取るユーザーと嗜好の傾向が似ているユーザーを探し出す
2. 嗜好の傾向が似ているユーザーの評価値から、推薦を受け取るユーザーの未知のアイテムに対する予測評価値を計算する
3. 予測評価値の高いアイテムを推薦を受け取るユーザーに推薦する

それぞれの過程を順番に説明します。

1. すでに得られている評価値を用いてユーザー同士の類似度を計算し、推薦を受け取るユーザーと嗜好の傾向が似ているユーザーを探し出す

まず、すでに得られている評価値を用いてユーザー同士の類似度を計算することで、推薦を受け取るユーザーと嗜好の傾向が似ているユーザーを探し出します。ここで「嗜好の傾向が似ているユーザー」とは、同じアイテムに対して同じような評価値を与えるユーザーを指します。

先程の評価値行列を使って、ユーザー1と嗜好の傾向が似ているユーザーを探し出しましょう。嗜好の傾向が似ているユーザーを見つけるため、ユーザーごとのアイテムへの評価値を用いることでユーザー同士の類似度を計算します。類似度を計算するに当たり、推薦対象であるユーザー1が評価済みのアイテム、つまりここでは、アイテムA、B、C、Dへ評価値のみを他のユーザーについても用います（**図B-2**）。これは、ユーザー1が評価済みでないアイテム、ここではアイテムE、Fへの評価値はユーザー1との類似度計算には使えないからです。

ユーザー同士の類似度計算は、評価値行列の各行をベクトルとみなしたものを各ユーザーを表すベクトルとすることで、ベクトル同士の類似度計算として実現しま

	アイテムA	アイテムB	アイテムC	アイテムD
ユーザー1	5	3	4	4

ユーザー2	4	2	5	3
ユーザー3	3	5	2	2
ユーザー4	4	1	3	4
ユーザー5	2	1	1	2

図B-2　ユーザー1が評価済みのアイテムへの評価値を用いてユーザー同士の類似度を計算する

す。類似度尺度にはさまざまなものがあり、代表的なものにはピアソンの相関係数やコサイン類似度、ジャカード係数などがあります。ここではGroupLensに習い、以下の式(B.1)で表されるピアソンの相関係数をユーザーベクトル間の類似度を計算する尺度として利用します。

$$\rho_{ax} = \frac{\sum_{y \in Y_{ax}} (r_{ay} - \overline{r}_a)(r_{xy} - \overline{r}_x)}{\sqrt{\sum_{y \in Y_{ax}} (r_{ay} - \overline{r}_a)^2} \sqrt{\sum_{y \in Y_{ax}} (r_{xy} - \overline{r}_x)^2}} \tag{B.1}$$

以降、推薦を受け取るユーザーを添え字aで表すこととします。左辺のρ_{ax}は、推薦を受け取るユーザーaとユーザーxの類似度を表します。ユーザー1への推薦を行うためにユーザー1とユーザー2の類似度を求める場合はρ_{12}を計算することとなります。Y_{ax}は推薦を受け取るユーザーaとユーザーxが共通に評価したアイテムの集合を表します。すなわち、$Y_{ax} = Y_a \cap Y_x$です。また、$\overline{r}_x$はユーザーxのアイテムへの平均評価値です。

それでは、ユーザー1とユーザー2の類似度を計算する場合を例に類似度の計算を行いましょう。まず、それぞれのユーザーの平均評価値$\overline{r}_1$と$\overline{r}_2$を計算します。**図B-3**の通り、アイテムA、B、C、Dの4つのアイテムへの評価値の平均値を計算すると、$\overline{r}_1 = 4.00$、$\overline{r}_2 = 3.50$となります。ここでユーザー2の平均評価値について、ユーザー2が評価したすべてのアイテム$Y_2 = \{A, B, C, D, E, F\}$への評価値で計算した平均評価値ではなく、ユーザー1とユーザー2がともに評価したアイテム$Y_{12} = \{A, B, C, D\}$への評価値のみで計算した平均評価値を利用しています。今回

	アイテムA	アイテムB	アイテムC	アイテムD
ユーザー1	5	3	4	4
ユーザー2	4	2	5	3

平均評価値 $\bar{r}_x$

$$\bar{r}_1 = \frac{1}{4}(r_{1A} + r_{1B} + r_{1C} + r_{1D}) = \frac{1}{4}(5+3+4+4) = \mathbf{4.00}$$

ユーザー1の平均評価値

$$\bar{r}_2 = \frac{1}{4}(r_{2A} + r_{2B} + r_{2C} + r_{2D}) = \frac{1}{4}(4+2+5+3) = \mathbf{3.50}$$

ユーザー2の平均評価値

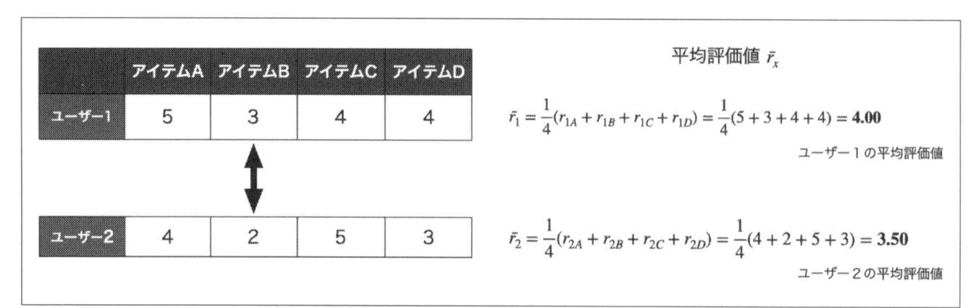

図B-3　平均評価値の計算

の例のようにユーザーとアイテムの数が小さく評価値のデータも少ない場合、どちらの平均評価値を利用するのかで結果に差が出てしまうことがありますが、実際にユーザーに利用されているある程度の規模のサービスにおいてはどちらの平均評価値を使っても有意な差が出ることは少ないです。ここでは説明の都合上後者の平均評価値を利用することとしています。気になる方はぜひもう一方の方法でも計算してみてください。

$$r_{1A} - \bar{r}_1 = 5.00 - 4.00 = \mathbf{1.00 > 0}$$

ユーザ1のアイテムAへの評価値はユーザ1の平均評価値より高い
→ アイテムAはユーザー1にとって比較的好きなアイテム

$$r_{2A} - \bar{r}_2 = 4.00 - 3.50 = \mathbf{0.50 > 0}$$

ユーザ2のアイテムAへの評価値はユーザ2の平均評価値より高い
→ アイテムAはユーザー2にとって比較的好きなアイテム

図B-4　アイテムへの評価値が平均評価値と比べて大きいか小さいか

続いて、ピアソンの相関係数の式(B.1)に出てくる$r_{ay} - \bar{r}_a$と$r_{xy} - \bar{r}_x$という式に注目します。アイテムAに注目すると計算すべき式は$r_{1A} - \bar{r}_1$と$r_{2A} - \bar{r}_2$の2つとなります。これは、それぞれのユーザーのアイテムAへの評価値から先程計算したそれぞれのユーザーの平均評価値を引いたものです。これはつまり、ユーザー1とユーザー2のアイテムAへの評価値が、それぞれのユーザーの平均評価値よりもどれくらい高いか、あるいは低いかを計算していることになります。

今回の場合、ユーザー1とユーザー2のアイテムAへの評価値はそれぞれのユーザーの平均評価値よりも高いです。これにより、この2人のユーザーにとってアイテムAは比較的好きなアイテムであろう、ということが分かります（**図B-4**）。

$$(r_{1A} - \bar{r}_1)(r_{2A} - \bar{r}_2) = 1.00 \times 0.50 > \mathbf{0}$$

ユーザー１とユーザー２のアイテムAへの評価の傾向が一致
→ ユーザー１とユーザー２の嗜好が似ていると言える

図B-5　２人のユーザーの評価の傾向が一致しているか

そして、それらの値をかけ合わせたもの、つまり$r_{1A} - \overline{r}_1$と$r_{2A} - \overline{r}_2$の値をかけ合わせた値は0より大きくなります。これは、ユーザー１とユーザー２の２人のユーザーのアイテムAへの評価の傾向が一致している、つまり、ユーザー１とユーザー２はアイテムAに関して嗜好が似ているということを表します（**図B-5**）。

式(B.1)の分子は、これをY_{ax}内のすべてのアイテムについて計算した総和となっています。この計算によって、ユーザー１とユーザー２がともに評価したすべてのアイテムに対しての評価傾向の一致不一致度合いの合計を計算することになり、ユーザー１とユーザー２の嗜好がどれくらい似ているのか、つまり、ユーザー１とユーザー２の類似度が計算できるのです。式(B.1)の分母は、計算する類似度の大きさがうまく-1から１の間に収まるようにするための正規化を行っていると考えてください。

$$\rho_{12} = \frac{\sum_{y \in Y_{12}} (r_{1y} - \bar{r}_1)(r_{2y} - \bar{r}_2)}{\sqrt{\sum_{y \in Y_{12}} (r_{1y} - \bar{r}_1)^2} \sqrt{\sum_{y \in Y_{12}} (r_{2y} - \bar{r}_2)^2}}$$

(分子)

$$\sum_{y=A,B,C,D} (r_{1y} - \bar{r}_1)(r_{2y} - \bar{r}_2) = (r_{1A} - \bar{r}_1)(r_{2A} - \bar{r}_2) + (r_{1B} - \bar{r}_1)(r_{2B} - \bar{r}_2) + (r_{1C} - \bar{r}_1)(r_{2C} - \bar{r}_2) + (r_{1D} - \bar{r}_1)(r_{2D} - \bar{r}_2)$$
$$= 1.00 \times 0.50 + (-1.00) \times (-1.50) + 0.00 \times 1.50 + 0.00 \times (-0.50)$$
$$= 2.00$$

(分母の根号の中身)

$$\sum_{y=A,B,C,D} (r_{1y} - \bar{r}_1)^2 = (r_{1A} - \bar{r}_1')^2 + (r_{1B} - \bar{r}_1')^2 + (r_{1C} - \bar{r}_1')^2 + (r_{1D} - \bar{r}_1')^2 = 1.00^2 + (-1.00)^2 + 0.00^2 + 0.00^2$$
$$= 2.00$$

$$\sum_{y=A,B,C,D} (r_{2y} - \bar{r}_2)^2 = (r_{2A} - \bar{r}_2)^2 + (r_{2B} - \bar{r}_2)^2 + (r_{2C} - \bar{r}_2)^2 + (r_{2D} - \bar{r}_2)^2 = 0.50^2 + (-1.50)^2 + 1.50^2 + (-0.50)^2$$
$$= 5.00$$

図B-6　ユーザー１とユーザー２の類似度の計算

あとはひたすら計算するだけです。**図B-6**はユーザー１とユーザー２の類似度ρ_{12}を計算するための式から、分子と分母の根号の中身を取り出したものの計算式と計算結果です。

	アイテムA	アイテムB	アイテムC	アイテムD	アイテムE	アイテムF	ユーザ1との類似度 ρ_{1x}
ユーザー1	5	3	4	4	?	?	1.00
ユーザー2	4	2	5	3	5	3	0.63
ユーザー4	4	1	3	4	2	4	0.87
ユーザー5	2	1	1	2	-	2	0.71

図B-7 嗜好が似ているユーザーの情報をもとに未知のアイテムへの評価値を予測する

こうして得られた値より以下のように計算できます。

$$\rho_{12} = \frac{\sum_{y=A,B,C,D}(r_{1y}-\overline{r}_1)(r_{2y}-\overline{r}_2)}{\sqrt{\sum_{y=A,B,C,D}(r_{1y}-\overline{r}_1)^2}\sqrt{\sum_{y=A,B,C,D}(r_{2y}-\overline{r}_2)^2}} = \frac{2}{\sqrt{2}\sqrt{5}} = 0.632$$

計算からユーザー1とユーザー2の類似度が得られます。ユーザー1とユーザー2の嗜好はそこそこ似ているようです。

同様に、ユーザー1と他のユーザーとの類似度を計算していくと、$\rho_{13} = -0.58$、$\rho_{14} = 0.87$、$\rho_{15} = 0.71$となります。ユーザー1はユーザー3とはあまり似ておらず、ユーザー4とは似ているようです。

最後に、これらの計算した類似度をもとにユーザー1と嗜好が似ているユーザーをピックアップします。方法としては、適当なしきい値を設定してその値以上の類似度を持つユーザーを似ているとみなすことや、類似度上位N件のユーザーを似ているとみなすといった方法があります。

ここでは、類似度が0より大きいユーザーをユーザー1と似ていると考えることにして、ユーザー2、4、5をユーザー1と嗜好が似ているユーザーとしてピックアップすることにしましょう。

2. 推薦を受け取るユーザーの未知のアイテムに対する予測評価値を計算

次に、嗜好が似ているユーザーの評価履歴から推薦を受け取るユーザーの未知のアイテムに対する予測評価値を計算する部分について見ていきます。

図B-7は最初に与えた評価値行列のうち、ユーザー1と嗜好が似ていると判定されたユーザー2、4、5の部分だけを抜き出したものと、それぞれのユーザーのユーザー1との類似度です。ユーザー1の未知のアイテムE、Fへの評価値を予測するため、類似ユーザーのアイテムE、Fへの評価値を利用していきます。これにはいくつかの方法が考えられますが、ここでは3つの方法を紹介します。ただし、最初の2つは評価値行列の性質から、あまり良くなさそうな予測評価値が得られています。それぞれ何が良くないのかを理解しながら読み進め、3つ目の方法の意味を理解してみてください。

	アイテムA	アイテムB	アイテムC	アイテムD	アイテムE	アイテムF
ユーザー1	5	3	4	4	?	?
ユーザー2	4	2	5	3	5	3
ユーザー4	4	1	3	4	2	4
ユーザー5	2	1	1	2	-	2

ユーザ1のアイテムEへの予測評価値 $\hat{r}_{1E} = \frac{1}{2}(r_{2E} + r_{4E}) = \frac{1}{2}(5+2) = \mathbf{3.50}$

ユーザ1のアイテムFへの予測評価値 $\hat{r}_{1F} = \frac{1}{3}(r_{2F} + r_{4F} + r_{5F}) = \frac{1}{3}(3+4+2) = \mathbf{3.00}$

図B-8　方法1：評価値の平均

方法1

まず最初の単純な評価値予測の方法として、類似ユーザーから各アイテムへの評価値の平均を、ユーザー1の各アイテムへの予測評価値とするという方法が考えられます。このときユーザー1のアイテムEへの予測評価値は、ユーザー2のアイテムEへの評価値r_{2E}とユーザー4のアイテムEへの評価値r_{4E}の平均を計算して$\widehat{r}_{1E} = 3.50$、ユーザー1のアイテムFへの予測評価値は、アイテムFへのユーザー2とユーザー4、ユーザー5の評価値の平均を計算して、$\widehat{r}_{1F} = 3.00$となります（**図B-8**）。

ここで、すべての類似ユーザーを同じ重みで扱うべきなのかという点について考えてみましょう。ユーザー2、4、5はすべてユーザー1と嗜好が似ているユーザーではありますが、ユーザー1との類似度は異なりました。類似度が0.63のユーザー2よりも、類似度が0.87のユーザー4の評価値のほうが、ユーザー1の評価値を予測するのに参考にすべきようにも思われます。そこで、類似ユーザーの評価値からユーザー1

の予測評価値を計算するにあたって、より似ている類似ユーザーの評価値に重みをつけるという改善が考えられます。

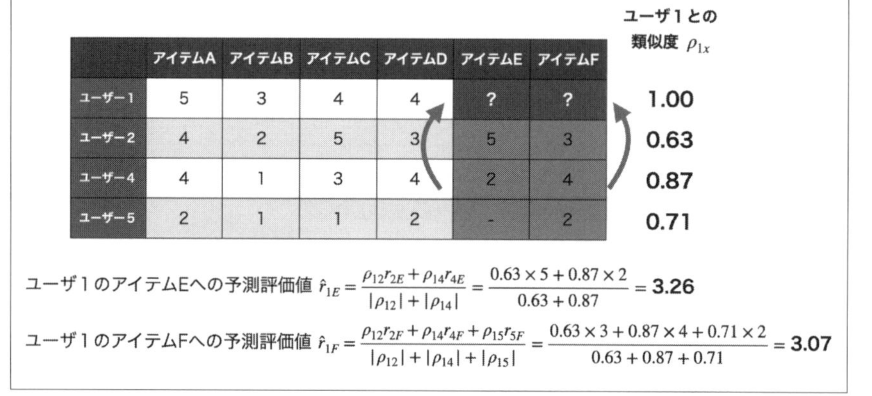

	アイテムA	アイテムB	アイテムC	アイテムD	アイテムE	アイテムF	ユーザ1との類似度 ρ_{1x}
ユーザー1	5	3	4	4	?	?	1.00
ユーザー2	4	2	5	3	5	3	0.63
ユーザー4	4	1	3	4	2	4	0.87
ユーザー5	2	1	1	2	-	2	0.71

ユーザ1のアイテムEへの予測評価値 $\hat{r}_{1E} = \frac{\rho_{12}r_{2E} + \rho_{14}r_{4E}}{|\rho_{12}| + |\rho_{14}|} = \frac{0.63 \times 5 + 0.87 \times 2}{0.63 + 0.87} = \mathbf{3.26}$

ユーザ1のアイテムFへの予測評価値 $\hat{r}_{1F} = \frac{\rho_{12}r_{2F} + \rho_{14}r_{4F} + \rho_{15}r_{5F}}{|\rho_{12}| + |\rho_{14}| + |\rho_{15}|} = \frac{0.63 \times 3 + 0.87 \times 4 + 0.71 \times 2}{0.63 + 0.87 + 0.71} = \mathbf{3.07}$

図B-9　方法2：類似度を重みとした評価値の加重平均

方法2

次の方法として、ユーザー1と類似ユーザーとの類似度を重みとした評価値の加重平均によってユーザー1の予測評価値を計算する方法が考えられます。そうすることで、単純にアイテムごとの評価値の平均を取るよりも、より類似度の高い類似ユーザーの評価値を参考にしてユーザー1の評価値を予測することができます。ユーザー1のアイテムEとアイテムFへの予測評価値はそれぞれ$\widehat{r}_{1E} = 3.26$、$\widehat{r}_{1F} = 3.07$となります（**図B-9**）。

単純に平均を取っていた方法1と比較すると、アイテムEへの予測評価値が大幅に小さくなっています。これは、ユーザー1との類似度が比較的低いユーザー2のアイテムEへの評価値$r_{2E} = 5$が予測に強く影響していた部分が、類似度の大きさを考慮することによって補正されたためです。

一方で、まだ考慮すれば改善できそうな点があります。ユーザーから得られた評価値には揺らぎやバイアスが存在するという点です。ユーザー2とユーザー5の評価値の傾向を見てみると、ユーザー5は低めに評価値をつける傾向のある辛口なユーザーであることが伺えます。ユーザーごとの平均評価値で比べてみると、ユーザー2の平均評価値は$\overline{r}_2 = 3.5$であるのに対してユーザー5の平均評価値は$\overline{r}_5 = 1.5$しかありません。それにもかかわらず、ユーザー2とユーザー5の評価値の値をまったく同じように扱うのは良くなさそうです。ユーザー2が3という評価値をつけるのと、ユーザー5が3という評価値をつけるのとでは、その意味が異なってくるからです。

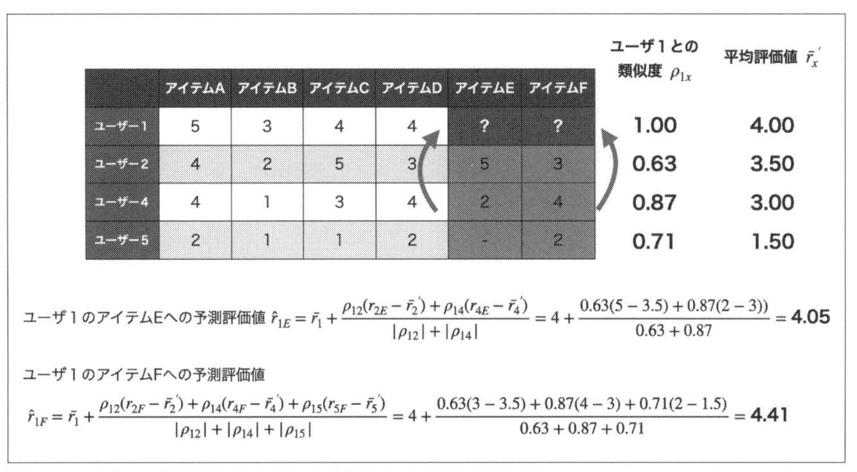

	アイテムA	アイテムB	アイテムC	アイテムD	アイテムE	アイテムF	ユーザ1との類似度 ρ_{1x}	平均評価値 $\bar{r}_x'$
ユーザー1	5	3	4	4	?	?	1.00	4.00
ユーザー2	4	2	5	3	5	3	0.63	3.50
ユーザー4	4	1	3	4	2	4	0.87	3.00
ユーザー5	2	1	1	2	-	2	0.71	1.50

ユーザ1のアイテムEへの予測評価値 $\hat{r}_{1E} = \bar{r}_1 + \dfrac{\rho_{12}(r_{2E} - \bar{r}_2') + \rho_{14}(r_{4E} - \bar{r}_4')}{|\rho_{12}| + |\rho_{14}|} = 4 + \dfrac{0.63(5 - 3.5) + 0.87(2 - 3))}{0.63 + 0.87} = \mathbf{4.05}$

ユーザ1のアイテムFへの予測評価値

$$\hat{r}_{1F} = \bar{r}_1 + \frac{\rho_{12}(r_{2F} - \bar{r}_2') + \rho_{14}(r_{4F} - \bar{r}_4') + \rho_{15}(r_{5F} - \bar{r}_5')}{|\rho_{12}| + |\rho_{14}| + |\rho_{15}|} = 4 + \frac{0.63(3 - 3.5) + 0.87(4 - 3) + 0.71(2 - 1.5)}{0.63 + 0.87 + 0.71} = \mathbf{4.41}$$

図B-10　方法3：類似度を重みとした相対的な評価値の加重平均

方法3

そこで次の方法は、アイテムへの評価値の加重平均を取るのではなく、ユーザーごとの平均評価値からそのアイテムへの評価がどれくらい高い評価なのかあるいは低い評価なのかという相対的な評価値に注目し、その値の加重平均を取ろうというものです。こうすることで、ユーザーごとの評価の傾向にかかわらず、あるアイテムへの評価がそれぞれのユーザーにとっては高いものなのかそれとも低いものなのかに注目した上で、評価値を予測計算することができます（**図B-10**）。

ユーザー1のアイテムFへの予測評価値 $\widehat{r_{1F}}$ を計算する例で見てみましょう。アイテムFへのユーザー2、4、5からの評価値を利用して予測評価値を計算します。まず、ユーザー2のアイテムFへの評価値は3です。ここでユーザー2の平均評価値は3.5なので、ユーザー2のアイテムFへの評価値はユーザー2の平均評価値よりも0.5低いことになります。一方で、ユーザー5のアイテムFへの評価値は2ですが、ユーザー5の平均評価値は1.5なので、ユーザー5のアイテムFへの評価値は平均評価値よりも0.5高いことになります。

この、評価値と平均評価値の差である相対的な評価値の加重平均を取ることで、ユーザー1からアイテムFへの評価値を予測します。ただし、これはあくまでそれぞれのユーザーの平均評価値からの相対的な評価値を表すため、ユーザー1の予測評価値を算出するためには、この加重平均の値にユーザー1自身の平均評価値を足し合わせる必要がある点に注意が必要です。

この方法で計算を行うと、最終的にユーザー1のアイテムEとアイテムFへの予測評価値はそれぞれ$\widehat{r_{1E}} = 4.05$、$\widehat{r_{1F}} = 4.41$となります。興味深いことに、アイテムEとアイテムFの予測評価値の大きさがこれまでのアイデアで予測計算した際と逆転してしまいました。これは、ユーザーごとの評価の傾向を考慮していなかったこれまでのアイデアと比較すると、平均評価値の高いユーザー2からアイテムEへの評価値5が予測値に与える影響が小さくなったことや、平均評価値の低いユーザー5からアイテムFへの評価値2が、ユーザー5にとっては実は良い評価であることが考慮され、アイテムFの予測評価値を高くする方向に働いたことなどが要因として考えられます。

$$\widehat{r_{ay}} = \overline{r}_a + \frac{\sum_{x \in X_y} \rho_{ax}(r_{xy} - \overline{r}_x)}{\sum_{x \in X_y} |\rho_{ax}|} \tag{B.2}$$

この方法3の予測評価値の計算方法を一般化すると式(B.2)となります。ただし、X_yはアイテムyについての評価値が存在するユーザーの集合を表します。

3. 予測評価値の高いアイテムをユーザーに推薦

最後に、予測評価値の高いアイテムをユーザーに推薦する部分です。

こちらに関しては、基本的には単純に予測評価値の高い順にアイテムを選択する処理になります。アイテムを1つのみ推薦する場面なら予測評価値の高いアイテムFをユーザー1に推薦し、アイテムを複数個推薦する場面ならばアイテムF、アイテムEの順番に推薦することとなるでしょう。

以上が簡単な例を用いたユーザー間型メモリベース法の協調フィルタリングのアルゴリズムの詳細です。一見複雑に見えますが、最終的にやっていることは意外と単純に思えたかもしれません。一方で、この単純なアルゴリズムでも正しくサービスに導入すれば大きな改善をもたらす可能性があります。実際に、筆者がはじめて業務でサービスに導入したアルゴリズムは今回紹介したような単純なユーザー間型協調フィルタリングでしたが、大きくサービスの主要指標を改善できたという経験があります。また、今後より複雑な他のアルゴリズムを学ぶにしても本付録で説明した内容を理解していることは重要です。

あとがき

本書は、推薦システムを日頃業務で開発している3人のメンバーで執筆しました。その3人の出会いは、2018年にデンマークで開催された推薦の国際学会RecSysです。学会の夜のバンケットで、お酒を片手に推薦システムの話で盛り上がりました。帰国後も推薦システムに対する熱は冷めず、毎年RecSysの論文読み会という勉強会を共同で開催していました。RecSys論文読み会も年々参加者が増えて、100人を超える方が参加してくれるようになりました。国内での推薦システム開発の需要が高まっているのを感じていました。

そんな折に、複数の参加者から、これから推薦システムを開発したいがどの書籍を読んだら良いか教えてほしいという声を聞きました。また、職場においてもこれからはじめて推薦システムの開発に携わる新入社員のエンジニアからも同様の声を聞きました。当時、日本語の書籍で推薦システムについて書いているものは、数式が多めであったり、昔の手法が多かったりと、これから推薦システムを開発する人にとっては、少し難しい内容でした。

そこで、まずは推薦システムの入門記事（https://note.com/masa_kazama/n/n586d0e2d49d2）を書いてウェブ上に公開したところ、反響が大きく、書籍でも読んでみたいという要望をいただきました。この反響の大きさを見て、推薦システムの入門書を求める方が多いことを再認識し、入門書を書くことを決心しました。ただ、推薦システムに関する話題は幅広いため、自分1人で書くのではなく、推薦システムの各領域の専門家と執筆したいと思い、RecSys勉強会を共同で主催していた飯塚さんと松村さんの3人で執筆プロジェクトが始まりました。まずは、3人で議論して、自分自身が新入社員だった頃に知りたかった内容を念頭に、章立てを決めて、得意な領域を執筆するスタイルで始めました。

また、執筆と並行して、企画書を作成して、出版社にメールで送り、出版が可能かを問い合わせました。運が良いことに、最初にメールを送ったオライリー・ジャパンから、企画の詳細を聞かせてほしいという返信を貰いました。そこで、この書籍の担当となる浅見有里さんと出会いました。浅見さんのおかげで、無事企画が通り、オライリーから出版できることとなりました。

あとは、執筆を進めるだけでしたが、その執筆作業はスムーズに進みませんでした。メンバー全員が日々業務があるため、土日や平日の夜の執筆になり、当初予定していたスケジュール通りにはなりませんでした。そんな状況でも担当の浅見さんには辛抱強くご対応いただき、原稿に丁寧なフィードバックをしていただきました。この場をお借りしてお礼を申し上げます。また、奥田裕樹さん、菊田遥平さん、中野優さんには初期の段階から、たくさんの建設的なコメントをいただき、本書の内容を大きく改善することができました。また、大竹孝樹さん、加藤誠先生、濱下昌克さん、三原秀司さん、山口隆志さん、山田訓平さんには、本書の原稿に対して貴重なご意見を多数いただきました。皆様に、深く感謝申し上げます。たくさんの人に支えられながら、なんとか書き上げることができ、出版されることになりました。

この書籍が、これから推薦システムを作る人にとって少しでもお役に立てれば、著者として幸甚です。そして、国内での推薦システム開発が活発になり、多くの推薦システムが開発され、それらのシステムがたくさんの方の日々のより良い意思決定の支援に繋がることを願っています。

最後に、長期間にわたり元気に明るく支え続けてくれた妻の優と家族に感謝します。

風間正弘（著者を代表して）

索 引

R

S

T

U

W

あ行

か行

さ行

た行

な行

は行

ま行

や行

ら行

● 著者紹介

風間 正弘（かざま まさひろ）

東京大学大学院で推薦システムについて研究し、卒業後はリクルートとIndeedで推薦システムの開発やプロジェクトマネジメントを経験。そこで開発したアルゴリズムを推薦の国際学会RecSysにて発表。現在は、Ubie株式会社にてデータサイエンス組織の立ち上げ、及び医療分野の機械学習プロダクトの開発に携わる。

飯塚 洸二郎（いいづか こうじろう）

筑波大学大学院の修士課程を修了し、ヤフー株式会社に入社。後に、株式会社Gunosyにて推薦システムの開発に従事。また筑波大学大学院に社会人博士として在学し、推薦システムに関する研究を行い、博士（情報学）の学位を取得。RecSys、CIKM、ECIRといった推薦システムや情報検索関連の国際学会にて論文投稿や発表を行っている。

松村 優也（まつむら ゆうや）

株式会社LayerX 機械学習チームマネージャー兼ウォンテッドリー株式会社 機械学習領域 技術顧問。京都大学大学院にて推薦システムについて研究し、2018年に新卒でウォンテッドリー株式会社に入社。推薦チームの立ち上げに従事した後、同チームのリーダーおよびプロダクトマネージャー、エンジニアリングマネージャーを経て2022年9月より現職。その他の活動として、RecSys Challenge 2020にて3位入賞、大学の非常勤講師など。

● カバーの説明

表紙に描かれているのはインドヤイロチョウ（学名：Pitta Brachyura）という鳥類の一種です。スズメ目ヤイロチョウ科に分類され、体長は約20cmほどです。主にインドに生息しており、インド中部から北部のネパールの山麓で繁殖し、冬季にはインド南部、スリランカに渡り越冬します。背は青みがかった緑で腹部は黄色、臀部は赤と、漢字にすると「八色鳥」とも表現される名の通り、色彩豊かな鳥です。翼には鮮やかな青色も混じり、飛ぶ姿がとても美しい鳥です。

推薦システム実践入門
—— 仕事で使える導入ガイド

2022年 5月 6日　初版第1刷発行
2023年 5月 24日　初版第3刷発行

著　者　風間 正弘（かざま まさひろ）
飯塚 洸二郎（いいづか こうじろう）
松村 優也（まつむら ゆうや）

発行人　ティム・オライリー

制　作　株式会社トップスタジオ

印刷・製本　株式会社平河工業社

発行所　株式会社オライリー・ジャパン

〒160-0002　東京都新宿区四谷坂町 12 番 22 号
Tel　(03)3356-5227
Fax　(03)3356-5263
電子メール　japan@oreilly.co.jp

発売元　株式会社オーム社
〒101-8460　東京都千代田区神田錦町 3-1
Tel　(03)3233-0641（代表）
Fax　(03)3233-3440

Printed in Japan（ISBN978-4-87311-966-3）
乱丁、落丁の際はお取り替えいたします。